浙江省普通高校
"十三五"新形态教材

21世纪高等学校计算机
基础实用系列教材

C语言程序设计案例教程

第3版·微课视频版

◎ 张丽华 梁田 主编 刘小军 殷联甫 编著

U0366050

清华大学出版社
北京

内 容 简 介

C语言既是目前应用极为广泛的高级程序设计语言之一,也是高等学校"程序设计"课程的首选入门语言。全书共10章,主要内容包括C语言概述、程序与算法、数据类型和表达式、程序控制结构、数组、函数、结构体与共用体、文件、位运算、综合实例等。本书主要章节的内容采用任务驱动的方式,通过实例引出基本概念和基本方法,内容叙述自然,顺理成章。全书案例丰富、阐述清晰、分析透彻、层次分明,注重培养读者分析问题和解决问题的能力。

本书第1版于2015年出版,第2版于2018年出版,根据读者的反馈意见和建议,编者对本书进行再修订,对部分章节的内容进行全面更新和调整,主要知识点配套微视频进行讲解,内容更加完善,便于读者学习使用。书中所有实例的源程序均已调试通过。

本书可作为高等学校理工类专业"程序设计"课程的教学用书,也可作为计算机二级考试的培训或自学教材。为配合教学,本书配有PPT教学课件、习题参考答案,还有配套的辅助教材《C语言程序设计学习指导》(第3版),供读者参考。

图书在版编目(CIP)数据

C语言程序设计案例教程:微课视频版/张丽华,梁田主编.—3版.—北京:清华大学出版社,2023.1(2024.8重印)
(21世纪高等学校计算机基础实用系列教材)
ISBN 978-7-302-61541-5

Ⅰ.①C… Ⅱ.①张… ②梁… Ⅲ.①C语言－程序设计－高等学校－教材 Ⅳ.①TP312.8

中国版本图书馆CIP数据核字(2022)第140362号

责任编辑:黄 芝
封面设计:刘 键
责任校对:李建庄
责任印制:刘海龙

出版发行:清华大学出版社
  网   址:https://www.tup.com.cn, https://www.wqxuetang.com
  地   址:北京清华大学学研大厦A座 邮 编:100084
  社 总 机:010-83470000 邮 购:010-62786544
  投稿与读者服务:010-62776969, c-service@tup.tsinghua.edu.cn
  质量反馈:010-62772015, zhiliang@tup.tsinghua.edu.cn
  课件下载:https://www.tup.com.cn, 010-83470236

印 装 者:三河市君旺印务有限公司
经 销:全国新华书店
开 本:185mm×260mm 印 张:19.75 字 数:479千字
版 次:2015年2月第1版 2023年1月第3版 印 次:2024年8月第3次印刷
印 数:2501~3500
定 价:59.80元

产品编号:097034-01

前　言

C 语言既是目前应用极为广泛的高级程序设计语言之一，也是非常优秀的程序设计入门语言。一旦掌握 C 语言的使用方法，再学习其他程序设计语言就轻而易举了。

本书共 10 章。第 1 章是 C 语言概述，主要介绍 C 程序的结构及其特点；第 2 章是程序与算法，主要介绍算法及其结构化程序设计；第 3 章是数据类型和表达式，主要介绍程序中常量和变量的概念，以及 C 语言中常用的数据类型的输入输出及其运算；第 4 章是程序控制结构，主要介绍顺序结构、选择结构和循环结构及其应用；第 5 章是数组，主要介绍一维数组、二维数组和字符数组的定义、初始化及其应用，并对指针变量访问数组元素进行了详细说明；第 6 章是函数，主要介绍函数的定义和调用、变量的作用域与生存期、编译预处理命令等，对函数参数及其数据传递进行了重点叙述；第 7 章是结构体与共用体，主要介绍结构体、共用体和枚举类型的定义和引用，并举例说明单链表的操作；第 8 章是文件，主要介绍文件的打开、关闭与读写操作；第 9 章是位运算，介绍位运算操作；第 10 章是综合实例，系统地介绍通过 C 语言程序设计解决实际问题的较完整的过程。

全书主要章节知识点如下图所示。

全书知识点导图

本书的主要特点如下。

（1）主要章节的内容采用任务驱动的方式，通过一个实例引入基本概念和基本方法，内容叙述自然，顺理成章。

（2）将指针及其相关内容分布于各章节。从指针的概念引入指针变量的使用、指针访问数组、指针作为函数参数等，内容编排由浅入深、层层推进，便于读者理解和掌握。

（3）以综合实例为主线，贯穿各主要章节始终，使读者在应用中加深对 C 语言基本语法和程序设计方法的理解，不断提高分析问题和解决问题的能力。

（4）课程资源丰富，除了提供教学课件、习题答案和实例源码外，重点内容和案例配有微课视频，请读者先扫描封底刮刮卡内二维码，再扫描书中相应章节处的二维码，可以随时随地反复观看学习。

本书第 2 版于 2018 年 9 月出版发行，在受到肯定的同时，也收到较多读者对本书的使用体会和建议，尤其得到嘉兴南湖学院一起教授本课程的各位同事的大力帮助，提出了很多建设性的意见和建议。编者对本书进行再修订，从读者角度考虑，对部分章节的内容进行了调整,更符合学习的渐进过程。前期版本中出现的个别文字或符号错误也已进行修正。在此,向给予帮助的读者和同事表示感谢,也希望继续得到大家的支持,并提出批评和指正建议,使之更加完善。

本书具有通俗易懂、分析透彻、开拓思路的特点,有利于读者自学。教材中所有实例的程序均在 Microsoft Visual C++ 6.0 集成环境中调试通过。本教材推荐使用时间为一学期(64 学时或 80 学时,含实验 32 学时)。通过循序渐进地系统学习,读者能较好地掌握 C 语言程序设计方法和技巧,为后续的学习打下扎实的基础。

本书的编者均是多年从事 C 语言程序设计的教学,具有丰富实践教学经验的高校教师。本书融合了编者长期教学实践经验的积累。本书由张丽华、梁田主编,参加编写的人员还有刘小军、殷联甫。具体分工如下:殷联甫编写第 1 章和第 2 章,张丽华和殷联甫共同编写第 3 章,梁田编写第 4 章和第 7 章,刘小军编写第 5 章和第 9 章,张丽华编写第 6 章、第 8 章和第 10 章。全书由张丽华统稿。

"程序设计"课程是一门实践性较强的课程,实践环节特别重要。为了更好地帮助读者学习 C 语言,编者还编写了《C 语言程序设计学习指导》(第 3 版),提供上机实验项目、C 程序典型题解和 C 程序设计习题集,为课堂教学、实验教学和读者自学提供全方位的支持。

对支持本书出版的清华大学出版社表示感谢!

由于编者水平有限,不足与疏漏之处在所难免,敬请广大读者及同仁不吝赐教。

编　者

2022 年 10 月

目　　录

IV

第1章 C 语言概述

主要知识点

◆ C 语言程序结构

◆ C 语言的发展

◆ C 语言的特点

◆ C 语言程序的运行过程

从 1946 年世界上第一台电子计算机诞生至今,计算机的发展经历了四个阶段,迄今为止,仍然采用计算机之父"冯·诺依曼"的思想——存储程序的原理,即计算机做任何事情,都要按照一定的"程序",也就是将事先编写的程序输入计算机中,计算机才能按照"程序"的要求去完成。因此,要想做一个能够驾驭计算机的高手,就一定要掌握用计算机语言编程的本领,而 C 语言是目前国际上广泛流行的计算机语言,是步入程序设计殿堂的敲门砖,也是计算机相关专业后续课程的基础,目前很多游戏、杀毒软件、工具软件、控制软件等都是 C 语言编写而成的。

那么 C 语言能干什么?用 C 语言如何编写程序?下面通过实例进行详细讲解。

1.1 C 语言程序结构

在了解 C 语言程序之前,首先通过几个实例简单介绍一下 C 语言程序的基本结构。

1.1.1 简单的 C 语言程序

"程序"是计算机完成确定任务的具体步骤。

【实例 1-1】 在屏幕上输出"I am a student!"。

```
/ * 实例 1-1 * /                 / * 注释语句 * /
# include < stdio. h >           / * 预处理命令 * /
int main()                       / * 主函数 * /
{
    printf("I am a student !\n");   / * 输出字符串 "I am a student !" * /
    return 0;
}
```

说明:C 语言程序最大的特点是所有的程序都是用函数来装配的。通常情况下,函数的命名是没有限制的,但是 main() 函数是一个特殊的函数,称为主函数,是所有程序运行的入口。每个 C 语言程序中有且只有一个 main() 函数。

2

以上程序用到输出库函数 printf( ),因此在程序开头一定要有♯include < stdio. h >预处理命令,此命令的功能是将文件 stdio. h 包含在当前 C 源程序中,因为库函数 printf( )属于 stdio. h 文件的一部分,换句话说就是建立了头文件 stdio. h 与当前 C 程序的链接。

程序运行结果如图 1-1 所示。

图 1-1　在屏幕上输出"I am a student !"

【实例 1-2】　求两个整数之和。

```
/ * 实例 1-2 * /                    / * 注释语句 * /
♯ include < stdio. h >
int main( )
{
int a, b, sum;                    / * 定义整型变量 a, b, sum * /
a = 110;
b = 120;                          / * 对变量 a, b 赋值 * /
sum = a + b;                      / * 计算 sum 的值 * /
printf("sum = % d\n", sum);       / * 将结果 sum 以整型的方式输出 * /
return 0;
}
```

说明:程序中的"/ * 定义整形变量 a, b, sum * /"是对程序的注释,包含在"/ *"与" * /"之间的内容将被编译器忽略。程序的注释一般在某行的最末尾或另起一行。注释的作用是使程序更易于理解。

在 C 语言中,变量必须先声明后使用。声明通常放在函数的起始处,在任何可执行语句之前。声明用于说明变量的属性,如"int a, b, sum;"说明 a, b, sum 三个变量都为整型变量。

下列程序中的语句分别为变量 a, b, sum 赋值。

```
a = 110;
b = 120;
sum = a + b;
```

各条语句以分号";"结束。程序运行结果如图 1-2 所示。

图 1-2　求两个整数之和

在上面的例子中,变量 a 和 b 的值是通过赋值语句得到的,如果要通过键盘输入 a 和 b 的值,该如何编写程序?

【实例 1-3】 从键盘输入两个整数的值,并求它们的和。

```
/*实例 1-3*/                      /*注释语句*/
#include<stdio.h>
int main()
{
int a,b,sum;                       /*定义整型变量 a,b,sum*/
printf("Enter first integer:");    /*提示信息*/
scanf("%d",&a);                    /*从键盘输入 a 的值*/
printf("Enter second integer:");   /*提示信息*/
scanf("%d",&b);                    /*从键盘输入 b 的值*/
sum=a+b;                           /*计算 sum 的值*/
printf("sum=%d\n",sum);            /*将结果 sum 以整型的方式输出*/
return 0;
}
```

说明:程序中 scanf( )函数的功能是执行格式化输入。程序语句

```
scanf("%d",&a);
```

的作用是从键盘上输入 a 的值,"&a"为变量 a 的地址,即从键盘上输入的值存放到变量 a 所在的地址中。双引号("")中的%d 是对输入参数的格式化说明,即要求输入的 a 的值为 整型。有关输入输出的格式说明,请参考第 3 章中的相关内容。

程序运行结果如图 1-3 所示。

图 1-3 从键盘输入两个整数并求它们的和

【实例 1-4】 用函数实现两个整数的求和。

```
/*实例 1-4*/
#include<stdio.h>
int main()                              /*主函数*/
{
    int x,y,t;                          /*说明部分,定义整型变量 x,y,t*/
    int sum(int,int);                   /*函数声明*/
    printf("Please input x,y:\n");      /*在屏幕上显示字符串 "Please input x,y:"*/
                                        /*然后换行*/
    scanf("%d,%d",&x,&y);               /*输入 x,y 的值*/
    t=sum(x,y);                         /*函数调用语句,调用后将返回值赋变量 t*/
    printf("x=%d,y=%d,sum=%d\n",x,y,t); /*输出 x,y,t 的值*/
    return 0;
}
```

4

```
int sum(int a,int b)                        /* 函数 sum */
{
    return(a+b);                            /* 返回 a+b */
}
```

程序运行结果如图 1-4 所示。

图 1-4 用函数实现两个整数的求和

说明：实例 1-4 由两个函数组成，一个是主函数 int main()，另一个是 int sum(int a,int b) 函数。int sum() 函数是求 a、b 两个整数的和，函数返回值是整型。

printf()、scanf() 等函数都是函数库中提供的函数。除此之外，还可以编写一些函数，如本例中的 sum() 函数，其作用是返回两个数的和。main() 也是函数，不过身份比较特殊，首先它是程序的入口，其次 main() 函数调用 sum() 函数完成任务。

虽然程序的第一行不是 main() 函数，但是程序仍从 main() 函数开始执行，因为 main() 函数为程序的入口。进入 main() 函数后，按顺序执行程序，运行至语句：

t = sum(x,y);

调用函数 sum()，并将 x、y 的值传递给 a、b，若从键盘上输入 12 和 30，则 a、b 的值分别为 12 和 30。

sum() 函数中的计算结果通过 return 语句返回给 main() 函数。

程序语句

scanf("%d,%d",&x,&y);

的作用为从键盘上输入 x 和 y 的值，"&x"为 x 的地址，"&y"为 y 的地址，即从键盘上输入的值分别存放到 x 和 y 所在的地址中。输入两个数时用逗号分隔。

1.1.2 C 语言程序结构概述

以上几个程序都是 C 语言的"源程序"。可以看出 C 语言程序的结构特点如下。

(1) C 语言程序主要由函数构成，C 语言程序中有主函数 main()、开发系统提供的库函数 (如 printf()、scanf() 等) 以及程序员自己设计的自定义函数 (如 sum() 等) 3 种类型的函数。

函数由两部分组成：函数首部和函数体。实例 1-4 中的 int main()、int sum(int a,int b) 都是函数首部，包括函数的返回值类型、函数名、函数参数的类型、参数名等内容。

例如，sum() 函数的首部为：

sum()函数的首部表示函数 sum()返回值是整型 int,并且有两个整型参数 a 和 b。

花括号{}中是函数的内容,也称函数体。函数体由一系列语句组成。

(2) 一个程序总是从主函数(main()函数)开始执行,无论主函数写在程序的什么位置。

(3) C语言没有输入输出语句,在 C语言中输入输出操作是由函数实现的。

(4) C语言程序中可以有预处理命令(如♯include 命令),预处理命令通常放在源文件或源程序的最前面。

(5) 每一条语句都必须以分号结尾。除此之外,预处理命令、函数头及花括号"{}"之后不能加分号。

(6) C语言程序中可通过"/＊…＊/"对程序语句进行注释,注释内容被编译器忽略。为了方便阅读,可以对复杂的程序加上必要的注释,对初学者来说,加上注释更有利于阅读。

1.1.3　C语言程序的书写风格

为了使书写的程序便于阅读、理解和维护,在书写程序时应注意遵循以下原则。

(1) 每个语句和函数声明的最后必须有分号,分号是 C语句的标志,语句后的分号是不可缺少的。但花括号"{}"、预处理命令、函数首部之后不能加分号。

(2) 关键字必须有一个空格来分隔。若已有明显的分割符如逗号、分号等,也可不再加空格间隔。

(3) C程序书写格式较自由,一行可以写一条语句,也可以写几条语句,也可以将一条语句写在多行上。

(4) 低一层次的语句或说明可比高一层次的语句或说明缩进若干空格后书写,同一个层次的语句左对齐,以便看起来更加清晰,增加程序的可读性。

(5) 可以用"/＊…＊/"注释语句对 C程序中的任何部分做解释,以增强程序的可读性。

1.2　C语言的发展

计算机语言是随着电子计算机的发展而逐步成熟的。计算机语言经历了从机器语言、汇编语言到高级语言的发展过程,如图 1-5 所示。

图 1-5　计算机语言的发展

1. 机器语言

计算机硬件系统只能执行由 0 和 1 二进制代码构成的操作指令。每一台计算机都有一套指令系统,指令系统中的每一条指令称为机器指令。每一种类的计算机都有它特有的机器指令系统,这样的机器指令集合称为机器语言。用机器语言编写的程序,称为机器语言程序。计算机可以直接识别并执行机器语言程序。

机器语言也称为"低级语言",是唯一能够被计算机直接执行的指令代码,它由一系列0和1序列构成,如00000100 00001111等。其特点是难记且易出错。

2. 汇编语言

为了方便记忆和编写程序,人们用一些符号和简单的语法来表示二进制形式的机器指令,这样就出现了汇编语言。汇编语言编写的程序称为汇编语言源程序。这种程序计算机是不能直接识别和执行的,必须通过一个专门的程序(汇编程序)将这些符号翻译成二进制数的机器语言才能执行。"汇编程序"是汇编语言的翻译程序。

例如,用符号ADD表示加法,用符号SUB表示减法。与机器语言相比,汇编语言仅改进了指令表示方法,比机器语言易记、易读、易写。汇编语言和机器语言都是面向机器的程序设计语言,一般称为"低级语言"。

3. 高级语言

高级语言既接近于数学语言,又符合自然语言的书写规律。其特点是语句功能强、可读性较好、编程效率高、可移植性好,因此与前两种计算机语言相比深受人们的青睐。目前有近百种高级语言,不同的高级语言有不同的应用特点。C语言是高级语言的一种,是面向过程的语言,在C语言基础上发展起来的C++、Java语言则是目前世界上较流行的面向对象的计算机语言。

高级语言使用接近人类习惯的自然语言来编写计算机程序。例如,下列C语言程序段:

```
if(x > y)
    max = x;
else
    max = y;
```

表示"如果x大于y,则max=x,否则max=y"。对于稍有英语基础的人都能较容易地理解语句的含义,也便于记忆。

由于高级语言与具体的计算机指令系统无关,因而高级语言是一种面向操作者(用户)的语言。用高级语言编写的程序能在不同类型的计算机上运行,通用性好,这大大地促进了计算机应用的普及。使用高级语言编写的程序称为高级语言源程序,而计算机不能直接识别和执行这种程序,必须经过翻译,才能将其转换成机器语言程序再执行。

1.2.1 C语言的历史

随着计算机应用的迅速普及,各种功能强大、使用方便的高级语言相继出现。高级语言使用方便、可移植性好,但一般难以实现低级语言可直接操作计算机硬件的特点(如对内存地址的操作等)。在这样的情况下,人们希望有一种语言既有高级语言使用方便的优点,又有低级语言可直接操作计算机硬件的优点,就此,C语言应运而生。

C语言的发展过程大致历经了3个阶段:诞生(1970—1973年)、发展(1973—1988年)、成熟(1988年后)。

C语言是在BCPL语言(简称B语言)的基础上发展起来的。1970年,美国贝尔实验室的Ken Thompson设计出了很简单且很接近硬件的B语言,并用B语言编写了第一个

UNIX 操作系统,在 PDP-7 机器上得以实现。1972—1973 年,贝尔实验室的 D. M. Ritchie 在 B 语言的基础上设计出了 C 语言。C 语言既保持了 B 语言精练、接近硬件的特点,又克服了其过于简单、数据无类型等缺点。

1973 年后,Ken Thompson 和 D. M. Ritchie 合作把 UNIX 的 90％以上的代码用 C 语言改写,发布了 UNIX 的第 5 版。之后,C 语言又做了多次改进,但主要还是在贝尔实验室内部使用。直到 1975 年 UNIX 的第 6 版发布后,C 语言的突出优点才引起人们的普遍关注。

1977 年出现了不依赖具体机器硬件的 C 语言编译文本——《可移植 C 语言编译程序》,使 C 语言能够方便地移植到其他机器上,与此同时也推动了 UNIX 操作系统迅速在各种机器上的应用。随着 UNIX 的广泛流行,C 语言也逐渐风靡世界。

1978 年,C 语言先后移植到大、中、小、微型计算机上,并逐渐独立于 UNIX 操作系统和 PDP 计算机。1978 年,Brian W. Kernighan 和 D. M. Ritchie 以 UNIX 第 7 版中的 C 语言编译程序为基础,合著了影响深远的经典著作 *The C Programming Language*,此书的出版也成为 C 语言广泛应用与发展的里程碑。

随着 C 语言的广泛应用,适合不同操作系统、不同机型的 C 语言版本相继问世,种类多达几十种。由于没有统一的标准,因此 C 语言之间出现了不一致的地方。为了改变这种状况,1983 年,美国国家标准化协会(American National Standards Institute,ANSI)根据 C 语言的各种版本对 C 语言进行了发展和扩充,制定了新的标准,称为 ANSI C,比原来的标准 C 有了很大的发展。1987 年,ANSI 又公布了 C 语言的新标准——87 ANSI C。

1988 年,美国国家标准化协会 ANSI 在综合各种 C 语言版本的基础上制定了 C 语言文本标准,称为 ANSI C 标准。ANSI C 标准实现了 C 语言的规范化和统一化。Brian W. Kernighan 和 D. M. Ritchie 按照 ANSI C 标准重写了 *The C Programming Language* 一书,于 1990 年正式发表了 *The C Programming Language Second Edition*。

1990 年,国际标准化组织 ISO 公布了以 ANSI C 为基础制定的 C 语言的国际标准 ISO C,即人们通称的标准 C。

C 标准的制定标志着 C 语言的成熟,1988 年以后推出的各种 C 语言版本与标准 C 都是兼容的。1994 年,ISO 修订了 C 语言标准。目前流行的各种 C 语言编译系统的版本多是以 ANSI C 标准为基础开发的,但不同版本之间的语言功能与语法规则略有差别,详细情况可以查阅有关使用手册。本书的叙述基本上是以 ANSI C 为基础的。

1.2.2 C 语言的特点

C 语言之所以有如此强的生命力,是因为与其他计算机语言相比具有以下特点。

(1) C 语言简洁灵活,使用方便。C 语言共有 32 个关键字、9 种控制语句,程序书写形式自由,语句组成精炼、简洁,而且使用方便。

(2) 具有丰富的运算符和数据结构。C 语言把括号、赋值数据类型转换都作为运算符处理,使得 C 语言的运算类型极其丰富,表达式类型多样化。

(3) C 语言兼有高级语言和低级语言的特点。它可以直接访问物理地址,能进行位(bit)操作,实现汇编语言的大部分功能,既可以用于编写系统程序,又可以用于编写用户程序,是计算机较理想的编程语言。

(4) 生成目标代码质量高。对一个应用程序来说,如果生成的目标代码质量低,则系统开销大,无实用性。许多实验表明,针对同一个问题用 C 语言编写程序,其生成的效率仅比汇编语言编写的代码低 10%～20%,但编程却相对容易,而且程序可读性好,易于调试、修改和移植,运行速度快。

(5) 可移植性好。所谓移植性是从一个系统环境下不修改或稍加修改就可移到另一个完全不同的系统环境中运行。C 语言的编译程序的大部分代码都是公共的,基本上可以不做任何修改,就能运行于各种不同型号的计算机和各种操作系统环境中,因此受到广大程序员的青睐。

(6) 语法限制不太严格,程序设计自由度很大。这是 C 语言不同于其他计算机语言之处,但同时又是 C 语言的缺点,因它的语法较灵活,编译程序又可以容纳某些错误发生,会给编程带来不便。如对数组下标越界不做检查、整型数据与字符型数据可以通用等,对一个不成熟的程序员来说,往往容易出错。

1.3 C 语言程序的运行过程

编写好源程序后,如何进行上机运行? C 语言程序的运行要经过哪几个步骤?

C 语言是编译型的程序设计语言,运行一个 C 语言程序要经过编辑、编译、连接和运行等几个步骤,如图 1-6 所示。

图 1-6 C 语言程序的运行过程

可以用不同的编译系统对 C 语言程序进行操作,常用的编译系统有 Visual C++ 6.0、C-free 5.0 等,它们都在 Windows 操作系统下,可以使用鼠标操作。

本 章 小 结

C语言程序最大的特点是所有的程序都是用函数来装配的。通常情况下,函数的命名是没有限制的,但是main()函数是一个特殊的函数,称为主函数,是所有程序运行的入口。每个C语言程序中有且只有一个main()函数。

计算机语言随着电子计算机的发展而逐步成熟。计算机语言经历了从机器语言、汇编语言到高级语言的发展过程。

随着计算机应用的迅速发展,各种功能强大、使用方便的高级语言相继出现,高级语言使用方便、可移植性好,但一般难以实现低级语言能够直接操作计算机硬件的特点(如对内存地址的操作等)。在这样的情况下,人们希望有一种语言既有高级语言使用方便的优点,又有低级语言可直接操作计算机硬件的优点,就此,C语言应运而生。

C语言的发展过程大致历经了3个阶段:诞生(1970—1973年)、发展(1973—1988年)、成熟(1988年后)。

C语言是编译型的程序设计语言,运行一个C语言程序要经过编辑、编译、连接和运行等几个步骤。

习　　题

1. 填空题。

(1) 构成C语言程序的基本单位是_____。

(2) 一个C语言程序至少包含一个_____函数。

(3) C语言中语句是由_____号结束的。

(4) C语言程序的每行可以写_____条语句。

(5) C语言本身没有输入输出语句,输入输出操作由_____完成。

(6) C语言程序的开发和运行步骤包括编辑、_____、_____、_____等。

2. 编程题。

(1) 编写一个C语言程序,在屏幕上输出如下内容。

```
*******************************
This  is  my  first  C  Program!
*******************************
```

(2) 求两个数值的积,例如:3×5=15。

第2章 程序与算法

主要知识点

◆ 算法的概念

◆ 算法的特性

◆ 算法的描述

◆ 结构化程序设计

虽然计算机可以完成许多极其复杂的工作,但实际上这些工作都是按照人们事先编写的程序进行的,也就是按照程序一步一步实现的,而程序的灵魂是算法,只有了解程序与算法的关系,弄清算法的基本概念,才能设计出高质量的计算机程序。

2.1 程序与算法概述

在进行程序设计前,先要弄清楚程序的算法,本节主要介绍算法的概念、组成要素和特性。

2.1.1 算法的概念

一个计算机程序应该包括以下两方面的内容。

(1) 对数据的描述,在程序中要指定数据的类型和数据的组织形式,即数据结构。

(2) 对数据操作的描述,即操作步骤,就是算法。

数据是操作的对象,操作的目的是对数据进行加工处理,以得到期望的结果。作为程序设计人员,必须认真考虑和设计数据结构及操作步骤(即算法)。因此,瑞士著名计算机科学家沃思(Niklaus Wirth)在 1976 年提出了一个公式:

$$程序 = 数据结构 + 算法$$

实际上,一个程序除了以上两个主要要素之外,还应当采用结构化程序设计方法进行程序设计,并且用某一种计算机语言表示。因此,可以这样表示:

$$程序 = 算法 + 数据结构 + 程序设计方法 + 语言工具和环境$$

在这 4 部分中,算法是灵魂,数据结构是加工对象,语言是工具,编程需要采用合适的算法。算法是解决"做什么"和"怎么做"的问题。

编写一个程序的关键就是合理地组织数据和设计算法。所谓算法,就是一个有穷规则的集合,其中规则确定了解决某一个特定类型问题的运算序列。广义地说,算法是指为解决一个问题而采取的方法和步骤。

下面举几个简单的算法例子。

（1）求 $1+2+\cdots+100$ 的和。

可以设两个变量 s 和 i,s 的初值为 1,i 的初值为 2,算法可以表示如下。

S1：s＝1；

S2：i＝2；

S3：s＝s+i；

S4：i＝i+1；

S5：如果 $i\leqslant100$,则转到 S3 继续执行,否则算法结束。

最后得到的 s 值就是 $1+2+\cdots+100$ 的和。

上面的 S1,S2……分别代表步骤 1,步骤 2……,S 是 step(步骤)的缩写,这是写算法的习惯用法。

（2）求 $1\times3\times\cdots\times99$ 的积。

可以设两个变量 p 和 i,p 的初值为 1,i 的初值为 3,算法可以表示如下。

S1：p＝1；

S2：i＝3；

S3：p＝p*i；

S4：i＝i+2；

S5：如果 $i\leqslant99$,则转到 S3 继续执行；否则,算法结束。

最后得到的 p 值就是 $1\times3\times\cdots\times99$ 的积。

（3）有 50 个学生,要求将成绩在 80 分以上的学生成绩打印。n 表示学号,n1 表示第一个学生的学号,ni 表示第 i 个学生的学号。g 表示学生成绩,gi 表示第 i 个学生的成绩。算法可表示如下。

S1：i＝1；

S2：读入学号 ni 和成绩 gi；

S3：如果 $gi\geqslant80$,则打印 ni 和 gi,否则不打印；

S4：i＝i+1；

S5：如果 $i\leqslant50$,则转到 S2 继续执行,否则算法结束。

（4）输入三个数,求出其中的最大数。假设输入的三个数分别为 x、y、z,求出的最大数并存入变量 max 中。算法可表示如下。

S1：输入 x,y,z；

S2：如果 $x>y$,则 max＝x,否则 max＝y；

S3：如果 $max<z$,则 max＝z；

S4：输出 max；

S5：算法结束。

（5）求多项式 $1-1/2+1/3-1/4+\cdots+1/99-1/100$ 的值。sign 表示当前项的符号,deno 表示当前项的分母,term 表示当前项的值,最后得到的 sum 值就是多项式的值。算法可表示如下。

S1：sign＝1；

S2：sum＝1；

S3：deno＝2；

S4：sign＝(－1) * sign；

S5：term＝sign * (1/deno)；

S6：sum＝sum＋term；

S7：deno＝deno＋1；

S8：若 deno≤100,则转到 S4 继续执行,否则算法结束。

2.1.2 算法的组成要素

算法含有两大要素：操作和控制结构。

计算机算法要由计算机实现,组成它的操作集是计算机所能进行的操作,而这些操作的描述与程序设计语言的级别有关。在高级语言中所描述的操作主要包括算术运算(＋、－、* 、/)、逻辑运算("与""或""非")、关系运算(＝＝、>＝、<＝、>、<、!＝)、函数运算、位运算、I/O 操作等。

算法的另一要素是其控制结构。每一个算法都由一系列的操作组成,同一操作序列按不同的顺序执行就会得出不同的结果。结构化程序设计方法要求：一个程序只能由三种基本控制结构(或由它们派生的结构)组成。1966 年,Bohm 和 Jacopini 证明,由这三种基本结构可以组成任何结构的算法,解决任何问题。这三种基本结构分别是顺序结构、选择结构和循环结构,2.3 节将对这三种结构进行详细的说明。

2.1.3 算法的特性

算法具有如下特性。

(1) 有穷性。一个算法必须在执行有限步后结束。有穷性也称有限性,是指算法的操作步骤是有限的,每一步骤在合理的时间范围内完成,如果计算机执行一个算法要几百年才结束,这虽然是有穷的,但超过了合理的限度,也不能视为有效算法。

(2) 确定性。算法中每条含义必须明确,不允许有歧义。例如,如果规定输入值大于 0,则输出正值；如果输入值小于 0,则输出负值,但是没有规定输入值等于 0 时的输出。执行时,如果输入 0 值,则会产生不确定性。

(3) 有效性。有效性也称为可行性,算法中的每一个操作步骤都能有效地执行,且得到确定的结果。例如,对一个负数取对数就是一个无效的步骤。

(4) 输入。一个算法有零个或多个输入。即执行算法时,有时需要从外界输入数据,有时不需要从外界输入数据。如果算法是计算整数 1～n 的累加和,n 是不确定的,就要由外界输入 n 的值。如果算法是计算整数 1～100 的累加和,就不需要由外界输入数据。

(5) 输出。一个算法有一个或多个输出。算法的目的就是求"解"。无任何输出的算法是没有任何意义的。

2.2 算法的描述

算法可以用多种描述工具来描述。常用的描述工具有自然语言、传统流程图、N-S 结构化流程图和伪代码等。

2.2.1　自然语言表示法

自然语言是人们日常生活中使用的语言,可以是中文,也可以是英语和数学符号等,它比较符合人们日常的思维习惯,通俗易懂,但文字冗长,不易直接转化为程序,容易产生歧义。除了很简单的问题以外,一般不用自然语言描述算法。

【实例 2-1】　用自然语言描述求 n! 的算法。

问题分析:考虑 n!＝1×2×…×n,因此 n! 可以用乘法运算来实现,每次在原有结果的基础上再乘上一个数,而这个数是从 1 变化到 n 的,用自然语言描述该算法如下。

(1) 输入 n 的值,如果 n≤0,则输出"输入有错",转到(7)执行;

(2) 将变量 fact(存放结果)和 i(循环变量)初始化:fact＝1,i＝1;

(3) 进行累乘 fact＝fact＊i;

(4) 循环变量 i 增 1,即 i＝i+1;

(5) 如果 i≤n,转到(3)继续执行;

(6) 输出 fact 的值;

(7) 算法结束。

2.2.2　传统流程图表示法

流程图是一个描述程序的控制流程和指令执行情况的有向图,它是描述算法最常用的工具。流程图用一些图框表示各种操作,用图形表示算法,直观形象,易于理解。ANSI 规定了一些常用的流程图符号,如图 2-1 所示。

| 起止框 | 处理框 | 判断框 | 输入输出框 | 流程线 | 连接符 |

图 2-1　常用的流程图符号

用传统的流程图描述算法的优点是直观、形象,各种操作一目了然,不会产生歧义,便于理解,算法出错时容易发现,并可以直接转化为程序;缺点是所占篇幅较大,由于允许使用流程线,因此过于灵活,不受约束,使用者可以使流程任意转移,从而造成阅读与修改程序的困难,不利于结构化程序设计。

求 n! 的传统流程图,如图 2-2 所示。

【实例 2-2】　从键盘输入两个数,输出其中较大的数,该算法的流程图描述如图 2-3 所示。

2.2.3　N-S 结构化流程图表示法

N-S 结构化流程图是 1973 年美国学者 I. Nassi 和 B. Shneiderman 提出的一种新的流程图形式,它是去掉流程线的流程图。N-S 是以两位学者名字的首字母命名的,它的特点是取消了流程线,全部算法集中在一个矩形框内,这样算法只能从上到下顺序执行,从而避免了算法流程的任意转向,保证了程序的质量。另外 N-S 图形直观,节省篇幅,尤其适合于结构化程序设计,用 N-S 结构化流程图描述求 n! 的算法如图 2-4 所示。

图 2-2　计算 n! 的传统流程

图 2-3　求两个输入数据中较大数
算法的流程图描述

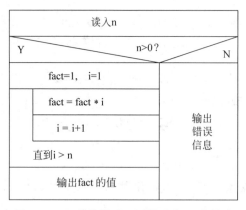

图 2-4　N-S 结构化流程图描述求 n! 的算法

2.2.4　伪代码表示法

伪代码用介于自然语言和计算机语言之间的文字和符号来描述算法。它如同一篇文章,自上而下地写下来。每一行(或几行)表示一个基本操作。它不用图形符号,因此书写方便,格式紧凑,比较好懂,便于向程序过渡。

例如,2.1.1 中的第 3 个小例子,用伪代码表示的算法如下。

```
BEGIN(算法开始)
1 = > i
While i < = 50
    {
        input ni and gi
        if gi > = 80 print ni and gi
        i + 1 = > i
    }
END(算法结束)
```

由此看来,伪代码书写格式比较自由,容易表达出设计者的思想,且伪代码表示算法容易修改,但不如流程图直观,有时可能出现逻辑上的错误,所以这种方法平时用得并不多。

以上介绍了表示算法的几种方法。在程序设计中读者可以根据需要和习惯任意选用。

有了算法,就可以根据算法用计算机语言编写程序了,因此,可以说程序是算法在计算机上的实现。

2.3　结构化程序设计

编写程序的目的是使用计算机解决实际问题,使用计算机解决一个实际问题时,通常需要提出问题、确定数据结构和算法,并据此编写程序,直至程序调试通过得到正确的运行结果。这一整个过程称为程序设计。到目前为止,程序设计方法先后经历了非结构化程序设计、结构化程序设计和面向对象程序设计三个主要阶段。

2.3.1　结构化程序设计的特点与方法

结构化程序设计(Structured Programming,SP)是由荷兰学者 E. W. Dijkstra 提出来的,目的是提高程序设计的质量。结构化程序设计是一种程序设计的原则和方法,按照这种原则和方法设计出来的程序结构清晰、容易阅读、容易修改、容易验证。

结构化程序设计的核心思想主要包括以下两方面。

(1)任何程序均由顺序结构、选择结构和循环结构三种基本结构组成。

(2)程序的开发过程应当采取"自顶向下,逐步细化,模块化"的方法。

在开发一个大型应用软件的过程中,应该采用"自顶向下,逐步细化,模块化"的设计方法。即将大型任务从上向下分解为多个功能模块,每个模块又可以分解为若干子模块,然后分别进行各模块程序的编写,每个模块程序都只能由三种基本结构组成,并通过计算机语言的结构化语句实现。

2.3.2　结构化程序的基本结构

按照结构化程序设计方法的要求,结构化程序由三种基本控制结构组成,即顺序程序结构、选择程序结构和循环程序结构。

1. 顺序程序结构

顺序程序结构是一种最简单的基本程序结构,可以由赋值语句、输入输出语句构成,当执行由这些语句构成的程序时,将按这些语句在程序中出现的先后顺序逐条执行,没有分支,没有转移。顺序程序结构可用流程图表示,如图 2-5 所示,图 2-5(a)是传统流程图,图 2-5(b)是 N-S 流程图。

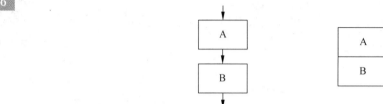

图 2-5　顺序程序结构的流程

2. 选择程序结构

选择程序结构也称为分支程序结构,当执行该结构中的语句时,程序将根据不同的条件执行不同分支中的语句。如图 2-6 所示,程序流程根据判断条件 p 是否成立,选择执行其中的一路分支,图 2-6(a)是传统流程图,图 2-6(b)是 N-S 流程图。

图 2-6　选择程序结构的流程

3. 循环程序结构

循环程序结构是指根据各自的条件,使同一组语句重复执行多次或不执行。循环结构有两种形式:当型循环与直到型循环。

(1) 当型循环,先判断给定的条件 p,当条件 p 成立时,则重复执行循环体 A,否则不执行循环体,如图 2-7 所示,图 2-7(a)是传统流程图,图 2-7(b)是 N-S 流程图。

图 2-7　当型循环程序结构的流程

(2) 直到型循环,先执行循环体 A,然后判断给定的条件 p 是否成立,如果条件不成立再执行循环体 A……如此反复,直到条件成立时,退出循环,如图 2-8 所示,图 2-8(a)是传统流程图,图 2-8(b)是 N-S 流程图。

图 2-8　直到型循环程序结构的流程

以上三种程序基本结构是组成结构化程序的核心,任何形式程序的结构都由这三种基本结构组合而成。

2.3.3　结构化程序设计的过程

下面举例说明用结构化程序设计方法进行程序设计的过程。

【实例 2-3】　求三个数中的最大数。

解决此问题的方法分为三步。

(1) 首先给出程序的总体设计算法。

① 给定或输入三个数 a、b、c。

② 在 a、b、c 中找出最大数赋给 max。

③ 输出 max。

(2) 对(1)中的②需进一步细化,即求出最大数的方法,算法设计如下。

① 从 a、b 中取较大数赋给 max。

② 用 max 与 c 进行比较,取较大数赋给 max。

第(1)步与第(2)步用 N-S 流程图描述如图 2-9 所示。

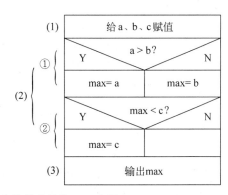

图 2-9　求三个数中的最大数的 N-S 流程

(3) 用 C 语言实现算法。

/ * 实例 2-3 * /

```
# include < stdio. h >
int main()
{
    int a,b,c,max;
    a = 3; b = 7;c = 5;                      /* (1),也可以使用 scanf()给 a、b、c 赋值 */
    if (a>b)                                 /* (2)中的 ① */
        max = a;
    else
        max = b;
    if (max < c)                             /* (2)中的② */
    max = c;
    printf("max = % d\n",max);               /* (3) */
    return 0;
}
```

将"自顶向下,逐步细化"方法得到的小问题或子问题编写出一个功能上相对独立的程序块,这个程序块被称为模块。模块化程序设计方法是指在程序设计中将一个复杂的算法(或任务)分解成若干相对独立、功能单一的模块。在 C 语言中,模块通常以函数的形式出现,是一个可供调用的、相对独立的程序段。

2.3.4 程序设计的原则

为了设计出既可靠又容易维护的高质量程序,程序员要养成良好的编程风格,进行程序设计时应遵守以下原则。

1. 源程序文档化

"软件=程序+文档"。文档是程序的重要组成部分。它主要包括选择的标识符命名(模块、变量、标号、文件等的名字)、程序注释等。

(1) 标识符的命名。标识符命名主要指模块名、变量名、常量名、标号名、函数名以及文件名等。这些名字的命名要既能反映它所代表的实际内容,又有一定的意义,即见名知意,又助于程序功能的理解和增强程序的可读性。例如,max 表示最大数,sum 表示求和,average 表示平均值等。

(2) 程序的注释。程序中的注释是程序员与程序阅读者之间沟通的桥梁。程序中适当的注释能够帮助程序阅读者理解程序,并为后续程序的测试与维护提供明确的指导信息。因此,注释是十分重要的,大多数程序设计语言提供了使用自然语言来写注释的环境,为程序阅读者带来很大的方便。

(3) 标准的书写格式。应用统一规范的书写格式来表示源程序清单,有助于改善程序的可读性。常用的方法有:用分层缩进的写法显示嵌套结构层次;在注释段周围加上边框;注释段与程序段、程序段与程序段、图示与程序段之间插入空行;每行只写一个语句;书写表达式时适当用空格或圆括号作分隔符等。

一个程序如果写得密密麻麻,分不出层次结构,别人就很难读懂。利用空格、空行、缩进技巧实现程序之间的分隔,能够突出程序的优先性,增强可读性,避免发生运算的错误。

(4) 不滥用语言技巧。使用表达式的自然形式,利用括号排除歧义、分解复杂的算法,使用++ 、--等运算时要便于程序阅读者的理解等。

2．数据说明

为了便于日后程序的理解与维护，编程时的数据说明很重要，数据说明包括以下几点。

（1）数据说明的次序应规范。规范的数据说明次序有利于程序的测试、排错和维护。说明的先后次序最好是固定的，如常量的说明、简单变量的说明、数组的说明、公用数据块的说明、文件的说明等。

（2）变量的排列顺序。当一个语句说明多个变量名时，应当对这些变量按字母的顺序排列。

（3）通过注释增加数据结构的理解能力。对于比较复杂的数据结构，如结构体类型、枚举类型等数据结构，应利用注释说明向程序阅读者解释数据结构的特点。

3．语句结构

要确保源程序清晰可读，避免使用容易引起混淆的结构和语句。

（1）使用结构化程序设计方法，避免使用空的 else 语句，不宜使用过多的 goto 语句。

（2）数据结构要有利于程序的简化，尽可能使用库函数。

（3）程序结构尽可能简单明了，避免使用过多的循环嵌套和条件嵌套。模块功能尽可能单一化，模块间的耦合清晰可见，对递归定义的数据结构尽量使用递归过程，不要一味追求代码的复用。

4．输入输出

输入输出的方式与格式应当尽量做到对用户友好，尽可能方便用户使用，避免因设计不当给用户带来的不便。应考虑如下原则。

（1）输入数据进行检验。对所有的输入数据都进行检验，避免错误的输入，保证每个数据的有效性。

（2）输入格式和过程要简单明了。输入的步骤和操作应尽可能简单，并保持简单的输入格式，允许缺省值。输入一批数据时，最好使用输入结束标志，而不要由用户指定输入数据数目。在以交互式输入输出进行操作时，要在屏幕上显示提示信息，明确提示交互输入输出的信息，指明可使用选择项的种类与取值范围。

（3）输出尽可能表格化。应给所有的输出加注释，并尽可能以表格形式输出，以方便用户阅读与理解。

本 章 小 结

编写一个程序的关键就是合理地组织数据和设计算法。所谓算法，就是一个有穷规则的集合，其中规则确定了解决某一个特定类型问题的运算序列。广义地说，算法是指为解决一个问题而采取的方法和步骤。

算法含有两大要素：操作和控制结构。

计算机算法要由计算机实现，组成它的操作集是计算机所能进行的操作，而这些操作的描述与程序设计语言的级别有关。在高级语言中所描述的操作主要包括算术运算（＋、－、＊、／）、逻辑运算（"与""或""非"）、关系运算（＝＝、＞＝、＜＝、＞、＜、！＝）、函数运算、位运算、I/O 操作等。

算法的另一要素是其控制结构。每一个算法都要由一系列的操作组成，同一操作序列，按不同的顺序执行,就会得出不同的结果。控制结构就是控制组成算法的各操作的执行顺序。

算法可以用多种描述工具来描述。常用的描述工具有自然语言、传统流程图、N-S结构化流程图和伪代码等。

编写程序的目的是使用计算机解决实际问题。在使用计算机解决一个实际问题时,通常需要提出问题、确定数据结构和算法,并据此编写程序,直至程序调试通过得到正确的运行结果,这一整个过程称为程序设计。到目前为止,程序设计方法先后经历了非结构化程序设计、结构化程序设计和面向对象程序设计三个主要阶段。

习　　题

1. 填空题。

(1) 程序流程图中带有箭头的线段表示的是_____。

(2) 结构化程序设计的基本原则不包括_____。

(3) 算法的有穷性是指_____。

(4) 结构化程序由_____、_____和_____三种基本结构组成。

2. 用传统的流程图表示解决以下问题的算法。

(1) 从键盘上输入 10 个数,求出其中的最大值。

(2) 求 1+3+…+99 的值。

(3) 判断一个数 n 能否同时被 3 和 5 整除。

3. 简述什么是算法。

4. 简述什么是结构化程序设计,它的主要内容是什么?

第3章　数据类型和表达式

主要知识点

◆ 标识符

◆ 常量和变量

◆ 基本数据类型

◆ 常用的输入输出函数

◆ 运算符和表达式

◆ 数据类型转换

在程序中使用的数据都要指定其数据类型。数据类型决定数据所占内存空间的大小、数据的合法取值范围和可以进行的运算。

C语言提供了以下几种数据类型。

本章主要介绍C语言程序中常用的整型、实型和字符型等数据类型。不同的C编译系统对各种类型数据分配的存储空间大小不同。在 Visual C++ 6.0 编译系统中,整型、实型和字符型数据所占内存空间(字节数)和取值范围如表3-1所示。

表3-1　常用基本数据类型的字节数

数据类型		类型标识符	字 节 数	取 值 范 围
整型	短整型	short int(或 short)	2	$-32768(-2^{15}) \sim 32767(2^{15}-1)$
	基本整型	int	4	$-2^{31} \sim 2^{31}-1$
	长整型	long int(或 long)	4	$-2^{31} \sim 2^{31}-1$

数据类型		类型标识符	字 节 数	取 值 范 围
实型	单精度	float	4	$-3.4\times10^{-38}\sim3.4\times10^{38}$
	双精度	double	8	$-1.7\times10^{-308}\sim1.7\times10^{308}$
字符型		char	1	$-128(-2^7)\sim127(2^7-1)$

3.1 标 识 符

如同人们的名字一样,C 语言中用标识符区分变量、符号常量、数组、函数等对象。标识符是由数字、字母和下画线 3 种字符组成的,且第一个字符必须为字母或下画线的字符序列。

例如,num、i、_io3 等均为合法的标识符。M. D. Y、5b、wang-1 等均为不合法的标识符。在使用标识符时需要注意以下问题。

(1) 标识符应尽量做到见名知义,以增加程序的可读性。如用 year 表示"年",用 month 表示"月"。

(2) 标识符中的字母严格区分大小写。如 Sum 和 sum 是两个不同的标识符。

(3) 用户定义的标识符不要以下画线开头,因为库程序中经常用到以下画线开头的标识符。

(4) ANSI C 标准没有规定标识符的长度,但不同的 C 编译系统对标识符的长度限制都有各自规定。因此,编写程序时需要了解所用系统对标识符长度的规定,以避免标识符出现混淆。

C 语言预定义了 32 个标识符,如 auto、double、if、for 等(详见附录 B),它们被赋予了特定的含义,不能另作他用,这些标识符称为关键字或保留字。

3.2 常量与变量

C 语言程序中的数据一般以常量或变量的形式出现。

3.2.1 常量

常量是指在程序执行过程中,其值始终保持不变的量。C 语言中的常量有两种:直接常量和符号常量。

1. 直接常量

直接常量一般从其字面形式即可判别,有不同类型的常量。例如,5、0、-12 为整型常量,3.14、-2.45 为实型常量,'1'、'a'、'#'为字符常量,"Beijing"、"a"、"123"为字符串常量。

2. 符号常量

C 语言中可以用一个标识符代表一个常量,称为符号常量。使用符号常量的优点是能够见名知义,提高程序的可读性,便于程序的修改和维护。

在 C 语言中,通过预编译命令#define 定义符号常量,其一般格式如下:

#define 符号常量名 直接常量

在 C 程序中,一般符号常量名用大写字母,变量名用小写字母,以示区别。

【实例 3-1】 已知长方形的长和宽,计算并输出其面积。

```
/ * 实例 3-1 * /
# include < stdio.h >
# define LENGTH 12
# define WIDTH 6
int main()
{
    int s;
    s = LENGTH * WIDTH;                    / * 计算面积 * /
    printf("s = % d\n",s);
    return 0;
}
```

说明:

(1) 程序中用 LENGTH 表示长方形的长度为 12,用 WIDTH 表示其宽度为 6。比起 12 和 6,LENGTH 和 WIDTH 可读性明显要好。

(2)"/ * … * /"括起来的内容为注释,起到解释说明的作用,目的是便于阅读程序。将其删除不会影响程序运行结果。另一种注释语句的方法是用双斜杠"//",一般用于一行的注释,例如,"/ * 实例 3-1 * /"可以写成"//实例 3-1"。

程序运行结果如图 3-1 所示。

图 3-1 求长方形的面积

思考:如何定义符号常量 PI 为 3.14159?

3.2.2 变量

在程序执行过程中,其值可以变化的量称为变量。变量的实质是内存中的一块存储单元,其大小由变量的类型决定。为便于引用,每个变量都有一个名字,通过变量名对其存储空间中的数据进行操作。变量名为合法的标识符,其命名规则依照 3.1 节标识符中的规定。

这里要注意区分两个概念:变量名和变量的值。变量名实际上是存储单元的符号地址,而变量的值是指存储单元中的数据,两者之间的关系如图 3-2 所示。

在 C 程序中,变量的使用遵循"先定义,后使用"的原则。定义变量的实质是程序申请内存空间,用于存储数据。

1. 变量的定义

定义变量的一般格式如下:

类型标识符 变量名表列;

图 3-2 变量名和变量的值

数据类型和表达式

其中,类型标识符为 int、float、char 等数据类型名。变量名表列可以是一个变量名,也可以是多个变量名,多个变量名之间用逗号","分隔。

例如:

```
int step;       /* 定义了整型变量 step,分配 4 字节的存储单元,用于存储整型数据 */
float s,v;      /* 定义了两个单精度类型变量 s 和 v,各分配 4 字节的存储单元,用于存储单精度实
                 型数据 */
```

可以使用一个特殊的运算符 sizeof 测试不同数据类型的变量所占的字节数。

【实例 3-2】 定义变量并测试变量所占字节数。

```
/* 实例 3-2 */
# include < stdio.h >
int main()
{
    short int a;
    int b;
    char c;
    float f;
    printf(" % d, % d, % d, % d\n",sizeof(a),sizeof(b),sizeof(c),sizeof(f));
    return 0;
}
```

图 3-3　不同类型的变量所占
字节数不同

说明:程序定义了 4 个不同类型的变量,并用 printf()函数输出这 4 个变量在内存中所占的字节数。

程序执行结果如图 3-3 所示。

2. 变量赋值

可以用赋值运算符"＝"为变量赋值。

(1) 定义变量的同时为变量赋初值,也称为变量的初始化。

一般格式为:

类型标识符　变量名 1 = 值 1,变量名 2 = 值 2,…,变量名 n = 值 n;

例如:

```
int step = 1;          /* 定义整型变量 step,其初值为 1 */
int sum = 0,cnt = 0;   /* 定义整型变量 sum 和 cnt,它们的初值均为 0 */
```

(2) 先定义变量,然后为其赋值。

例如:

```
int step,sum = 0;      /* 定义变量 step 和 sum,并且只为变量 sum 赋初值 0 */
step = 1;              /* 为变量 step 赋值 1 */
```

点拨:一般定义自动变量(涉及变量的存储属性,详见 6.5.2 节变量的生存期)后,如果不对其赋值,其值不确定。如没有特殊说明,一般函数内定义的变量都是自动变量。

【实例 3-3】 变量赋初值和引用。

```
/* 实例 3-3 */
# include < stdio.h >
```

```
int main()
{
    int step = 1, i;
    i = i + step;
    printf(" % d\n % d\n ", step, i);
    return 0;
}
```

程序执行结果如图 3-4 所示。

图 3-4　变量赋初值

说明：因为在程序中没有给变量 i 赋初值，导致输出结果异常。如果将定义语句改成

```
int step = 1, i = 1;
```

或在定义语句后加一个赋值语句"i＝1;"，再运行程序，即可得到正常的结果。

3. 声明只读变量

定义变量时，如果在类型标识符前加关键字 const，则说明该变量为只读变量，其值不允许被修改。

【实例 3-4】 声明只读变量。

```
/ * 实例 3-4 * /
# include < stdio. h>
int main()
{
    const int step = 1;
    printf(" % d\n", step);
    step = 2;
    printf(" % d\n", step);
    return 0;
}
```

该程序在编译时出现错误信息，如图 3-5 所示。

说明：变量 step 为只读变量，只能被引用，程序中不能修改它的值。

图 3-5　只读变量

4. 指针变量

由于变量常常会占用多个内存单元，对应多个存储单元的地址，通常把起始地址作为该

数据类型和表达式

变量的地址,在程序中变量的地址表示为"& 变量名",其中 & 为取地址运算符。

一般变量的访问方式有两种:第一种是通过变量名(变量的符号地址)存取变量的值,称为"直接访问"方式;第二种是先把变量的地址存放在另一个变量中,通过该变量找到要访问的变量的地址,然后通过地址存取变量的值,称为"间接访问"方式。

一个变量的地址称为该变量的"指针"。存放变量的地址的变量,称为"指针变量"。

定义指针变量的一般形式为:

类型标识符   * 变量名;

例如:

```
int * ip;         /* 定义指针变量 ip,它可以保存一个整型变量的地址 */
float * fp         /* 定义指针变量 fp,它可以保存一个单精度类型变量的地址 */
```

【实例 3-5】 定义整型变量 i 和指针变量 ip,ip 中保存变量 i 的地址。用直接访问的方式对变量 i 赋值为 3,用间接访问的方式对变量 i 赋值为 5,分别输出赋值后变量 i 的值。

```
/* 实例 3-5 */
# include < stdio. h >
int main()
{
    int i, * ip;
    ip = &i;                          /* 将变量 i 的地址保存在指针变量 ip 中 */
    printf(" % x, % x\n",&i,&ip);      /* 以十六进制整数格式输出 i 和 ip 的地址 */
    i = 3;                            /* 直接访问变量 i */
    printf("i = % d\n",i);
     * ip = 5;                        /* 间接访问变量 i */
    printf("i = % d\n",i);
    return 0;
}
```

程序执行结果如图 3-6 所示。

说明:

(1) 程序中有两个变量:变量 i 和指针变量 ip,从地址的输出结果可以看出它们各自占据不同的存储单元。

(2) 将变量 i 的地址保存在指针变量 ip 中,则可以形象地称为指针变量 ip"指向"变量 i。变量 i 与指针变量的关系如图 3-7 所示。

图 3-6   变量的两种访问方式

图 3-7   指针变量 ip 指向变量 i

（3）变量的定义语句"int i，* ip；"中，变量名 ip 前的星号"*"仅仅是一个标识符号，表示变量 ip 是一个指针变量，与普通的整型变量 i 不同，以示区别。

（4）与定义行中的不同，语句" * ip＝5；"中的星号"*"为指针运算符，其运算对象是指针变量，* ip 表示指针变量 ip 所指的对象，即变量 i。" * ip＝5；"与"i＝5；"等价，从程序的执行结果也可以看出，执行该赋值语句后，变量 i 的值发生了变化。

点拨：一个指针变量只能指向一个同类型的变量，因为不同类型的变量在内存中所占的字节数不同，指针移动时的"跨度"就不同。指针的移动和指针的运算详见 5.5 节数组与指针。

3.3　基本数据类型

数据类型决定数据在内存中所占的字节数和存储方式，进而决定数据的取值范围和精度，数据类型还决定数据运算（操作）的规则。本节将介绍整型、实型和字符型等几种常用的基本数据类型。

3.3.1　整型

C 语言提供了短整型（short int）、基本整型（int）和长整型（long int）三种类型的整型，并且规定 short int 型所占的字节数不能大于 int 型，int 型所占的字节数不能大于 long int 型。具体某个整型数据所占的字节数取决于机器 CPU 的类型和编译器。例如，一般基本整型（int）占用一个字的存储空间。如果字长为 16 位，则基本整型用 16 位来表示；如果字长为 32 位，则基本整型用 32 位表示。

整型又分为有符号（signed）整型和无符号（unsigned）整型，其区别是取值范围不同，无符号整型所占字节数和取值范围见表 3-2。定义整型变量时，只要不指定为无符号型（类型标识符前面加 unsigned），其隐含的类型就是有符号型（即 signed 可以省略）。

表 3-2　无符号整型所占字节数和取值范围

数 据 类 型	类型标识符	字　节　数	取 值 范 围
无符号短整型	unsigned short	2	$0 \sim 65535(2^{16}-1)$
无符号基本整型	unsigned int	4	$0 \sim 2^{32}-1$
无符号长整型	unsigned long	4	$0 \sim 2^{32}-1$

1. 整型常量

在 C 语言中，整型常量有三种形式。

（1）十进制整数，如 125，-23 等。

（2）八进制整数，以数字 0 开头，由 0～7 组成的数字序列，如 0125 表示 $(125)_8$，相当于十进制数 85（$1 \times 8^2 + 2 \times 8^1 + 5 \times 8^0$）。

（3）十六进制整数，以数字 0 和字母 x（或 X）开头，由 0～9，a～f 或 A～F 组成的序列，如 0x125 表示 $(125)_{16}$，相当于十进制数 293（$1 \times 16^2 + 2 \times 16^1 + 5 \times 16^0$）。-0x3c 相当于十进制数 -60（$3 \times 16^1 + 12 \times 16^0$）。

【实例 3-6】 整型常量的三种形式。

```
/* 实例 3-6 */
#include <stdio.h>
int main()
{
    /* 分别以十进制、八进制和十六进制整型格式输出十进制整数 10 */
    printf("%d,%o,%x\n", 10, 10, 10);
    /* 以十进制整型格式输出(10)₁₀、(10)₈ 和(10)₁₆ */
    printf("%d,%d,%d\n", 10, 010, 0x10);
    return 0;
}
```

```
"D:\C语言教材...    —   □   ×
10, 12, a
10, 8, 16
Press any key to continue
```

图 3-8 整型常量的输出

程序执行结果如图 3-8 所示。

点拨：

(1) 若整型常量后面加字母 l 或 L,则认为是长整型常量,如 -45l、125L 等。

(2) 若整型常量后面加字母 u 或 U,则认为是无符号整型常量,如 23u、125U 等。

2. 整型变量

(1) 整型数据在内存中的表示。

数据在内存中是以二进制形式存放的。整数分为有符号整数与无符号整数。无符号整数的表示是基于二进制表示数据的方法。给定 n 位二进制序列,它所能表示的数值范围是 $[0, 2^n - 1]$,如 16 位二进制数表示的无符号整数的范围是 $[0, 2^{16} - 1]$,即 $[0, 65535]$。

在计算机中,使用补码表示有符号整数。补码就是将位序列的最高位解释为负权。例如,给定 16 位二进制序列 1000 0000 0000 0001,如果它表示无符号整数,则它的值是 $1 \times 2^{15} + 1 \times 2^0 = 32769$,如果用补码理解它,则最高位是负权,也就是 $-1 \times 2^{15} + 1 = -32767$。补码会将最高位理解为一个负数,直观看,就是当最高位是 1 的时候,是一个非常大的负数加上后面的正整数,后面的正整数越大,此数越接近 0,当最高位是 0 时,负权整个都是 0,剩下的几位如同无符号整数一样表示正整数。因此,16 位二进制数表示的有符号整数的范围是 $[-2^{15}, 2^{15} - 1]$,即 $[-32768, 32767]$。n 位二进制数能表示的有符号整数范围是 $[-2^{n-1}, 2^{n-1} - 1]$。

下面以 unsigned short 和 short 为例,说明整型数据在内存中的存储方式。

unsigned short 类型数据占 2 字节,若 16 位二进制数如下:

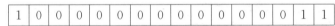

则表示 $1 \times 2^{15} + 1 \times 2^1 + 1 \times 2^0 = 32768 + 2 + 1 = 32771$。

short 类型数据占 2 字节,但数据以补码形式存放,最高位(最左侧)是符号位,符号位为 0 表示正数,符号位为 1 表示负数。若 16 位二进制数如下:

则表示 $-1 \times 2^{15} + 1 \times 2^1 + 1 \times 2^0 = -32768 + 2 + 1 = -32765$。

若 16 位二进制数如下:

0	1	0	0	0	0	0	0	0	0	0	0	0	0	1	1

则表示 $1\times2^{14}+1\times2^{1}+1\times2^{0}=16384+2+1=16387$。

点拨：正数的补码和原码相同。

求负数的补码方法：先求该数的绝对值的原码，原码各位数取反后再加 1 得补码。

例如，求 -32765 的补码步骤如下。

① 求 32765 的原码（$32765=2^{15}-3$）。

0	1	1	1	1	1	1	1	1	1	1	1	1	1	0	1

② 各位数取反。

1	0	0	0	0	0	0	0	0	0	0	0	0	0	1	0

③ 再加 1 得补码。

1	0	0	0	0	0	0	0	0	0	0	0	0	0	1	1

（2）整型变量的定义和使用。

遵循变量定义的格式，整型变量可以定义如下：

```
int sum;              /* 定义整型变量 sum */
short cnt;            /* 定义短整型变量 cnt */
long f;               /* 定义长整型变量 f */
unsigned int age;     /* 定义无符号整型变量 age */
```

在计算机中，当要表示的数据超出计算机所使用数据的表示范围时，就会产生数据的溢出。整型变量在使用时要注意"数据溢出"问题。

【实例 3-7】 整型数据的溢出。

```
/* 实例 3-7 */
#include <stdio.h>
int main()
{
    short a,b;
    a = 32767;
    b = a + 1;
    printf("a = %d\n",a);
    printf("b = %d\n",b);
    return 0;
}
```

程序执行结果如图 3-9 所示。

说明：从程序的运行结果看，变量 b 的值出现"异常"状况。这是因为一个有符号的短整型变量占据 2 字节的内存空间，能表示的数据范围是 $[-2^{15}, 2^{15}-1]$，即 $[-32768,32767]$。十进制整数 32767 的二进制数

图 3-9 整型数据的溢出

表示为 0111 1111 1111 1111，它加上 1 后得到二进制数 1000 0000 0000 0000，此二进制数刚好是十进制整数 -32768 的补码。

3.3.2 实型

实型也称浮点类型。C语言中实型分为单精度类型(float)、双精度类型(double)和长双精度类型(long double)三种形式,本节主要介绍常用的单精度和双精度两种类型。

1. 实型常量

实型常量又称浮点数(floating point number),即实数。浮点数有两种表示形式。

(1) 小数形式。由数字和小数点组成,如3.14、-0.268、326.4等。实数3.0可以写成3.,而0.3可以写成.3。

(2) 指数形式。由尾数部分、字母e(或E)、指数部分组成,如48.6235e12,其中的48.6235为尾数,12为指数,e为基数10,表示48.6235×10^{12}。48.6235e12还可以表示为4.86235e13、4862.35e10、0.4862355e14等,其中的4.86235e13称为"规范化的指数形式",即尾数部分小数点左边有且只有一位非零的数字。例如,2.312e6、3.4256e$-$5、1.5673E$-$2等都属于规范化的指数形式。

指数形式的实数书写必须遵循如下规则。

① 有且仅有一个字母e或E,且字母e(或E)的左右两侧不能包含空格。例如,3.25□E3、3.25E□3都不是合法的实数(□表示空格)。

② 指数与尾数部分都不可缺省,且指数部分只能是整数。例如,E$-$3、1.2E、2.3E1.2都不是合法的实数。

点拨:C语言编译系统一般将实数作为双精度数来处理,这样虽然使得计算结果更精确,但却降低了运算速度。若要明确某个实数为单精度数,则在该数最后加字母f或F,例如,-0.26f、326.4F等。长双精度实数的表示方法是在数值最后加字母l或L,例如,256.33l、-6.4L等。

2. 实型变量

(1) 实型数据在内存中的表示与整型数据的存储形式不同,实型数据在内存中是按指数形式存储的,分为以下三部分。

① 数符:符号位,0代表"正",1代表"负"。

② 尾数:一般采用纯小数形式存储。

③ 阶码:存储指数,包括符号位。

具体尾数部分和指数部分所占位数的多少则由各C语言编译系统自定。对于占4字节的单精度数来说,不少编译系统用24位存储尾数(包括符号位),用8位存储阶码(包括符号位)。尾数部分所占的位数决定实数的精度,位数越多,精度也就越高。阶码部分所占的位数决定实数的取值范围,位数越多,能够表示的数值范围越大。表3-3为常用实型数据的取值范围及精度。

表3-3 常用实型数据的取值范围及精度

数据类型	字节数	有效数字	取值范围
单精度类型(float)	4	6~7	$-3.4 \times 10^{-38} \sim 3.4 \times 10^{38}$
双精度类型(double)	8	15~16	$-1.7 \times 10^{-308} \sim 1.7 \times 10^{308}$

（2）实型变量的定义和使用。

实型变量可以定义如下：

```
float ave;          /* 定义单精度型变量 ave */
double pi;          /* 定义双精度型变量 pi */
```

【实例 3-8】 在两个不同的实型变量中保存同一个实数，并输出这两个变量的值。

```
/* 实例 3-8 */
#include <stdio.h>
int main()
{
    float fx;
    double fy;
    fx = 123456.789e6;
    fy = 123456.789e6;
    printf("fx = % f\n", fx);
    printf("fy = % f\n", fy);
    return 0;
}
```

```
fx=123456790528.000000
fy=123456789000.000000
Press any key to continue
```

图 3-10　实型数据的精度

程序执行结果如图 3-10 所示。

说明：

（1）程序编译时出现如下警告信息：

warning C4305: ' = ': truncation from 'const double' to 'float'

这是因为在执行赋值语句"fx＝123456.789e6;"时，赋值号"＝"右侧的 123456.789e6 是 double 型常量，左侧的 fx 是 float 型变量，类型不一致，系统预警此次操作可能出现截断误差。

（2）printf 函数中的"％f"表示以小数形式输出实型数据，默认保留 6 位小数。

（3）从程序运行结果可以看出，不同类型的实型变量，保存实数的有效数字不同。超过有效数字范围的数字是不精确的，所以，实型变量在使用时要注意"舍入误差"问题。

【实例 3-9】 实型数据的舍入误差。

```
/* 实例 3-9 */
#include <stdio.h>
int main()
{
    float a,b;
    a = 123456.789e4;
    b = a + 30;
    printf("a = % f\n", a);
    printf("b = % f\n", b);
    return 0;
}
```

```
a=1234567936.000000
b=1234567936.000000
Press any key to continue
```

图 3-11　实型数据的舍入误差

程序执行结果如图 3-11 所示。

说明：从理论上来说，变量 a 的值应该是 1234567890.0，变量 b 的值应该是 1234567920.0，但程序输出两个变量的值却是另外的数。原因是变量 a 和 b 都是 float 类

数据类型和表达式

型,只有 7 个有效数字,不能把实数 123456.789e4 的每个数字都精准地保存起来,后面的数字是不精确的。因此,实数计算中应避免将一个很大的数和一个很小的数相加或相减,以免造成误差。

3.3.3 字符型

字符型数据占 1 字节,且内存中存储的是字符的 ASCII 码。

1. 字符常量

字符常量一般是用单引号"'"括起来的一个字符,例如,'3'、'a'、'A'、'♯'等。除了这些普通字符常量外,C 语言还提供一种特殊形式的字符常量,是用单引号"'"括起来并且以斜杠"\"开头的字符序列,例如,'\n'、'\t'、'\b'等,常用于表示一些转义字符。常用的转义字符如表 3-4 所示。

表 3-4 常用的转义字符

转义字符	意 义	ASCII 码	转义字符	意 义	ASCII 码
\n	换行,移到下行行首	10	\\	反斜杠	92
\t	水平制表	9	\?	问号	63
\v	垂直制表	11	\'	单引号	39
\b	退格	8	\"	双引号	34
\r	回车,移到本行行首	13	\ooo	1～3 位八进制数	
\f	换页	12	\xhh	1～2 位十六进制数	
\a	振铃	7	\0	空操作字符	0

说明:

(1) 注意'\n'和'\r'的区别,前者是换行,当前位置移到下一行的行首;后者是回车不换行,当前位置移到本行的行首。

(2) '\ooo'表示 1～3 位八进制数表示的字符,例如,'\102'表示八进制数 102,即十进制数 66,表示大写字母 B(见附录 C 常用字符的 ASCII 码)。'\0'是一种特殊情况,表示空操作,常用于字符串中,是字符串的结束标记。

(3) '\xhh'表示 1～2 位十六进制数表示的字符,例如,'\x41'表示十六进制数 41,即十进制数 65,表示大写字母 A。

2. 字符串常量

字符串常量是用双引号括起来的字符序列,例如,"Zhejiang"、"＄123.5"、"789♯"等。若字符串中没有字符,即"",表示空字符串(简称"空串")。

从直观上区分,字符常量与字符串常量有以下两个不同。

(1) 字符常量用单引号,字符串常量用双引号。

(2) 字符常量的单引号中只有一个字符(转义字符除外),字符串常量的双引号中可以有多个字符。

字符常量和字符串常量本质的区别是它们的存储形式不同。每个字符串常量结尾会存储一个字符串结束标记'\0'(即空操作字符)。例如,字符 'a'和字符串"a"在内存中的存储如图 3-12 所示,保存'a'只要 1 字节,而保存"a"需要 2 字节的内存空间,除了保存字母 a 之外,还需要保存字符串结束标记'\0'。

图 3-12　字符和字符串的存储形式不同

3. 字符变量

(1) 字符数据在内存中的表示。

在计算机中,非数值的数据,如字母、文字或其他符号是用二进制编码表示的。西文字符最常用的是 ASCII 编码。对于汉字,我国也制定了相应的编码方案。本节主要介绍西文字符在计算机中的表示。

标准 ASCII 码使用 7 位二进制数来表示所有的大、小写字母,数字字符 0~9,标点符号以及一些特殊转义字符。为了便于处理,在 ASCII 码的最高位增加一位 0,用 1 字节存储一个 ASCII 码,也即用 1 字节存储一个西文字符。例如,字母 a 的 ASCII 码为十进制数 97,在内存中的存储如下:

0	1	1	0	0	0	0	1

(2) 字符变量的定义和使用。

字符变量可以定义如下:

char c1,c2;　　　　　/ * 定义字符变量 c1 和 c2 * /

一个字符变量只能存放一个字符,可以先定义变量再赋值,也可以在定义时为变量赋初值。

例如:

char c1 = 'a',c2;　　　/ * 定义字符变量 c1 和 c2,并为 c1 赋初值 * /
c2 = 'b';　　　　　　 / * 为变量 c2 赋值为字符常量 'b' * /

既然字符在计算机内存中存储的是它的 ASCII 码,其存储形式与整型数据的存储类似,如此,字符数据与整型数据就可以通用。

【实例 3-10】　字符数据与整型数据通用。

```
/ * 实例 3-10 * /
# include < stdio. h >
int main( )
{
    int i;          / * 定义整型变量 i * /
    char c;         / * 定义字符变量 c * /
    c = 97;         / * 为变量 c 赋值为整数 97 * /
    i = 'a';        / * 为变量 i 赋值为字符常量 'a' * /
    printf(" % c, % d\n", c, c);    / * 分别以字符和十进制整数格式输出变量 c 的值 * /
    printf(" % c, % d\n", i, i);    / * 分别以字符和十进制整数格式输出变量 i 的值 * /
    return 0;
}
```

说明:程序中将一个整数赋值给变量 c,将一个字符常量赋值给变量 i,分别用 %c(字符格式)和 %d(十进制整数格式)输出变量的值。因为字符数据与整型数据通用,所以输出结

数据类型和表达式

图 3-13　字符数据与整型数据通用

果完全相同。

程序执行结果如图 3-13 所示。

利用字符数据与整型数据通用的特点,在 C 语言程序中,要实现英文字母的大小写转换就很容易。

【实例 3-11】　小写字母转换成大写字母。

```c
/*实例 3-11*/
#include <stdio.h>
int main()
{
    char ch;              /*定义字符变量 ch*/
    ch = 'a';             /*为变量 ch 赋值为字符常量'a'*/
    printf("%c\n", ch);   /*输出变量 ch 中保存的字符*/
    ch = ch - 32;         /*将小写字母转换成大写字母*/
    printf("%c\n",ch);    /*输出转换后的结果*/
    return 0;
}
```

说明：因为小写字母的 ASCII 码值比大写字母大 32,所以小写字母转换成大写字母用语句"ch=ch-32;"实现。反之,若要将大写字母转换成小写字母,则用语句"ch=ch+32;"实现。

程序执行结果如图 3-14 所示。

图 3-14　小写字母转换成大写字母

点拨：字符数据和整型数据通用有一个前提,那就是在 1 字节存储空间能够表示的数值范围内,否则可能发生溢出问题,例如：

```c
char ch = 180;
printf("%d",ch);
```

输出结果为 -76。因为 char 型即 signed char 型,占 1 字节的内存空间,能够表示的有符号数据范围是 $[-128(-2^7) \sim 127(2^7-1)]$,显然 180 超过了正数的范围。如果将语句"char ch=180;"改为"unsigned char ch=180;"后,输出结果为 180,因为 unsigned char 的取值范围是 $[0 \sim 255]$。

3.4　常用的输入输出函数

C 语言的输入输出函数有很多种,本节主要介绍四个最常用的输入输出函数：printf()、scanf()、putchar()和 getchar()。特别强调,如果程序中需要使用这几个函数,必须在程序的开始位置加上预处理命令：

```c
#include <stdio.h>
```

3.4.1　格式化输入输出函数

C 语言标准库提供了格式化输出函数 printf()和格式化输入函数 scanf()。printf()函数用来向标准输出设备(屏幕)输出数据,scanf()函数用来从标准输入设备(键盘)读取输入数据。下面详细介绍这两个函数的用法。

1. 输出函数 printf()

printf()函数是格式化输出函数,一般用于向标准输出设备(屏幕)按规定格式输出信息。

printf()函数的调用格式为:

printf(格式控制,输出表列);

其中"格式控制"是用双引号括起来的一个字符串,也称"格式控制字符串"。格式控制字符串分为格式字符串和非格式字符串两种。格式字符串是以％开头的字符串,在％后面跟各种格式字符,用来说明输出数据的类型、长度、小数位等。非格式字符串是指普通字符,在输出时原样输出。

例如:

printf("％d,％d",a,b);

其中"％d"是格式字符串,","是非格式字符串,也即普通字符,a 和 b 是输出表列。

2. 格式控制

对不同类型的数据,使用不同的格式字符。常用的格式字符有以下几种。

(1) d 格式符,输出一个有符号的十进制数。

％d:按整型数据的实际长度输出。

％md:m 是指定的输出字段的宽度。如果数据的位数小于 m,则左端补以空格;若大于 m,则按实际位数输出。

％ld:输出长整型数据,其中的 l 是 long 的意思。

例如:

printf("％5d\n％5d\n",23,-567);

输出结果为:

□□□23   (□表示 1 个空格)
□-567

(2) c 格式符,输出一个字符。

例如:

char ch = 'y'
printf("％c",ch);

运行时输出:y

一个大小在 0～127 的整数,也可以用"％c"使之按字符形式输出,在输出前,系统会将该整数作为 ASCII 码转换成相应的字符。例如:

int a = 65;
printf("％c",a);

运行时输出:A

输出时也可以指定域宽,例如:

```
printf("%6c",ch);
运行时输出:□□□□□A    (□表示1个空格)
```

如果整数比较大,则把它的最后1字节的信息以字符形式输出。同理,一个字符数据也可以按整型数据输出。

【实例 3-12】 输出字符数据。

```
/*实例3-12*/
#include<stdio.h>
int main()
{
int i=99;
char ch='b';
printf("%d,%5c\n",ch,i);          /*以十进制和字符形式输出*/
return 0;
}
```

程序运行结果如图 3-15 所示。

图 3-15　输出字符数据

(3) f 格式符,以小数形式输出实型数据。

%f:不指定输出数据的宽度,整数部分全部输出,小数部分输出 6 位。

%m.nf:输出的数据占 m 列(小数点"."也占 1 列),其中有 n 位小数,如果数值长度小于 m,则左端补空格。

%−m.nf:输出的数据占 m 列(小数点"."也占 1 列),其中有 n 位小数,如果数值长度小于 m,则右端补空格。

注意:在用%f 输出时要注意数据有效数字的位数。

【实例 3-13】 输出实型数据。

```
/*实例3-13*/
#include<stdio.h>
int main()
{
float i=1234.567856789;
double j=1234.567856789;
printf("%f\n%15.2f\n%-10.3f\n%f\n",i,i,i,j);          /*以指定格式输出*/
return 0;
}
```

程序运行结果如图 3-16 所示。

说明:图 3-16 第 1 行的输出结果,理论上应该输出 1234.567856,而实际输出 1234.567871,这是因为 float 型数据只能保证 6 位或 7 位有效数字,左边第 7 位数字(也就是第 3 位小数)以后的数字并不能保证是绝对精确的。

图 3-16　输出实型数据

其他常用的格式字符还有 s、e(E)、g(G)、o、x(X)、u 等，其格式字符、格式字符意义、举例和输出结果如表 3-5 所示。

表 3-5　常用的格式字符及意义

格式字符	格式字符意义	举　　例	输出结果
s	输出字符串	char ch[]="helloworld!"; printf("%s\n%10.6s\n%− 10.3s\n%1.2s\n",ch,ch,ch,ch);	helloworld □□□□hellow hel he

e(E)	以指数形式输出单、双精度实数	float i=1234.567856789;
		double j=1234.567856789;
		printf("%e\n%15.2e\n%−
		10.3e\n%e\n",i,i,i,j);
			1.234568e+003
			□□□□□1.23e+003
			1.235e+003
			1.234568e+003

g(G)	以 %f、%e 中较短的输出宽度输出单、双精度实数	double i=12345678954321; printf("%f\n%e\n%g\n",i,i,i);	12345678954321.000000 1.234568e+013 1.23457e+013
o	以八进制形式输出整数(不输出前缀 0)	int a=10; printf("%o",a);	12
x(X)	以十六进制形式输出整数(不输出前缀 0x)	int a=10; printf("%x\n%X\n",a,a);	a A

u	以十进制形式输出无符号整数(正整数)	int m,n;
		m=−1;
		n=32767;
		printf("%d,%d\n",m,n);
		printf("%u,%u\n",m,n);
			−1,32767
			4294967295,32767

说明：

(1) 除了格式字符 e、g、x 在使用时可以大写外，其他格式字符必须小写。

(2) 可以在 printf() 函数的格式控制字符串中使用转义字符，如 \n、\t、\b、\r 等。

(3) 在输出字符"%"时要注意，必须在格式控制中连写两个"%"才能得到预期的结果。例如：

printf("%d%%",100);

输出结果为：

100%

下面再举一个综合使用 printf() 函数的例子。

【实例 3-14】　printf() 函数的综合应用。

```
/* 实例 3-14 */
# include <stdio.h>
int main()
{
    int a = 123;
    float b = 123.456789;
```

```
        double c = 123.456789;
        char d = 'A';
        printf("%d,%5d\n",a,a+1);
        printf("%f,%lf,%6.4f\n",b,b,b);
        printf("%lf,%f,%6.4lf\n",c,c,c);
        printf("%c,%8c\n",d,d);
        printf("%.4s\n","this is my test!");
        printf("%8.4s\n","this is my test!");
        return 0;
}
```

图 3-17   printf() 函数的综合应用

程序运行结果如图 3-17 所示。

读者可以自行分析图 3-17 的输出结果。

点拨：使用 printf() 函数时还要注意输出表项中的求值顺序。不同的编译系统不一定相同，可能从左到右，也可能右到左。VC++ 6.0 是按从右到左的顺序进行求值的。

3. 输入函数 scanf()

(1) scanf() 函数的一般形式。

scanf() 函数是格式化输入函数，它从标准输入设备(键盘)读取输入的信息。一般格式为：

scanf(格式控制,地址表列);

其中，"格式控制"的含义与 printf() 函数相同，"地址表列"是由若干地址组成的表列，可以是变量的地址，也可以是字符串的首地址，中间用逗号隔开。地址由地址运算符"&"后面跟变量名组成，例如，&a 和 &b 分别表示变量 a 和变量 b 的地址。下面先看一个数据输入的例子。

【**实例 3-15**】   scanf() 函数的使用。

```
/* 实例 3-15 */
# include < stdio.h >
int main()
{
        int a,b,m,n;
        scanf("%d,%d",&a,&b);
        scanf("%d%d",&m,&n);
        printf("a is %d,b is %d\n",a,b);
        printf("m is %d,n is %d\n",m,n);
        return 0;
}
```

程序执行结果如图 3-18 所示。

(a) 正确输入数据

(b) 错误输入数据

图 3-18   scanf() 函数的使用

为什么会出现这样的结果呢？当格式控制中出现"%d,%d"，即两个%d之间用逗号隔开时，输入的数据之间也必须用逗号隔开。当格式控制中出现"%d%d"，即两个%d之间没有符号时，输入的两个数据之间可以用一个或多个空格隔开，也可以用回车键、Tab键隔开。

（2）格式控制。

格式控制的一般形式为：

%[*][域宽][长度]类型

其中有方括号[]的项为可选项。

① "类型"是 scanf()函数的格式字符，与 printf()函数中的格式符相同。

② " * "用来表示该输入项读入后不赋予对应的变量，即跳过该输入值。例如：

scanf(" %d% * d%d",&a,&b);

当输入 12 34 56 时，把 12 赋给变量 a,34 被跳过,56 赋给变量 b。

③ "域宽"是输入数据的宽度，应该是正整数。例如：

scanf(" % 6d",&x);

当输入 123456789 时，将 123456 赋给变量 x，其余部分截去。又如：

scanf(" % 3d % 4d",&x,&y);

当输入 123456789 时，将 123 赋给变量 x，将 4567 赋给变量 y，其余部分截去。

④ "长度"格式符为 l 和 h,l 表示输入长整型数据（可以用%ld,%lo,%lx,%lu）和 double 型数据（可以用%lf,%le）,h 表示输入短整型数据（可以用%hd,%ho,%hx）。

（3）使用 scanf()函数要注意的几个问题。

① scanf()函数中要求给出变量地址，所以"&"符号必不可少。例如，下面的语句是错误的：

scanf(" % d, % d, % d",x,y,z);

正确的语句是：

scanf(" % d, % d, % d",&x,&y,&z);

② 如果在格式控制字符串中除了格式声明外还有其他字符，那么，在输入数据时在对应的位置上必须输入与这些字符一样的字符。例如：

scanf("x = % d,y = % d,z = % d",&x,&y,&z);

那么在输入时必须输入：

x = 1,y = 2,z = 3

如果输入：

1,2,3

就会产生错误，系统不会把 1,2,3 分别赋给变量 x,y,z。

③ scanf()函数中没有精度控制。例如，下面的语句是错误的：

scanf(" % 10.2f",&m);

④ 在 scanf()函数中用"%c"为字符类型的变量输入值时,空格和转义字符均作为有效字符。例如,执行语句"scanf("%c%c%c",&c1,&c2,&c3);",输入:a□b□c↙,则 c1 得到字符'a',c2 得到字符'□',c3 得到字符'b',其余的输入被丢弃(□表示 1 个空格)。

表 3-6 是 scanf()函数的各种输入形式汇总。

表 3-6 scanf()函数的各种输入形式汇总

输 入 语 句	输 入 形 式
scanf("%d,%d",&a,&b);	5,6
scanf("%d%d",&a,&b);	5□6 或 5□□□6 或 5(Tab 键)6 或 5(回车键)6
scanf("%d;%d",&a,&b);	5;6
scanf("a=%d,b=%d",&a,&b);	a=5,b=6

前两种是比较常用的输入形式。

3.4.2 字符输入输出函数

虽然使用 printf()和 scanf()函数可以实现字符的输出和输入,但 C 语言还提供了专门的单个字符输出函数 putchar()和输入函数 getchar()。

1. 字符输出函数 putchar()

putchar()函数的功能是输出单个字符到屏幕上。一般形式为:

putchar(c)

其中,参数 c 可以是字符常量、整型常量、字符变量或整型变量(其值在字符的 ASCII 码范围内),但不能是字符串。

【实例 3-16】 putchar()函数的格式和使用方法。

```
/* 实例 3-16 */
#include <stdio.h>
int main()
{
    char ch = 'a';
    putchar(ch);
    putchar(98);
    putchar('\n');
    putchar(ch + 2);
    putchar('d');
    putchar('\n');
    return 0;
}
```

图 3-19 putchar()函数的使用

程序运行结果如图 3-19 所示。

说明:

(1) putchar()函数不仅能输出普通字符,还可以输出转义字符。

(2) 一个 putchar()函数只能输出一个字符。

2. 字符输入函数 getchar()

函数 getchar()的作用是从键盘读取一个字符,没有参数,函数的值就是从输入设备中得到的字符。

执行语句 getchar()时,系统等待用户的输入,直到按回车键结束。如果用户输入了多个字符,则 getchar()只取第一个字符,多余的字符(包括回车符)存放到键盘缓冲区中,如果再一次执行 getchar(),则程序直接从键盘缓冲区读入。

【实例 3-17】 getchar()函数的格式和使用方法。

```
/* 实例 3-17 */
# include < stdio. h>
int main()
{
    char ch1,ch2;
    ch1 = getchar();
    ch2 = getchar();
    putchar(ch1);
    putchar(ch2);
    putchar('\n');
    return 0;
}
```

程序运行结果如图 3-20 所示。

在图 3-20 中,输入了"abcdefghijk"总共 11 个字符,按回车键后,系统才开始接收数据,只接收了前面的 2 个字符'a'和'b'。

图 3-20　getchar()函数的使用

【实例 3-18】 用 getchar()函数从键盘输入一个小写字母,把它转换为大写字母,再用putchar()函数输出该大写字母。

```
/* 实例 3-18 */
# include < stdio. h>
int main()
{
    char ch1,ch2;
    ch1 = getchar();
    ch2 = ch1 - 32;
    putchar(ch2);
    putchar('\n');
    return 0;
}
```

图 3-21　小写字母转换为大写字母

程序运行结果如图 3-21 所示。

在图 3-21 中,输入小写字母 a,按回车键后直接输出大写字母 A。

3.5　运算符与表达式

C 语言的表达式是由运算符将各种类型的变量、常量、函数等运算对象按一定的语法规则连接而成的式子。编译器能够按照运算符的运算规则完成相应的运算处理,求出运算结果,这个结果就是表达式的值。

C 语言支持非常丰富的运算符:按照操作对象的个数,运算符可以分为单目运算符、双目运算符和三目运算符;按照功能可以分为算术运算符、关系运算符、逻辑运算符、条件运算符和逗号运算符(关系运算符、逻辑运算符、条件运算符等内容在第 4 章中详细介绍)。在表达式中,各运算对象参与运算的先后顺序不仅要遵守运算符优先级别的规定,还要受运算符结合性的制约,以便确定是自左向右进行运算还是自右向左进行运算。

3.5.1 算术运算符

1. 基本算术运算符

(1) 单目算术运算符。

单目算术运算符有两个:＋和－,分别是求正和求负运算符。它们只有一个运算对象,并且运算符写在运算对象的左面,结合性是自右向左。

(2) 双目算术运算符。

双目算术运算符是指有两个运算对象的运算符,C 语言有 5 个双目算术运算符。

＋:加法运算符。

－:减法运算符。

＊:乘法运算符。

/:除法运算符。

%:求余运算符、模运算符。

说明:

(1) C 语言限定求余运算只对整型运算对象进行,求余运算的结果等于两数相除后的余数,整除时结果为 0。例如:7%5 的运算结果为 2。不能对 float 或 double 类型的运算对象进行求余运算。

(2) 除法运算的运算对象均为整型时,结果也为整型,舍去小数;如果运算量中有一个是实型,则结果为双精度实型。例如:4/5 的运算结果为 0,4.0/5 的运算结果为 0.8。

(3) 双目算术运算符的结合性都是自左向右。

(4) ＊、/和%三个运算符的优先级相同,＋和－两个运算符的优先级相同,＊、/和%优先级高于＋和－。

2. 自增、自减运算符

自增运算符＋＋的功能是使变量的值自增 1,自减运算符－－的功能是使变量的值自减 1。自增、自减运算符的运算对象只能是变量,它们的运算优先级高于双目算术运算符,其结合性为自右向左。

假设整型变量 i 的值为 2,自增、自减运算符有以下 4 个基本形式。

(1) ＋＋i:变量 i 自增 1;表达式"＋＋i"的值为 3,即变量 i 自增后的值。

(2) i＋＋:表达式"i＋＋"的值为 2,即变量 i 原来的值;变量 i 自增 1。

(3) －－i:变量 i 自减 1;表达式"－－i"的值为 1,即变量 i 自减后的值。

(4) i－－:表达式"i－－"的值为 2,即变量 i 原来的值;变量 i 自减 1。

【实例 3-19】 自增、自减运算符的应用。

```
/* 实例 3-19 */
#include <stdio.h>
```

```
int main()
{
    int a, i = 1;
    a = ++i;
    printf("a = % d,i = % d\n",a,i);
    a =  i -- ;
    printf("a = % d,i = % d\n",a,i);
    printf(" % d\n",i++);
    printf(" % d\n",i);
    printf(" % d\n", -- i);
    printf(" % d\n",i);
    return 0;
}
```

程序运行结果如图 3-22 所示。

点拨：自增、自减运算的对象是变量。一般不要在一个表达式中对同一个变量进行多次自增或自减运算，以免造成错误的理解或得到错误的运算结果。

3. 算术表达式

用基本算术运算符、自增或自减运算符和圆括号将运算对象（常量、变量、函数等）连接的式子称为算术表达式。单个常量、变量和函数可以看作是表达式的特例。

图 3-22　自增、自减运算符的应用

每个表达式都有一个值及其类型，也即计算表达式所得结果的值和类型。

表达式求值按运算符的优先级和规定的结合方向进行（参见附录 A　运算符的优先级与结合性）。基本算术运算符按先乘除后加减的规则。例如：3＋6＊5结果为33，而(3＋6) ＊5结果为45。

表达式类型规则有以下两点。

（1）同类型数据运算结果类型不变，如整数与整数运算的结果一定是整数，舍去小数。例如：4/5 的运算结果为 0。

（2）C语言支持不同类型数据的混合运算，运算结果类型由参与运算的数据决定。不同类型的数据进行运算时，运算结果一般取高一级的数据类型。

思考：表达式 1/2 ＊ 2.22 与 1.0/2 ＊ 2.22 的值分别是什么？

关于运算符和表达式，需要注意以下问题。

（1）算术表达式类似数学上的公式，但不能把算术表达式误写成对应的数学公式。例如：3x＋2y 因为少了乘号 ＊ 而不是合法的 C 语言算术表达式。

（2）表达式 a＋b/c＊d 与(a＋b)/(c＊d)的意义完全不同。注意圆括号的使用方法，即使需要多层括号也一律使用圆括号，而不能用中括号或大括号代替。

（3）利用圆括号可改变运算的优先级，但有时即使无须改变运算的优先级也可利用括号使算术表达式的运算次序清晰、直观。例如：表达式 A/B/C，就不如用 A/(B＊C)更容易理解。

（4）C语言基本字符集之外的字符不能出现在表达式中，如 π、β、ξ 等。

（5）程序中将 e 视为变量，而不是数学领域认为的"自然数"；在程序中若需要表示自然数 e，可以调用函数 exp()。

(6) C语言支持不同类型数据的混合运算,但计算机在计算时要将低精度的类型转换为高精度后才进行运算。考虑到运行效率,应尽可能地减少这种转换。例如:"float a,b=3;a=b/2;"就不如"float a,b=3.0;a=b/2.0;"效率高。

3.5.2 赋值运算符

1. 基本赋值运算符和赋值表达式

基本赋值运算符为"=",由"="连接的表达式称为赋值表达式。其一般形式为:

变量 = 表达式

赋值表达式的功能:先计算赋值号右边的表达式的值,再把该值赋给左边的变量。例如:表达式"c=a+b"的功能是先计算 a+b 的值,再把该值赋给变量 c。

赋值运算符具有右结合性。例如:"a=b=c=5"可理解为"a=(b=(c=5))"。

在 C 语言中,凡是表达式可以出现的地方均可出现赋值表达式。例如:表达式"x=(a=5)+(b=8)"是合法的。它的意义是把5赋给变量 a,8赋给变量 b,变量 a 和变量 b 相加之和赋给变量 x,故变量 x 等于 13。但是,这样的表达式降低了程序的可读性。

按照 C 语言规定,任何表达式在其末尾加分号就构成为语句。例如:"x=8;"和"a=b=c=5;"都是赋值语句。

关于赋值运算,需要注意以下问题。

(1) 赋值运算符不是数学中的等号,而是进行赋值操作。例如:表达式"a=a+10"的含义是求出 a+10 的值,再把该值赋给变量 a。

(2) 赋值运算符的左侧只能是变量,不能是常量或表达式。例如:假设变量 a 的值是10,"a+10=a*2"虽然在数学上成立,但它不是合法的 C 语言表达式。

(3) 在程序中可以多次给一个变量赋值,每赋一次值,相应的存储单元中的数据就被更新一次。

2. 复合赋值运算符及复合赋值表达式

在赋值运算符之前加上其他运算符可以构成复合赋值运算符。在 C 语言中共有 10 种复合赋值运算符,其中算术类的复合赋值运算符有+=、-=、*=、/=。赋值运算符的两个符号之间不能有空格。复合赋值运算符与基本赋值运算符的优先级相同,结合性为右结合。

由复合赋值运算符连接的式子称为复合赋值表达式。其一般形式为:

变量 复合赋值运算符 表达式

其求值过程如下。

(1) 求出右边表达式的值。

(2) 右边表达式的值与左边的变量值进行运算。

(3) 将(2)中的运算结果赋给左边的变量。

例如:x*=y+1 相当于 x=x*(y+1)而不是 x=x*y+1。x+=x-=x 相当于 x=x+(x=x-x)。

【实例 3-20】 复合赋值运算符的应用。

```
/*实例3-20*/
#include<stdio.h>
```

```
int main()
{
    int a;
    printf("please input:");
    scanf("%d",&a);
    a += a *= a /= a - 6;
    printf("the result is:%d\n",a);
    return 0;
}
```

程序运行结果如图 3-23 所示。

图 3-23　复合赋值运算符的应用

点拨：复合赋值运算符有利于提高编译效率并产生质量较高的目标代码,但在使用过程中也要注意程序的可读性。

3.5.3　逗号运算符

在 C 语言中,逗号",",也是一种运算符,称为逗号运算符。逗号运算符的优先级是所有运算符中最低的,结合性为左结合。

用逗号表达式将两个或多个表达式连接组成一个表达式,称为逗号表达式。其一般形式为:

表达式 1,表达式 2,…,表达式 n

逗号表达式的求值过程是:先求表达式 1 的值,再求表达式 2 的值,以此类推,最后求表达式 n 的值。而表达式 n 的值即作为整个逗号表达式的值。

【**实例 3-21**】　逗号运算符的应用。

```
/*实例 3-21*/
#include <stdio.h>
int main()
{
    int a = 1,b = 2;
    a = (a = a + b,a = a * b,++a);
    printf("a = %d\n",a);
    return 0;
}
```

图 3-24　逗号运算符的应用

程序运行结果如图 3-24 所示。

说明:

(1) 程序中使用逗号表达式,通常是要分别求逗号表达式内各表达式的值,并不一定是要求整个逗号表达式的值。例如:假设变量 a、b 和 c 的值分别是 1、2 和 3,执行语句"a = a * 2,b = b * 2,c = c * 2;"的结果是分别给变量 a、b 和 c 重新赋值为 2、4 和 6。其中的逗号表达式"a = a * 2,b = b * 2,c = c * 2;"的值虽然求出是 6,但语句执行完之后,这个值也被丢弃。

(2) 并不是在所有出现逗号的地方都组成逗号表达式,如在变量说明语句(例如:int a,b,c;)中和函数参数表(例如:pow(20,3))中逗号只是用作各变量之间的间隔符。

数据类型和表达式

3.5.4 指针运算符

与指针相关的运算符总共有两个:一个是取地址运算符(&),另一个是间接寻址运算符(*)(也称"指针运算符")。它们都是单目运算符。

1. 取地址运算符

取地址运算符(&)是单目运算符,用它构成表达式的一般形式是:

& 变量名

利用取地址运算符 & 可以取得变量在内存中的地址。例如:

```
int x, * px;
x = 8;
px = &x;                          /* 取变量 x 的地址给指针变量 px */
```

【实例 3-22】 取地址运算符的应用。

```
/* 实例 3-22 */
# include < stdio. h>
int main()
{
    int x, * px;
    x = 8;
    px = &x;
    printf("x = % d\n",x);
    printf(" * px = % d\n", * px);
    printf("px = % p\n",px);          /* 输出变量 x 在内存中的地址 */
    return 0;
}
```

程序运行结果如图 3-25 所示。

说明:格式符%p 以十六进制形式输出变量的地址。

图 3-25 取地址运算符的应用

【实例 3-23】 用指针求两个整数中的较大数。

```
/* 实例 3-23 */
# include < stdio. h>
int main()
{
    int a, b, * pmax = 0;
    printf("please input:\n");
    scanf(" % d, % d",&a,&b);
    pmax = a > b?&a:&b;
    printf(" % d\n", * pmax);
    return 0;
}
```

程序运行结果如图 3-26 所示。

图 3-26 用指针求两个整数
中的较大数

说明:

(1) 语句"pmax=a>b?&a:&b;"的作用是如果 a>b,则把变量 a 的地址赋值给指针变量 pmax,也就是让指针变量 pmax 指向变量 a,否则让指针变量 pmax 指向变量 b。

(2) 语句"printf("%d\n", * pmax);"中的 * pmax 的含义是指针变量 pmax 指向的变量的内容,也就是所指向的变量的值。

2. 指针运算符

使用指针运算符(*)可以间接访问指针变量所指向的变量,访问过程是先取得指针变量所存放的变量地址,根据变量地址找到需要访问的变量,其使用格式为:

* 指针变量名

【**实例 3-24**】 指针运算符的应用。

```
/ * 实例 3-24 * /
# include < stdio. h>
int main()
{
    int a, * pa;
    float b, * pb;
    pa = &a;
    pb = &b;
    a = 3;                          / * 或 * pa = 3; * /
    b = 4;                          / * 或 * pb = 4; * /
    printf("a = % d, * pa = % d\n",a, * pa);
    printf("b = % 3.1f, * pb = % 3.1f\n",b, * pb);
}
```

程序运行结果如图 3-27 所示。

说明:

(1) 语句"pa＝&a;"是让指针变量 pa 指向变量 a。

(2) * pa 是先通过指针变量 pa 所存放的变量 a 的地址,找到变量 a 对应的内存单元,然后对其进行取值或赋值等操作。

图 3-27　指针运算符的应用

3.6　数据类型转换

在 C 语言表达式中,允许对不同类型的数据进行某一操作或混合运算,当不同类型的数据进行操作时,应当首先将其转换成相同的数据类型,然后进行操作。数据类型转换有赋值类型转换、自动类型转换和强制类型转换三种形式。

3.6.1　赋值类型转换

当赋值运算符两边的运算对象类型不同时,编译器自动将赋值运算符右侧表达式的类型转换为左侧变量的类型,具体转换规则如下。

1. 实型与整型

将实型数据(单、双精度)赋值给整型变量时,舍弃实型的小数部分,只保留整数部分。例如,执行语句"int a＝5.9;",变量 a 得到的是整数 5。

将整型数据赋值给实型变量,数值大小不变,只是把形式改为实型形式,即小数点后带若干 0,然后赋值。

2. 单、双精度实型

float 型数据只是在尾部加 0 延长为 double 型数据参加运算,然后直接赋值。double 型数据转换为 float 型时,通过截尾数来实现,截断前要进行四舍五入操作。

3. char 型与 int 型

int 型数据赋给 char 型变量时,只保留其最低 8 位,舍弃其他位。

例如,执行语句"char a=366; printf("%x, %x", 366, a);",输出结果为 16e,6e,只取低 8 位。

char 型数据赋给 int 型变量时,通常 int 型变量得到的是其 ASCII 码值,而有一些编译程序在转换时,若 char 型数据的 ASCII 码值大于 127,即作为负数处理。

例如,执行语句"int a= 'x'; printf("%d",a);",输出结果为 120,即小写字母 x 的 ASCII 码值。

4. short 型与 int 型

short 型占 2 字节,int 型数据赋给 short 型变量时,将低 16 位值赋给 short 型变量,而将高 16 位截断舍弃。将 short 型数据赋给 int 型变量时,其外部值保持不变,而内部形式有所改变。

5. 无符号整数

将一个 unsigned 型数据赋给一个占据同样长度存储单元的整型变量时,原值照赋,内部的存储方式不变,但外部值却可能改变。将一个非 unsigned 整型数据赋给长度相同的 unsigned 型变量时,内部存储形式不变,但外部表示时总是无符号的。

需要说明的是,赋值类型转换是编译器自动进行的,所以也可归入自动类型转换。

3.6.2 自动类型转换

自动类型转换在编译时由编译程序按照一定规则自动完成,不需要人为干预。C 语言要求同一运算的运算对象的数据类型必须相同。因此,在表达式中如果有不同类型的数据参与同一运算,则编译器在编译时自动按照规定的规则将其转换为相同的数据类型。转换规则如图 3-28 所示。

图 3-28 常见类型转换规则

说明:

(1)图 3-28 中横向箭头表示必需的转换,如两个 float 型数据参加运算,虽然它们类型相同,但仍要先转成 double 型再进行运算,结果为 double 型。

（2）纵向箭头表示当运算符两边的运算数为不同类型时的转换,如一个 long 型数据与一个 int 型数据一起运算,先自动将 int 型数据转换为 long 型,然后两者进行运算,结果为 long 型。

（3）如果一个运算符两边的运算对象类型不同,一般是低精度类型数据转换为高精度类型,然后进行运算,这样不会降低运算的精度。

（4）当低精度类型的数据转换为高精度类型时,一般只是形式上有所改变,不影响数据内容。

【实例 3-25】 自动类型转换与赋值类型转换。

```
/*实例 3-25*/
#include<stdio.h>
int main()
{
    int a=1;
    float b=2.9;
    double c=3.8;
    a=a+b+c;
    printf("a=%d\n",a);
    return 0;
}
```

程序运行结果如图 3-29 所示。

说明:

（1）在 Visual C++ 6.0 中编译时,语句"float b=2.9;"会产生警告"'initializing': truncation from 'const double' to 'float'"。这是因为对于没有专门加后缀 f 或 F 的实型常量 2.9,C 语言是按 double 型数据来处理的。把 double 型的常量赋值给 float 型的变量时,编译器自动进行数据类型转换,为了避免转换过程中出现精度降低的情况,给出这个警告。

图 3-29　自动类型转换与赋值类型转换

（2）在 Visual C++ 6.0 中编译时,语句"a=a+b+c;"会产生警告"'=': conversion from 'double' to 'int', possible loss of data"。这是因为表达式 a+b+c 的值的类型为 double 型,而把一个 double 型的值赋给一个 int 型的变量 a 时,会丢弃小数部分。

（3）语句"a=a+b+c;"的执行过程如下。

① 取 int 型的变量 a 的值 1,把 int 型的 1 转换为 double 型的 1.0。

② 取 float 型的变量 b 的值 2.9,把 float 型的 2.9 转换为 double 型的 2.9。

③ 求出转换后的两个 double 型的运算对象 1.0 与 2.9 的和,结果也为 double 型的 3.9。

④ double 型的 3.9 和 double 型的变量 c 的值 3.8 相加,得出最后 double 型的结果 7.7。

⑤ 丢弃 double 型的结果 7.7 的小数部分,只把其整数部分 7 赋值给 int 的变量 a。

点拨: 参与运算的某个变量如果要进行自动类型转换,这个转换只是在运算过程中发生,并不会改变该变量的类型。所以执行语句"a=a+b+c;"的过程中,变量 a 和 b 的类型仍然分别是 int 和 float 型。

数据类型和表达式

3.6.3 强制类型转换

强制类型转换的方法是在被转换对象(或表达式)前加类型标识符,其格式为:

(类型标识符) 运算对象
(double) x
(int) (m + n)
(float) (5 % 2)

例如:表达式 (int) 1.681 的值为 1。

要特别注意的是,强制类型转换的对象是表达式的值,而不是被转换变量本身,被转换变量的类型是不变的,例如:

int x = 8;
double y = (double) x;

在执行上面两条语句后,变量 x 的类型仍然是整型。

【实例 3-26】 强制类型转换。

```
/ * 实例 3-26 * /
# include < stdio.h >
int main()
{
    float f = 8.56;
    printf("(int)f = % d,f = % f\n",(int)f,f);
    return 0;
}
```

图 3-30 强制类型转换

程序运行结果如图 3-30 所示。

说明:从图 3-30 的运行结果可以看出,表达式 (int)f 的类型是整型,而 f 的类型仍然是实型。

强制类型转换的运算对象是紧随其后的运算对象,如果要对整个表达式的值进行类型转换,必须给表达式加圆括号。例如:表达式 (int)(0.681+0.432) 的值为 int 型的 1,表达式 (int)(0.681)+0.432 的值为 double 型的 0.432。

3.7 应用实例

理解常量和变量的概念,掌握 C 语言的常用基本数据类型、运算符和输入输出函数的使用,本节通过一个简单实例,学习如何解决实际问题。

【实例 3-27】 分别输入某个学生的 5 门课程成绩,求该学生的平均成绩并输出结果。
分析:
(1) 根据题目要求确定变量个数,需要 5 个变量保存课程成绩,1 个变量保存平均成绩。
(2) 明确数据类型,每门课程的成绩为整型,可以选择 int 型,平均值为实型,可以选择

float 型。

（3）命名变量，变量的名字属于 C 语言的标识符，为变量命名要按照标识符的命名规则，不能出现非法的变量名。

程序代码：

```
/* 实例 3-27 */
#include <stdio.h>
int main()
{
    int score1,score2,score3,score4,score5;
    float ave;
    printf("请输入 5 门课的成绩,输入的时候用逗号分开:\n");
    scanf("%d,%d,%d,%d,%d",&score1,&score2,&score3,&score4,&score5);
    ave = (score1 + score2 + score3 + score4 + score5)/5.0;
    printf("The average score is %3.1f \n",ave);
    return 0;
}
```

程序运行结果如图 3-31 所示。

图 3-31　求 5 门课的平均分

思考：编程实现求一个三角形的周长时，需要定义什么类型的变量？共需要定义几个变量？通过键盘输入什么？屏幕上输出什么？

本 章 小 结

本章主要介绍标识符、常量与变量、基本数据类型、常用的输入输出函数、运算符与表达式、数据类型转换等内容。这些都是 C 语言的编程基础，只有在学习过程中深刻理解这些概念，才能在以后的编程过程中正确地使用它们。

C 语言中用标识符区分变量、符号常量、数组、函数等对象。标识符是由数字、字母和下画线 3 种字符组成的，且第一个字符必须为字母或下画线的字符序列。

C 语言程序中的数据一般以常量或变量的形式出现。常量是指在程序执行过程中，其值始终保持不变的量。C 语言中的常量有两种：直接常量和符号常量。

在程序执行过程中，其值可以变化的量称为变量。变量的实质是内存中的一块存储单元，其大小由变量的类型决定。为便于引用，每个变量都有一个名字，通过变量名对其存储空间中的数据进行操作，变量名为合法的标识符。

数据类型决定数据在内存中所占的字节数和存储方式，进而决定数据的取值范围和精度，数据类型还决定了数据运算（操作）的规则，C 语言常用的数据类型有整型、实型和字符型等。

数据类型和表达式

C 语言的输入输出函数有很多种,主要有四个最常用的输入输出函数:printf()、scanf()、putchar()和 getchar()。特别强调,如果程序中需要使用这几个函数,必须包含头文件 stdio. h。

C 语言的表达式是由运算符将各种类型的变量、常量、函数等运算对象按一定的语法规则连接而成的式子。编译器能够按照运算符的运算规则完成相应的运算处理,求出运算结果,这个结果就是表达式的值。

C 语言支持非常丰富的运算符:按照操作对象的个数,运算符可以分为单目运算符、双目运算符和三目运算符;按照功能可以分为算术运算符、关系运算符、逻辑运算符、条件运算符和逗号运算符等。

在 C 语言表达式中,允许对不同类型的数据进行某一操作或混合运算,当不同类型的数据进行操作时,应当首先将其转换成相同的数据类型,然后进行操作。数据类型转换有赋值类型转换、自动类型转换和强制类型转换三种形式。

习　　题

1. 填空题。

(1) C 语言的标识符只能由字母、_____ 和 _____ 组成。

(2) 在 Visual C++ 6.0 中,int 型数据分配的字节数是 _____,double 型数据分配的字节数是 _____,char 型数据分配的字节数是 _____。

(3) 定义符号常量 NUM 为 100 的语句为 _____。

(4) 设 int a=1; float f=3.1;则表达式 10+ 'a'+3.14 * f 的值的类型是 _____。

(5) 设 m 是三位的正整数,百位、十位、个位上的数字可分别表示为 _____、_____ 和 _____。

(6) 设今天是星期六,计算 100 天后是星期几的表达式是 _____。

(7) 数学上的 $|x-y|$(x 和 y 是实数)的 C 语言表达式为 _____(注:使用函数 fabs(x)可以求出实数的绝对值)。

(8) 算术表达式 $\dfrac{5ab}{4c}$ 的 C 语言表达式为 _____。

(9) 算术表达式 $\sqrt{s(s-a)(s-b)(s-c)}$ 的 C 语言表达式为 _____。(注:使用 sqrt(x)可以求出 x 的算术平方根。)

(10) 设 int b=12;则执行语句"b-=b+=b * b;"后,b 的值是 _____。

(11) 转义字符中,_____ 表示换行,_____ 表示反斜杠,_____ 表示水平制表。

(12) 设 int a=8,b=9;则表达式 a-- 的值为 _____,表达式 ++b 的值为 _____。

(13) 字符串常量"Nanhu"在内存中占用的字节数为 _____。

(14) 设 int a; float y=3.14;则执行语句"a=(int)y;"后,变量 a 的数据类型是 _____,变量 y 的数据类型是 _____。

(15) 设 int a;逗号表达式 a=10,a++,a * a 的值为 _____。

2. 编程题。

(1) 编写程序,键盘输入某班级男生人数 m 和女生人数 f,计算并输出该班男、女生的比例(百分比形式,保留两位小数)。

(2) 某个学生的学号为 202201,性别为 m,身高为 185cm,体重为 63.5kg。编写程序,将该学生的信息保存到各个变量中(变量名自拟),并输出该学生的信息。

(3) 编写程序,键盘输入一个十进制的三位正整数,输出其按权展开的形式。例如,输入 678,输出 678＝600＋70＋8。

(4) 假设从 aA 开始,将英文字母按 1～26 编号。编写程序,输入一个序号,输出对应的小写和大写英文字母。例如,输入 5,输出 eE。

(5) 使用指针,编写程序,求两个整数的差。

第4章　程序控制结构

主要知识点

◆ 顺序结构

◆ 关系运算

◆ 逻辑运算

◆ 选择结构

◆ 循环结构

◆ break 和 continue 语句

程序是若干语句的集合,依照程序中语句的执行顺序不同,构成 3 种基本控制结构。最简单的程序控制结构是顺序结构,其特征是自上而下顺序执行每一条语句;第 2 种程序控制结构是选择结构,其特征是根据某种条件是否成立,选择执行不同的语句;第 3 种程序控制结构是循环结构,其特征是根据条件(循环条件),决定是否重复执行一些语句(循环体)。本章主要介绍 3 种程序控制结构及其综合应用。

4.1　程序控制结构概述

在解决实际问题时,往往不是某一种程序结构就可以达到目的,更多情况下是多种结构的混合。现在我们思考这样一道题目:输入一组 5 个学生的课程成绩,求学生成绩的平均分、最高分和最低分。如果求平均分,就要先求出总分,通过顺序结构输入每个学生的成绩,依次将分数相加得到总分,除以学生的数目,从而求得平均分;如果求最高分或最低分,那么势必需要比较学生的分数,在其中选取分数高或低的,就需要使用选择结构;在求总分时,输入成绩,分数相加都是重复动作;如果学生数量太多,则使用循环结构更加合理。

4.2　顺　序　结　构

所谓顺序结构,就是程序按照语句出现的先后顺序依次执行,每条语句只执行一次,且仅有一次。顺序结构的流程图如图 4-1 所示,这种结构的特点:程序从 main() 后面的"{"开始,执行完一条语句后,接着执行下一条语句,直到所有的语句执行完毕,程序到"}"结束。但需注意的是,不论多么复杂的程序,尽管程序的局部可能为其他的结构(如分支结构或循环结构),但程序的总流程一定是顺序结构。

【实例 4-1】 从键盘输入圆的半径 r,计算其面积和周长后分别输出结果。

分析:根据半径 r 求圆的面积和周长,可以分别使用公式 $s = \pi \times r^2$ 和 $c = 2 \times \pi \times r$ 计

算。其中,π 的值在运算过程中固定不变,因此可作为常量。半径 r 根据输入的值不同,可定义为浮点型变量,通过公式计算圆的面积和周长,也是浮点型变量,最后将 s 和 c 输出,其流程如图 4-2 所示。

```c
/ * 实例 4-1 * /
# include < stdio. h >
# define PI 3.1415926
int main( )
{
    / * step 1: 定义需要的常量和变量 * /
    float r, s,c;
    / * step 2: 输入半径 r * /
    printf("请输入半径 r:");
    scanf(" % f", &r);
    / * step 3: 计算面积和周长 * /
    s = PI * r * r;
    c = 2 * PI * r;
    / * step 4: 输出面积 s 和周长 c * /
    printf("\n 半径 r = % .2f 的圆的面积为 s = % .2f, 圆的周长为 c = % .2f\n", r, s, c);
    return 0;
}
```

图 4-1 顺序结构的流程

图 4-2 求圆面积和周长的流程

请输入半径 r:3.00↙

程序运行结果如图 4-3 所示。

思考:

(1) 能否将 step 2 和 step 3 两个步骤的顺序进行交换?

(2) 上述四个步骤,有没有颠倒顺序后仍符合题目要求的步骤?

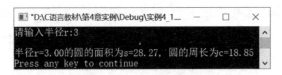

图 4-3　求圆的面积和周长

总结：顺序结构的最大特征是自上而下顺序地执行每一条语句,语句的顺序颠倒后可能出现错误,也可能出现其他的运行结果。因此,程序设计中不可随意调换语句的先后顺序,这是因为语句的执行顺序改变后,程序的语义可能发生改变,从而造成程序的执行错误。

扩展：在第3章中介绍了指针变量,用指针实现的代码如下(写法不止一种)。

```c
# include < stdio. h >
# define PI 3.1415926
int main()
{
    / * step 1: 定义需要的常量和变量 * /
    float r, s, c;
    float * pr = &r, * ps = &s, * pc = &c;
    / * step 2: 输入半径 r * /
    printf("请输入半径 r:");
    scanf(" % f", pr);
    / * step 3: 计算面积和周长 * /
    * ps = PI * ( * pr) * ( * pr);
    * pc = 2 * PI * ( * pr);
    / * step 4: 输出面积 s 和周长 c * /
    printf("\n半径 r= % .2f 的圆的面积为 s= % .2f, 圆的周长为 c= % .2f\n", * pr, * ps, * pc);
    return 0;
}
```

图 4-4　求两个学生成绩之和的流程

【实例 4-2】　从键盘输入 2 个学生的百分制成绩,计算他们的成绩总分(假定成绩为整数)。

分析：可以输入一个学生的成绩,再输入一个学生的成绩,然后将成绩进行累加。程序流程如图 4-4 所示。

```c
/ * 实例 4-2 * /
# include < stdio. h >
int main()
{
    / * step 1: 定义需要的常量和变量 * /
    int n, s = 0;
    / * step 2: 输入成绩 n * /
    printf("请输入第一个学生成绩 n:");
    scanf(" % d", &n);
    / * step 3: 累加 * /
    s += n;
    / * step 4: 继续输入累加 * /
    printf("请输入第二个学生成绩 n:");
    scanf(" % d", &n);
    s += n;
    / * step 5: 输出总分 s * /
```

```
        printf("\n总分 s = ％ d\n", s);
        return 0;
}
```

程序运行结果如图 4-5 所示。

图 4-5　求两个学生成绩之和

思考：如果求取多名学生成绩之和,采用顺序结构来实现还合适吗？

4.3　关 系 运 算

在程序中经常需要比较两个量的大小关系,以决定程序下一步的工作。比较两个量的运算称为关系运算。关系运算中需要使用关系运算符。

4.3.1　关系运算符

在 C 语言中有以下 6 个关系运算符,如表 4-1 所示。

表 4-1　关系运算符

优　先　级	关系运算符	含　　义	运算对象的个数	结　合　性
6	<	小于	2	左结合
	<=	小于或等于		
	>	大于		
	>=	大于或等于		
7	==	等于		
	!=	不等于		

从上表可以得知：关系运算符都是双目运算符,其结合性均为左结合。关系运算符的优先级低于算术运算符,高于赋值运算符。在 6 个关系运算符中,<、<=、>、>= 的优先级相同,均高于 == 和 !=,== 和 != 的优先级相同。

4.3.2　关系表达式

关系表达式的一般形式为：
表达式 1 关系运算符 表达式 2
例如：(a+b)>(c−d)和'a'<'c'都是合法的关系表达式。由于表达式 1 和表达式 2 又可以是关系表达式,因此也允许出现嵌套的情况。例如：a<(b<c)和 a==(c!=d)等。
由于存在优先级,下面表达式是等价的。

(a+b)>(c−d)　　→　　a+b>c−d

(a>b)!=c　　→　　a>b!=c

$$a==(b<c) \quad \rightarrow \quad a==b<c$$
$$a=(b>c) \quad \rightarrow \quad a=b>c$$

关系表达式的值是逻辑值,用 0 和 1 表示,0 代表"假",1 代表"真"。

例如,若有语句 int a=5,b=2,c=1,d=3,则关系表达式(a+b)>(c−d)的值为"真",整个表达式的值为 1。

关系表达式 a==(b<c)的值为"假"(因为 b<c 的值为 0,不等于 a 的值),整个表达式的值为 0。

如果有以下赋值表达式:

d=a>b,则 d 的值为 1(关系表达式 a>b 的值为 1)。

f=a>b>c,则 f 的值为 0(因为>运算符是左结合性,先执行 a>b,得值为 1,再执行关系运算 1>c,得值为 0,最后赋值给 f)。

要注意区分数学中的比较运算,在数学运算中 a>b>c 表示 b 的取值范围大于 c 且小于 a,但在 C 语言中不能用来判断 b 值在此范围。以上例子中,a 的值为 5,b 的值为 2,c 的值为 1,b 的值满足大于 c 且小于 a,但是 a>b>c 得值为 0,代表"假"。

提示:一般而言,在 C 程序中可以对实型数据进行大小的比较,但通常不对实型数据进行是否相等的判断。因为实型数据在内存中不是精确存放,因此有一定的误差。如果一定要判断两个实型数据是否相等,可以用它们的差的绝对值与一个很小的数相比,如果小于此数,则认为它们是相等的。例如:可以用类似 fabs(x−y)<1e−6 的表达式来判断实型数据 x 与 y 是否相等。

4.4 逻辑运算

逻辑运算可以将关系表达式连接起来,形成更复杂的语句。本节将介绍逻辑运算符与逻辑运算。

4.4.1 逻辑运算符

C 语言中提供 3 种逻辑运算符,如表 4-2 所示。

表 4-2 逻辑运算符

优 先 级	关系运算符	含 义	运算对象的个数	结 合 性
2	!	逻辑非	1	右结合
11	&&	逻辑与	2	左结合
12	||	逻辑或		

从表 4-2 和第 3 章相关知识可以得知,逻辑运算符和其他运算符优先级的关系可表示如下。

!(非)	高
算术运算符	
关系运算符	
&&(与)	
||(或)	
赋值运算符	低

由于存在优先级，下面表达式是等价的：

(a＞b)&&(a＜c)　　　　　→　a＞b&&a＜c

((a＋b)＜c)||((x＋y)＞b)　→　a＋b＜c||x＋y＞b

4.4.2　逻辑运算的值

逻辑运算的值为"真"和"假"两种，分别用"1"和"0"表示，其运算规则如表 4-3 所示。

表 4-3　逻辑运算符的运算规则

a	b	a&&b	a‖b	!a
0	0	0	0	1
0	非 0	0	1	1
非 0	0	0	1	0
非 0	非 0	1	1	0

(1) 与运算 &&：当参与运算的对象都为非 0 时，结果为 1，否则结果为 0。

(2) 或运算‖：当参与运算的对象都为 0 时，结果为 0，否则结果为 1。

(3) 非运算!：当参与运算的对象为 0 时，结果为 1；运算对象为非 0 时，结果为 0。

提示：在判断一个表达式的逻辑值时，非 0 的数值都作为 1。例如：!(−5)，因为−5 是一个非 0 的数，非 0 的数进行逻辑非运算，结果为 0。

4.4.3　逻辑表达式

逻辑表达式的一般形式为：

[表达式 1]　逻辑表达式　表达式 2

说明：

(1) 当逻辑表达式为逻辑非!时，省略表达式 1。!具有右结合性，要写在运算对象的左边并且仅对紧跟其后的运算对象进行逻辑非运算。例如：!a＋b＞c 等价于(!a)＋b＞c。

(2) 在逻辑表达式中参加运算的数据可以是常量、变量、表达式，非 0 值为真，0 值为假。逻辑表达式的值是逻辑量，1 为真，0 为假。在一个逻辑表达式中，若包含多个逻辑运算符，则运算顺序按运算符优先级的高低进行。

例如，当 a＝4，b＝−5 时，有如下表达式。

a&&b：a 和 b 是参加运算的数，均为非 0 值，被认作"真"。因此 a&&b 的值也为"真"，值为 1。

(a＞b)&&(5＞9)：因为存在优先级，表达式等价于 a＞b&& 5＞9。"a＞b"的值为 1，"5＞9"的值为 0。最后两个表达式的值做 && 运算，则整个表达式的值为 0。

a＞b && 8＜4−!0：表达式从左至右扫描求解，存在优先级。首先求解"a＞b"，值为 1。其次求解"1&&8＜4−!0"，根据优先规则，先计算"8＜4−!0"，因为"−"的优先级高于"＜"，所以先进行"4−!0"的运算，而"!"的优先级高于"−"，因此先进行"!0"的运算，得到结果 1，再进行"4−1"的运算，结果为 3，然后进行"8＜3"的运算，结果为 0，最后进行"1&&0"的运算，结果为 0。因此，整个表达式的值为 0。

实际上，逻辑运算符两侧的运算对象不仅可以是 0 和 1，或 0 和非 0 的整数，还可以是

字符型、实型或指针型等。系统最终以 0 和非 0 来判定它们是"真"或"假"。例如:

'a'<'b': 'a' 的 ASCII 值小于 'b' 的 ASCII 值,则整个表达式的值为 1。

(3) 不能用数学运算中的 a>b>c,来判断 b 的值是否大于 c 且小于 a,我们可以利用逻辑运算"&&"来正确表示此关系,写为"b>c&&b<a"。

例如,若有语句 int a=5,b=2,c=1,则 b>c&&b<a 是一个逻辑表达式,b>c 成立,值为 1;因为存在优先级,先计算 b<a,值为 1;1&&1 结果为 1,代表 b 的值是大于 c 且小于 a。

若有语句 int a=-3,b=2,c=1,则 b>c&&b<a 是一个逻辑表达式,b>c 成立,值为 1;再计算 b<a,值为 0;1&&0 结果为 0,b 的值不是大于 c 且小于 a。

(4) 在逻辑表达式的求解中,并不是所有的逻辑运算符都被执行。只要能确定表达式的逻辑值,即结束表达式计算。

① a && b && c

当 a 为真(非 0)时,才需要判断 b 的值;只有 a 和 b 都为真时,才需要判断 c 的值。当 a 为假(0)时,整个表达式的值已确定为假,就不必再判断 b 和 c,其执行过程如图 4-6 所示。

② a||b||c

当 a 为真(非 0)时,整个表达式的值已确定为真,不必再判断 b 和 c。当 a 为假(0)时,才需要判断 b 的值。a 和 b 都为假时,才需要判断 c 的值,其执行过程如图 4-7 所示。

图 4-6　a&&b&&c 执行过程　　　　图 4-7　a||b||c 执行过程

通过上面两个表达式的执行过程可以得知,对于运算符 &&,只有 a 不等于 0,才继续进行后面的运算;对于运算符||,只有 a 等于 0,才继续后面的运算。因此,如果有下面的逻辑表达式:

$$(x=a>b)\&\&(y=c>d)$$

当 a=1,b=2,c=3,d=4,x=1,y=1 时,因为"a>b"的值为 0,所以 x 的值为 0。表达式"x=a>b"的值也为 0,则"y=c>d"不会执行。因此 y 的值不是 0 而仍保持原值 1。

【实例 4-3】 逻辑表达式的运算。

```
/*实例 4-3*/
#include<stdio.h>
    int main()
```

```
{
 int a = -5,i,j,k,l,m;
float b = 0.01;
i = !a;
j = a && b;
k = a || b;
l = (5 > 3 && 2 || 8 < 4 - !0);
m = 'a'<'b' && '5'> '9';
printf("i = % d,j = % d,k = % d,l = % d,m = % d\n", i, j, k,l, m);
return 0;
}
```

程序运行结果如图 4-8 所示。

图 4-8　逻辑表达式运算结果

说明:

(1) 参与运算的数据,非 0 代表"真",0 代表"假"。整个表达式的值,1 代表"真",0 代表"假"。

(2) 运算过程中需要正确地分析各个运算符的优先级和结合性。

(3) 在逻辑表达式的求解中,并不是所有的逻辑运算符都被执行。只要能确定表达式的逻辑值,即结束表达式计算。例如,表达式"5>3 && 2 || 8<4-!0"经过分析,是一个逻辑表达式,最后做的是逻辑或"||"的运算,而通过前半段的"5>3 && 2"的计算,结果为1,则后半段"8<4-!0"不用计算,最后整个表达式的值为1。

4.5　选 择 结 构

顺序结构只能进行简单的程序设计,在很多情况下不容易实现我们的任务,如求出多个数中的最大值等。要想编程实现更加复杂的程序,还得进一步学习选择结构。选择结构又称为分支结构,是程序的基本控制结构之一,其作用是根据给定的条件来决定做什么操作(实现相应的分支),它在程序设计中被广泛运用。在 C 语言中,选择结构可以分为单分支结构、双分支结构和多分支结构。C 语言分别为这三种结构提供了相应的语句。

4.5.1　if 语 句

用 if 语句可以构成分支结构,根据给定的条件进行判断,以决定执行哪个分支程序段。C 语言提供了三种形式的 if 语句。

1. if 语句的三种形式

(1) 单分支结构语句。

语句格式如下:

if(表达式)　　　语句;

图 4-9　单分支结构的流程

功能:计算表达式的值,如果表达式的值为真,则执行后面的语句,否则不执行,其流程如图 4-9 所示。例如:

```
if (a > b)
    printf(" % d \n", a);
```

说明:

① 在 if 括号内的表达式通常为逻辑表达式或关系表达式,但也可以是其他表达式,如赋值表达式,甚至也可以是一个变量。例如:

```
if (b == c && y == z)  printf("b = c, y = z");
if(a = 5)语句;
if(b)语句;
```

以上语句都是正确的。只要表达式的值为真(表达式非 0 为逻辑真,0 为逻辑假),就执行其后的语句。

② 如果条件满足,执行的语句是多条语句时,必须用花括号"{}"括起来组成一条复合语句。例如:

```
if (a + b > c && b + c > a && c + a > b)
{
    s = 0.5 * (a + b + c);
    area = sqrt(s * (s - a) * (s - b) * (s - c));
    printf("area = % 6.2f", area);
}
```

说明: 把多条语句用一对花括号"{}"括起来组成的一条语句称为复合语句。复合语句内的各条语句都必须以分号";"结尾,在右花括号"}"外不需再加分号。在执行过程中把复合语句看成单条语句,而不是多条语句。

【**实例 4-4**】　输入一个学生的成绩,若学生成绩大于或等于 90,则输出 A,否则不做处理(假定学生成绩为整数)。

分析:

输入的学生成绩,只需要对大于或等于 90 分的成绩输出 A,其他分值不做处理。

```
/ * 实例 4-4 * /
# include < stdio. h >
int main()
{
    int score;
    printf("请输入学生的成绩:");
    scanf(" % d", & score);
    if (score > = 90)
    printf("A\n");
    return 0;
}
```

程序运行结果如图 4-10 所示。

图 4-10　90 分以上的成绩输出 A

【**实例 4-5**】 分别输入三个数 a、b、c,要求按由小到大的顺序输出。

分析:

分别输入 a、b、c 三个数。

如果 a>b,则将 a 和 b 交换(a 是 a、b 中小者)。

如果 a>c,则将 a 和 c 交换(a 是 a、c 中小者,即 a 是 a、b、c 中最小者)。

如果 b>c,则将 b 和 c 交换(b 是 b、c 中小者,即 b 是 a、b、c 中次小者)。

最后顺序输出 a、b、c 即可。

```c
/* 实例 4-5 */
#include<stdio.h>
int main()
{
    int a,b,c,t;
    printf("请输入三个数:");
    scanf("%d,%d,%d",&a,&b,&c);
    if(a>b)
    {t=a;a=b;b=t;}
    if(a>c)
    {t=a;a=c;c=t;}
    if(b>c)
    {t=b;b=c;c=t;}
    printf("从小到大为:%d,%d,%d\n",a,b,c);
    return 0;
}
```

程序运行结果如图 4-11 所示。

思考:如果是 4 个数,算法应该如何编写? 若是 5 个数甚至更多数,这种方法还适用吗?

(2) 双分支结构语句。

根据给定的条件,从语句 1 和语句 2 中选择其一执行,即双分支结构,其流程如图 4-12 所示。

图 4-11 三个数从小到大的顺序输出

图 4-12 双分支结构的流程

语句格式如下:

```c
if(表达式)
    语句1;
else
    语句2;
```

程序控制结构

64

功能：如果表达式的值为逻辑真，则执行语句 1，否则执行语句 2。

例如：

```
if (a > b)
    printf("max = %d\n", a);
else
    printf("max = %d\n", b);
```

说明：

① 在双分支结构语句中，else 必须与 if 配对使用，构成 if…else 语句，实现双分支选择。如果没有 else，即成为单分支结构。

② 和单分支结构一样，语句 1 和语句 2 如果是多条语句，必须用花括号"{ }"括起来形成一条复合语句。甚至可以是一个控制结构，此时称为嵌套。

【实例 4-6】 实例 4-4 拓展。输入一个学生的成绩，若学生成绩大于或等于 90 分，则输出 A；若成绩小于 90 分，则输出 B。

分析：

输入的学生成绩可分为两种情况判断。成绩大于或等于 90 分，则输出 A；成绩小于 90 分，则输出 B。

```
/* 实例 4-6 */
#include < stdio.h >
int main()
{
    int score;
    printf("请输入学生的成绩:");
    scanf("%d", &score);
    if (score > = 90)
        printf("A\n");
    else
        printf("B\n");
    return 0;
}
```

图 4-13 根据成绩情况输出成绩等级

程序运行结果如图 4-13 所示。

（3）多分支结构语句。

多分支选择 if 语句根据多个条件（两个或两个以上）来选择语句执行，它用于三个及以上的分支结构程序当中，其流程如图 4-14 所示。

语句格式如下：

```
if (表达式 1)
        语句 1;
else if (表达式 2)
        语句 2;
else if (表达式 3)
        语句 3;
…
else if (表达式 n)
```

　　　　　语句 n;
else
　　　　　语句 n+1;

　　功能：首先判断表达式 1 的条件是否成立，成立则执行语句 1，否则判断表达式 2 条件是否成立，若成立则执行语句 2……以此类推，若 n 个表达式的条件不成立，则执行语句 n+1，然后退出多分支结构语句。

图 4-14　多分支结构的流程

　　例如：在实现这个多分支函数

$$cost = \begin{cases} 0.05 & num > 800 \\ 0.075 & 500 < num \leqslant 800 \\ 0.10 & 300 < num \leqslant 500 \\ 0.15 & num \leqslant 300 \end{cases}$$

时，可以用如下代码段实现。

```
if (num > 800)
    cost = 0.05;
else if (num > 500)
    cost = 0.075;
else if (num > 300)
    cost = 0.10;
else
    cost = 0.15;
```

说明：

　　① 每个 else 前面的句子都应该有一个分号，分号是 C 语句中不可缺少的部分，且 else 子句不能作为一个单独语句使用，它必须与 if 子句配对使用。

　　② 在多分支结构中，要注意执行语句时的隐含条件。例如，当表达式 1 不成立时，才去判定表达式 2 是否成立。因此，程序执行语句 2 的前提是表达式 2 成立，且表达式 1 不成立。所以当上例中 cost=0.075 时，else if( ) 语句中，括号里的条件中只需要写 num > 500，不用写 num <= 800 && num > 500。

程序控制结构

【实例 4-7】 输入一个学生的成绩,若学生成绩大于或等于 90 分,则输出 A;若成绩小于 90 分且大于或等于 80 分,则输出 B;若成绩小于 80 分且大于或等于 70 分,则输出 C;若成绩小于 70 分且大于或等于 60 分,则输出 D;若成绩小于 60 分,则输出 E。

分析:

这是一个多分支结构的应用,根据成绩值的范围,输出 A、B、C、D、E 五种等级。

```c
/* 实例 4-7 */
#include<stdio.h>
int main()
{
    int score;
    char grade;
    printf("请输入学生的成绩:");
    scanf("%d", &score);
    if(score>=90) grade = 'A';
    else if(score>=80) grade = 'B';
    else if(score>=70) grade = 'C';
    else if(score>=60) grade = 'D';
    else grade = 'E';
    printf("score = %d, grade = %c\n", score, grade);
    return 0;
}
```

图 4-15 根据成绩输出五种等级

程序运行结果如图 4-15 所示。

2. 条件运算符

在 if 语句中,当表达式为"真"和"假",且都只执行一个赋值语句给同一个变量赋值时,可以用条件运算符来处理。例如,有以下 if 语句:

```c
if (a>b)
    max = a;
else
    max = b;
```

可以用下面的条件运算符代替:

```c
max = (a>b)?a:b;
```

其中的"?:"是条件运算符,它是 C 语言中唯一的一个三目运算符。"(a>b)?a:b"是条件表达式,其一般形式为:

表达式 1?表达式 2: 表达式 3

它的执行过程如图 4-16 所示。

说明:

(1) 条件表达式的执行顺序:先求表达式 1 的值,若非 0(代表"真")则求解表达式 2,表达式 2 的值是整个条件表达式的值;若表达式 1 的值为 0(代表"假"),则求解表达式 3,表达式 3 的值是整个表达式的值。例如,条件表达式"(a>b)? a:b"的

图 4-16 条件表达式执行过程

值,即为 a 和 b 两个数的较大值。

（2）条件运算符的优先级高于赋值运算符,低于关系表达式,则下面的表达式有以下等价关系：

```
max = (a > b)?a:b;
```

等价于

```
max = a > b?a:b;
```

先求解条件表达式的值,再将它的值赋给 max。即将 a 和 b 两个数的较大值赋给 max。

条件运算符的优先级比关系运算符和算术运算符都低,因此 a>b?a:b+1 和(a>b?a:b)+1 的含义是不相同的。

a>b?a:b+1 等价于 a>b?a:(b+1),表达式的值是 a 和(b+1)两个数中的较大者；而(a>b?a:b)+1 是先求条件表达式的值,即求 a 和 b 两个数中的较大者,再将较大值加 1 作为整个表达式的值。

（3）条件表达式的结合方向为"自右向左"。例如,有以下条件表达式：

```
a > b ? a : c > d ? c : d
```

等价于

```
a > b ? a : (c > d ? c : d)
```

如果 a=5,b=6,c=6,d=2,则条件表达式的值为 6。

（4）当 if 语句内嵌的是赋值语句,且两分支给同一变量赋值时,才可用条件表达式代替,而下面的 if 语句：

```
if(a > b)          c = a;
else               x = b;
```

条件表达式的结果究竟给变量 c 还是 x,是无法确定的,所以这种条件语句不能用条件表达式代替。

（5）条件表达式中的"表达式 2"和"表达式 3"不仅可以是数值表达式,还可以是赋值表达式或函数表达式。例如,条件表达式可以写成以下形式：

```
a > b ? a = 100 : b = 50;
```

或

```
a > b ? printf("max = % d\n",a) : printf("max = % d\n",b);
```

第二个条件表达式等价于：

```
if(a > b)          printf("max = % d\n",a);
else               printf("max = % d\n",b);
```

（6）在条件表达式中,表达式 1、表达式 2、表达式 3 的类型可以相同,也可以不同；不同时,低类型向高类型转换。

例如：

```
#include<stdio.h>
int main()
{
    int x = -1,y = 5,z = 6;
    printf("%c\n",x?'a':'b');
    printf("%f\n",y<z?1:1.5);
    return 0;
}
```

图 4-17 条件表达式运行结果

程序运行结果如图 4-17 所示。

【实例 4-8】 利用条件运算符的嵌套完成此题：学生的学习成绩大于或等于 90 分用 A 表示,成绩 60~89 分用 B 表示,成绩 60 分以下用 C 表示。

```
/* 实例 4-8 */
#include<stdio.h>
int main()
{
    int score;
    char grade;
    printf("请输入学生的成绩:");
    scanf("%d", &score);
    grade = score >= 90 ? 'A':score >= 60 ? 'B':'C';
    printf("score = %d,grade = %c\n", grade);
    return 0;
}
```

图 4-18 条件表达式的嵌套

程序运行结果如图 4-18 所示。

说明：条件运算符优先级比赋值运算符和关系运算符都低,结合性是从右向左。因此语句"grade=score>=90 ? 'A':score>=60? 'B':'C'"中,先计算条件表达式的值,再将表达式的值赋给 grade。

4.5.2 switch 语句

1. switch 基本形式

尽管 if 语句可以实现多分支结构,例如,学生成绩分类、人口统计分类、工资统计分类、银行存款分类等,但当分支较多时,程序变得冗长且可读性降低。C 语言提供了实现多路选择的另一个语句 switch 语句,也称为开关语句。它将一个指定的变量逐个与整型量或字符常量进行比较。当发现匹配时,执行这条语句或语句段。

switch 的一般格式如下：

```
switch(表达式)
{
    case 常量表达式 1: 语句 1;
    case 常量表达式 2: 语句 2;
    case 常量表达式 3: 语句 3;
    …
    case 常量表达式 n: 语句 n;
    default:        语句 n+1;
}
```

功能：先计算表达式的值，然后逐个与 case 中常量表达式的值比较。若匹配结果不相等，则继续对下一个 case 语句进行比较判断。若匹配结果相等（即匹配成功），则执行其后的语句，不再进行比较判断，继续执行后面所有 case 后的语句。若表达式的值与所有 case 中的表达式的值均不相等，则执行 default 后面的语句。

说明：

（1）switch 后面括号中的表达式和 case 后的常量表达式，必须是整型表达式或字符型表达式。

（2）case 后的各常量表达式的值不能相同，否则会出现错误。

（3）当 switch 后表达式中的值与任何一个 case 都不匹配时，执行 default 语句。

（4）default 是可选项。如果没有 default，即当程序找不到匹配的 case 分支时，直接退出 switch 语句。

【实例 4-9】 输入 1～7 的任意数，输出其对应的星期数。例如，输入数字 3，则输出 Wednesday。

分析：定义一个整型变量 x，通过用户输入的 1～7 的数字，进行相应星期数的输出。

```
/* 实例 4-9 */
# include < stdio.h>
int main()
{
    int x;
    printf("请输入整数(1-7): ");
    scanf(" % d", &x);
    switch(x) {
        case 1: printf("Monday\n");
        case 2: printf("Tuesday\n");
        case 3: printf("Wednesday\n");
        case 4: printf("Thursday\n");
        case 5: printf("Friday\n");
        case 6: printf("Saturday\n");
        case 7: printf("Sunday\n");
        default: printf("You are wrong!\n");
    }
    return 0;
}
```

图 4-19　测试 switch 语句运行结果

键盘输入：3✓，程序运行结果如图 4-19 所示。

2. switch 语句中的 break 语句

实例 4-9 的意图是输入一个数字，输出对应的英文单词。但在如图 4-19 所示运行结果中，输入 3，则输出 Wednesday 及之后的所有单词，即实际执行了 case 3 及其之后所有的语句。这是因为在 switch 语句中，"case 常量表达式"只起到一个语句标号的作用，并不是在该处进行条件判断。当表达式的值和某标号相等时，转向该标号处执行，但不能在执行完该标号的语句后跳出整个 switch 语句。这与之前介绍的 if 语句是完全不同的。为了避免上述情况，C 语言提供了一种 break 语句。

break 是中断跳转语句，表示在完成相应的 case 分支规定的操作之后，不继续执行

程序控制结构

switch 语句的剩余部分而直接跳出 switch 语句,继而执行 switch 结构后面的第一条语句。

增加了 break 语句的 switch 格式如下:

```
switch (表达式)
{
    case 常量表达式 1: 语句 1; break;
    case 常量表达式 2: 语句 2; break;
    case 常量表达式 3: 语句 3; break;
    …
    case 常量表达式 n: 语句 n; break;
    default:          语句 n+1; break;
}
```

说明:

(1) default 语句中的 break 语句可以省略,default 子句也可以省略。

(2) 利用 switch 语句和 break 语句的特点,可以实现多个 case 分支共用一组执行语句。例如:i 为整型变量。

```
switch (i){
    case 1:
    case 2:
    case 3: 语句 1; break;
    case 4:
    case 5: 语句 2; break;
}
```

实例 4-9 修改代码后的运行结果如图 4-20 所示。

```
switch(x)
{
    case 1: printf("Monday\n"); break;
    case 2: printf("Tuesday\n"); break;
    case 3: printf("Wednesday\n");break;
    case 4: printf("Thursday\n");break;
    case 5: printf("Friday\n");break;
    case 6: printf("Saturday\n"); break;
    case 7: printf("Sunday\n"); break;
    default: printf("You are wrong!\n");
}
```

图 4-20　实例 4-9 修改后的运行结果

【**实例 4-10**】　根据用户输入的月份,输出该月份的天数。

分析:

声明月份变量为 month,switch 语句可以根据 month 的值产生相应的 case 语句。

```
/* 实例 4-10 */
#include <stdio.h>
int main()
{
    int month;
    printf("\n 请输入月份数:");
```

```
    scanf(" % d", &month);
    switch (month) {                    / * switch 语句开始 * /
        case 4:
        case 6:
        case 9:
        case 11:
            printf("\n 最大天数为 30. \n"); break;
        case 1:
        case 3:
        case 5:
        case 7:
        case 8:
        case 10:
        case 12:
            printf("\n 最大天数为 31. \n"); break;
        case 2:
            printf("\n 最大天数为 28 或 29. \n"); break;
        default:
            printf("\n 错误输入\n");
    }        / * switch 语句结束 * /
    return 0;
}
```

程序运行结果如图 4-21 所示。

思考：输入年份和月份，输出该年、该月有
多少天，应怎样修改程序？

图 4-21　根据输入的月份输出该月的天数

【**实例 4-11**】　实例 4-7 用 switch 语句实现。要求输入一个学生的百分制成绩，给出相
应的等级。成绩大于或等于 90 分则输出 A，大于或等于 80 分且小于 90 分则输出 B，大于
或等于 70 分且小于 80 分则输出 C，大于或等于 60 分且小于 70 分则输出 D，小于 60 分则输
出 E。

分析：

成绩是整数，将它缩小为原来的 $\frac{1}{10}$，即可得到相应的分支。

```
/ * 实例 4-11 * /
♯ include < stdio. h>
int main( )
{
    int score, comment;
        char grade;
    printf("please input score:");
    scanf(" % d", &score);
    comment = score/10;
    switch(comment)
    {
        case 10:
        case 9:grade = 'A';break;
        case 8:grade = 'B';break;
        case 7:grade = 'C';break;
        case 6:grade = 'D';break;
```

```
            case 5:
            case 4:
            case 3:
            case 2:
            case 1:
            case 0:grade = 'E';
        }
        printf("score = % d,grade = % c\n",score,grade);
        return 0;
    }
```

程序运行结果如图 4-22 所示,给出了两个成绩的测试,由于篇幅限制,其他成绩读者可自行验证。

图 4-22　成绩等级的运行结果

说明:

(1) 在使用 switch 语句时还应注意以下几点。

- case 后可有多个语句,不必加花括号"{}",系统顺序执行。

- 各 case 和 default 子句的先后顺序可以变动,而不会影响程序执行结果。

(2) if 语句和 switch 语句的比较。

if 语句和 switch 语句的区别和联系主要体现在以下几点。

- 多分支 if 语句和 switch 语句都可以实现多路分支。

- 多分支 if 语句用来实现两路、三路分支比较方便;而 switch 结构实现三路以上分支比较方便。在多路分支上,switch 语句通常比一系列嵌套 if 语句效率更高,逻辑更加清晰。

- switch 语句只支持常量值相等的分支判断,而 if 语句判断语句更为灵活。

4.5.3　选择结构的嵌套

1. if 语句的嵌套

if 语句的嵌套是指 if 语句中又包含一个或多个 if 语句。一般形式如下:

```
if()
    if()    语句 1;⎫
    else    语句 2;⎬ 条件成立时的内嵌语句
else
    if()    语句 3;⎫
    else    语句 4;⎬ 条件不成立时的内嵌语句
```

由于 if 语句中的 else 部分是可选的,应当注意 if 与 else 的配对关系,否则在多重嵌套 if 语句中,很容易出现 if 与 else 的配对错误。C 语言规定:从最内层开始,else 总是与它上面最近的未配对的 if 配对。

使用内嵌语句时,要注意区分表面形式与实际作用。例如,下面的语句序列:

```
if (条件 1)
    if (条件 2) 语句 1;
else
    if (条件 3) 语句 2;
    else       语句 3;
```

表面形式：

```
if (条件 1)
    if (条件 2) 语句 1;       //条件 1 成立且条件 2 成立时,执行语句 1
else                          //条件 1 不成立时
    if (条件 3) 语句 2;
    else       语句 3;                条件 1 不成立时的内嵌语句
```

根据配对原则,实际作用为：

```
if (条件 1)
    if (条件 2)  语句 1;
    else
        if (条件 3) 语句 2;           条件 1 成立时的内嵌语句
        else 语句 3;
```

为了避免这种错误,可以采用以下两种解决方法。

(1) 使内嵌的 if 也包含 else 语句,即程序段中 if 和 else 的个数保持一致,从内层到外层一一对应。则上面的语句序列修改为：

```
if (条件 1)
    if (条件 2)  语句 1;
    else         语句 2;
else
    if (条件 3)  语句 3;
    else         语句 4;
```

(2) 如果 if 和 else 的个数不一样,要实现程序设计者的意图,可以加一对花括号(｛｝)来确定配对的关系。则上面的语句序列修改为：

```
if (条件 1)
{
    if (条件 2) 语句 1;
}
else
{
    if (条件 3) 语句 2;
    else 语句 3;
}
```

这里,花括号限定了内嵌 if 语句的范围。此时,else 与第一个 if 配对。

通常情况下,在书写嵌套格式时采用"向右缩进"的形式,以保证嵌套的层次结构分明,可读性强。

【实例 4-12】 编写程序,从键盘输入任意年的公元年号,判断该年是否是闰年。

分析：闰年需要满足以下的两个条件中的任意一个条件。

程序控制结构

（1）能被 4 整除，但不能被 100 整除。

（2）能被 400 整除。

程序中定义变量 leap 为 1 表示闰年，为 0 表示非闰年。定义 year 表示年号。

```
/* 实例 4-12 */
# include < stdio.h >
int main()
{
    int year, leap;
    printf("请输入公元年号:");
    scanf("%d", &year);
    if(year % 4 == 0)
        if(year % 100 == 0)
            if(year % 400 == 0) leap = 1;
            else leap = 0;
        else leap = 1;
    else leap = 0;
    if(leap)  printf("%d 是闰年\n", year);
    else      printf("%d 不是闰年\n", year);
    return 0;
}
```

图 4-23　判断是否是闰年

程序运行结果如图 4-23 所示。

思考：实例 4-12 还可以用其他的 if 语句形式实现吗？

2. switch 语句的嵌套

switch 语句与 break 语句配合可以形成 switch 的嵌套结构。每个 break 语句跳出当前层次的 switch 语句。在 switch 嵌套结构中，嵌入的 switch 语句应当看作一个单独的语句。

【**实例 4-13**】　从键盘输入两个整数，判断它们是奇数还是偶数。

分析：定义两个整数 a 和 b，输出的结果应有四种情况：a，b 都是偶数；a 是偶数，b 是奇数；a 是奇数，b 是偶数；a，b 都是奇数。

```
/* 实例 4-13 */
# include < stdio.h >
int main()
{
    int a, b;
    printf("请输入两个数 a, b:");
    scanf("%d, %d", &a, &b);
    switch(a % 2) {
        case 0:
            switch (b % 2) {
                case 0:
                    printf("a, b 都是偶数\n");
                    break;
                case 1:
                    printf("a 是偶数, b 是奇数\n");
                    break;
            }
            break;
```

```
        case 1:
            switch (b % 2) {
                case 0:
                    printf("a 是奇数, b 是偶数\n");
                    break;
                case 1:
                    printf("a, b 都是奇数\n");
                    break;
            }
            break;
    }
    return 0;
}
```

程序运行结果如图 4-24 所示,给出了两种运行
结果,由于篇幅限制,其余情况请读者自行测试。

图 4-24　判断奇偶数的运行结果

3. if 语句和 switch 的相互嵌套

【实例 4-14】　编写一个简单的计算器,完成两个整数的四则运算(+、-、*、/),其中
运算数与运算符均从键盘输入。

分析:实例中需要定义 2 个整型变量,用于存储四则运算的两个数;定义一个字符型变
量,用于存储四则运算的符号。使用 switch 语句执行不同的运算。

```
/* 实例 4-14 */
# include < stdio.h >
int main()
{
    int a, b;
    char op;
    printf("请输入操作数 1,运算符,操作数 2:\n");
    scanf(" %d %c %d", &a, &op, &b);
    switch (operator)
    {
        case ' + ':
            printf(" %d + %d = %d\n", a, b, a + b);
            break;
        case ' - ':
            printf(" %d - %d = %d\n", a, b, a - b);
            break;
        case ' * ':
            printf(" %d * %d = %d\n", a, b, a * b);
            break;
        case '/':
            if (b == 0) printf("错误:除数为零\n");
            else printf(" %d / %d = %.2f \n", a, b, (float)a/b);
            break;
        default:
            printf("运算符错误!\n");
    }
    return 0;
}
```

75

第
4
章

程序控制结构

图 4-25　简单的四则运算

程序运行结果如图 4-25 所示。

【实例 4-15】　拓展实例 4-11。要求输入一个学生的百分制成绩,输出相应的等级。学生成绩大于 90 分则输出"优秀",大于 70 分则输出"良好",大于或等于 60 分则输出"及格",小于 60 分则输出"不及格"。用 if 和 switch 的嵌套实现。

分析:仔细读题可发现与实例 4-11 一样,可以将成绩缩小为原来的 1/10,得到相应的分支。但是最大的区别在于此题中需要处理两个临界数值。例如,在成绩 score 大于或等于 90 时,score/10 结果为 9,不能简单地输出"优秀",需要再判断一下 score 是否为 90,若不是 90,则输出"优秀";若是 90 分,则输出"良好"。同样,当成绩刚好为 70 分时,也需要用同样的方法判断输出。

```c
/* 实例 4-15 */
#include <stdio.h>
int main()
{
    int score,comment;
    printf("please input score:");
    scanf("%d",&score);
    comment = score/10;
    switch(comment)
    {
        case 10:
        case 9:
            if(score == 90)
                printf("良好\n");
            else
                printf("优秀\n");
            break;
        case 8:
        case 7:
            if(score!= 70)
            {
                printf("良好\n");
                break;
            }
        case 6:
            printf("及格\n");
            break;
        default:printf("不及格\n");;
    }
    return 0;
}
```

程序运行结果如图 4-26 所示。

图 4-26　拓展实例 4-11

4.6 循 环 结 构

分支结构的特点是：无论是单分支结构、双分支还是多分支结构，其中的任何一条语句最多执行一次。然而，在实际的问题中，常常需要重复执行某些操作，如输入 10 个数，求其中的最大值，这种情况下，虽然使用分支结构能够实现，但是写出来的程序可读性较差。通过仔细分析不难发现，这道题目就是基于两个数大小的比较，比较这个动作是重复执行的，只是每次比较的两个数不同。这时就可以利用循环结构的程序设计方法来实现。

循环结构是 C 语句程序设计的基本结构之一，也称重复结构，是指程序在执行过程中，其中的某段代码被重复执行多次。例如，计算 $1+2+\cdots+n$，n 由用户在程序运行时输入。解决这个问题时，必须使用循环结构，不能使用顺序结构，因为在程序执行前 n 是未知的，所以不能写出类似下面的程序：

```c
# include < stdio. h>
int main()
{
    printf(" % d\n", 1+2+3+4+5+6+7+8+9);
    return 0;
}
```

是否有更好的方法解决这类问题呢？实际上，通过仔细观察可以发现，无论求和数据是多少，其运算过程都是累加，即每次运算都是在上一次运算结果的基础上，再加上一个数，且加上的这个数比之前的那个数大 1。这种累加共进行了 n 次。

因而，上述求和的过程就是根据给定的条件(累加的数小于或等于 n)，重复执行累加的过程，也就是循环的过程。实现这种循环操作的程序，称为循环程序。在 C 语言中，循环语句包含 while 语句、do-while 语句和 for 语句三种类型。

4.6.1 while 语句

while 语句的一般格式如下：

```c
while (表达式)
    循环体;
```

while 语句的执行过程如下。

(1) 计算表达式的值，当表达式的值为真时(非 0)，则执行第(2)步；当表达式的值为假时(值为 0)，则跳转到第(4)步执行。

(2) 执行循环体语句。循环体语句可以是简单的一条语句，也可以是由多条语句组成的复合语句。如果在第一次循环中表达式的值为假，则循环体中的语句一次都不执行。

(3) 跳转到第(1)步继续执行。

(4) 结束循环，执行 while 语句之后的第一条语句。

while 语句执行过程如图 4-27 所示。

图 4-27 while 语句执行过程

说明：

（1）while 语句括号中的表达式是循环条件，一般能够结束整个循环，即表达式的值存在有且仅有一次为假的情况。

（2）while 语句括号中的表达式可以是"永真"表达式，例如：while(1)，则每次都可以执行循环体。在此种情况下，需要循环体内有结束循环的语句，如 break，否则这种 while 语句称为"死循环"。

（3）循环体可以是一条语句，也可以是多条语句。如果是多条语句，必须用花括号"{ }"括起来形成复合语句。

【实例 4-16】 使用 while 循环结构编程求 1～100 的和。

分析：重复的操作是累加，需要定义两个变量：一个求和变量（如 sum），用于存储累加的和；一个被累加的变量（如 i），用于体现每次被累加值的变化——每次 i 的值比上次循环 i 的值增加 1。另外，分析可以发现循环在 i 达到 100 时终止，因而 while 语句表达式可以为 i<=100。最后，在循环开始之前必须给 sum 和 i 分别赋予初值 0 和 1。

求和程序的流程如图 4-28 所示。

```c
/* 实例 4-16 */
#include <stdio.h>
int main()
{
    int i = 1, sum = 0;
    while (i <= 100)
    {
        sum = sum + i;
        i++;
    }
    printf("1 加到 100 的和为：%d\n", sum);
    return 0;
}
```

程序运行结果如图 4-29 所示。

图 4-28　求和的流程

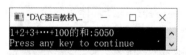

图 4-29　求 1～100 的和

【实例 4-17】 从键盘接收一串字符,将其中的小写字母输出,并统计当前输入的总字符个数。

分析:从键盘输入一串字符,当输入"回车"时,表示当前输入结束。因此,从键盘不断接收字符,同时判断接收的当前字符是否为"回车"。若当前字符不是"回车",则代表代码读入未结束,循环继续;若当前字符为回车,则代表读入结束,循环结束。在这个过程中,引入计数器i,用于记录当前字符的个数,初始值为0。当前字符不是"回车"时,判断是否为小写字母,若是则将其输出。

```
/ * 实例 4-17 * /
# include < stdio. h>
int main()
{
    int i = 0; / *用于记录字符的个数 * /
    char ch;
    while((ch = getchar())!= '\n')
    {
        if(ch > = 'a'&&ch < = 'z')
            printf(" % c",ch);
        i++;
    }
    printf("\n 从键盘一共输入了 % d 个字符\n",i);
    return 0;
}
```

图 4-30　显示输入字符个数并输出小写字母字符

程序运行结果如图 4-30 所示。

【实例 4-18】 验证当前输入数值的合法性。例如,要求当前输入是非 0 的数,若当前输入为 0,则提示输入错误并要求重新输入。当用户输入的数非 0 时,判断其是正数还是负数。

分析:如果输入的数值不符合要求,则提示输入错误并要求重新输入,重复此操作,直到输入的数值符合要求才停止。

```
/ * 实例 4-18 * /
# include < stdio. h>
int main()
{
    int n;
    printf("请输入一个整数 n:");
    scanf(" % d", &n);
    while(n == 0)
    {
        printf("输入错误,请重新输入:");
        scanf(" % d", &n);
    }
    if(n > 0)
        printf(" % d 是一个正数\n", n);
    else
        printf(" % d 是一个负数\n", n);
    return 0;
}
```

图 4-31　验证当前输入数值的合法性

程序运行结果如图 4-31 所示。

第 **4** 章

程序控制结构

说明：验证当前输入数值的合法性是常见的基本操作,例如：输入百分制成绩时,要求输入的数值在0～100；如输入不超过五位的正整数,则要求输入的数值在1～99999等。可根据具体情况,修改语句"while()"中圆括号的表达式,从而控制输入的数值在合法的范围内。

4.6.2 do…while 语句

do…while 循环语句又称为直到型循环语句,其语法格式为：

```
do
    循环体;
while(表达式);
```

图 4-32 do…while 语句的执行过程

该语句的功能为：先执行一次 do 后面的循环体,然后判断 while 语句中圆括号的表达式,当表达式的值为非 0(真)时,返回继续执行循环体,如此反复,直到表达式的值为 0 时,结束循环。do…while 语句执行过程如图 4-32 所示。

说明：

(1) 在 if 语句和 while 语句中,表达式的圆括号后都不能加分号；而在 do…while 语句中,while 表达式的圆括号后必须加分号。

(2) 循环体如果是多条语句,必须用花括号"{ }"括起来,形成一条复合语句。

【实例 4-19】 使用 do…while 循环结构编程求 1～100 的所有奇数的和。

分析：在实例 4-16 中,求解了 1～100 的所有数的和。在本实例中,只需要求 1～100 所有奇数的和,循环变量 i 的初始值是 1,只需要将实例 4-16 程序中的 i++改为 i=i+2 即可。

```c
/* 实例 4-19 */
#include<stdio.h>
int main()
{
    int i = 1, sum = 0;
    do
    {
        sum += i;
        i = i + 2;
    }while(i <= 100);
    printf("100 以内的所有奇数的累加和为: %d\n", sum);
    return 0;
}
```

图 4-33 求 1～100 所有奇数的和

程序运行结果如图 4-33 所示。

【实例 4-20】 编写程序实现：随机给出 100 以内加法计算题,当用户输入 Y 或 y 时,表示选择继续,则继续出题,否则结束出题。

分析：调用 rand( )函数生成随机数，需要包含"stdlib. h"。题目中要求生成的随机数值在 100 以内，因此用 rand( )%100，保证随机生成的数在 0～100。

```
/ * 实例 4-20 * /
# include < stdio. h >
# include < stdlib. h >
int main( )
{
    char k;
    int a,b, i = 1;
    do
    {
        a = rand( ) % 100;
        b = rand( ) % 100;
        printf("第 % d 题 : % d + % d = \n",i,a,b);
        i++;
        printf("想继续吗?Y 想,N 不想(大小写均可) \n");
        scanf(" % c",&k);
        getchar( );    / * 读入上一行输入时最后的回车
键并舍弃 * /
    }while('Y' == k||'y' == k);
    return 0;
}
```

图 4-34 随机出题

程序运行结果如图 4-34 所示。

【实例 4-21】 使用 do…while 循环,根据公式 $\frac{\pi}{4} = 1 - \frac{1}{3} + \frac{1}{5} - \frac{1}{7} + \frac{1}{9} - \frac{1}{11} + \cdots$ 求 π 的近似值,要求最后一项的绝对值小于 10^{-6}。

分析：循环终止条件为最后一项的绝对值小于 10^{-6},则循环的条件为当前项的绝对值大于或等于 10^{-6},即循环条件为 fabs(1/i)>=1e-6。

```
/ * 实例 4-21 * /
# include < stdio. h >
# include < math. h >
int main( )
{
    int sign = 1;
    float i = 1.0, sum = 0.0;
    float item = 1;
    do
    {
        sum = sum + item;
        i = i + 2;
        sign = - sign;
        item = 1/i * sign;
    } while (fabs(1/i)>= 1e - 6);
    printf("pi = % f\n", sum * 4);
    return 0;
}
```

图 4-35 求圆周率 π 的近似值

程序运行结果如图 4-35 所示。

第
4
章

程序控制结构

【实例 4-22】 比较下面两个程序：指出分别在两个程序中依次输入 5 和 11 后，每个程序中变量 n 和 m 值应该为多少，并说明原因。

程序代码如下：

do⋯while 循环	while 循环

<pre>＃include < stdio. h>
int main()
{   int n = 1, m;
    scanf("％d", &m);
    do
    { n += m;
      m++;
    }while(m <= 10);
    printf("n =％d, m =％d", n, m);
    return 0;
}</pre>
	<pre>＃include < stdio. h>
	int main()
	{ int n = 1, m;
	    scanf("％d", &m);
	    while (m < = 10)
	    {n += m;
	      m++;
	    }
	    printf("n =％d, m =％d", n, m);
	    return 0;
	}</pre>

第一次运行输入：5↙	第一次运行输入：5↙
n = 46, m = 11	n = 46, m = 11
第二次运行输入：11↙	第二次运行输入：11↙
n = 12, m = 12	n = 1, m = 11

通过比较两个程序可以看出，第一次运行输入 5 后，进入循环时循环条件为真(非 0)，do⋯while 和 while 语句的运行结果相同；第二次运行输入 11 后，进入循环的条件为假(0)，do⋯while 循环语句的循环体执行一次，输出结果为 n＝12,m＝12,while 循环体一次也不执行，输出的结果是 n＝1,m＝11。

说明：while 语句和 do⋯while 语句的比较。

(1) 两种循环语句的循环体中均应包括使循环趋于结束的语句。

(2) 在两种循环语句中，当 while 语句中的表达式第一次为真时，两种循环结果相同。

(3) 在两种循环语句中，当 while 语句中的表达式第一次为假时，两种循环结果不相同。两者最大的区别在于 do⋯while 语句的循环体至少被执行一次，而 while 语句的循环体可能一次都不被执行。

(4) do⋯while 语句通常用于不确定循环次数的程序中，在循环执行的过程中，根据条件来决定循环是否结束。

4.6.3 for 语句

for 语句是 C 语言中最灵活的循环语句，既可用于循环次数确定的情况，也可以用于循环次数不确定而只给出循环结束条件的情况。其一般格式为：

for(表达式 1; 表达式 2; 表达式 3)
    循环体;

其中，for 是 C 语言的关键字，其后圆括号中包含三个表达式，用于对 for 循环控制。表达式之间用分号隔开，可以是任何合法的表达式。一般情况下，表达式 1 给出循环变量的初值；表达式 2 给出循环条件；表达式 3 修改循环变量的值。循环体语句有多条语句时，应使用

{}括起来,形成复合语句。

其执行过程如下:

(1) 计算表达式 1 的值,通常是为循环变量赋初值。如果循环变量为多个,则将它们用逗号隔开。

(2) 计算表达式 2 的值,判断表达式 2 是否为真(非 0)。若为真,执行循环体,然后执行表达式 3,通常会修改循环变量的值,为下一次循环准备,然后返回第(2)步继续执行。

(3) 如果表达式 2 的值为假,则结束循环,跳到 for 语句之后的下一条语句执行。

for 语句的执行过程如图 4-36 所示。

【实例 4-23】 用 for 循环语句编程求 1~100 所有偶数的和。

分析:在实例 4-19 中,求解了 1~100 的所有奇数的和。在本实例中,要求 1~100 所有偶数的和,循环变量 i 的初始值改为 2,每次累计求和后 i=i+2 即可。

```
/* 实例 4-23 */
# include < stdio.h>
int main()
{
    int i, sum = 0;
    for (i = 2; i < = 100; i += 2)
        sum += i;
    printf("100 以内的所有偶数的累加和为: % d\n", sum);
    return 0;
}
```

程序运行结果如图 4-37 所示。

图 4-36　for 语句的执行过程

图 4-37　求 1~100 所有偶数的和

说明:for 语句的使用相对灵活,运用时应注意以下几点。

(1) 表达式 1(初始化循环变量)可以省略,但其后的分号不能省略。此时,应在 for 语句之前给循环变量赋初值。例如:

第 4 章

程序控制结构

```
i = 1;
for (; i <= 100; i++)          / * 分号不能省略 * /
    sum += i;
```

(2) 表达式 2 可以省略,但分号不能省略。即不判断循环条件,认为表达式 2 始终为真,让循环无休止地进行。这时,需要在循环体中设置跳出循环的控制语句 break,否则 for 循环语句将成为死循环。例如:

```
for (i = 1; ; i++) {           / * 分号不能省略 * /
    sum += i;
    if (i >= 100)
        break;
}
```

当 i 的值大于 100 时,即可退出 for 循环。

(3) 表达式 3 也可以省略。此时,应在循环体语句中增加让循环变量递进变化的语句,以保证循环能正常结束。例如:

```
for (i = 1; i <= 100;)
    sum += i++;
```

(4) 表达式 1 和表达式 3 可同时省略。例如:

```
i = 1;
for (; i < 100;)
    sum += i++;
```

(5) 三个表达式可以都省略,循环体则无休止地执行。此时,应该在循环前设初值,在循环体中增加退出循环的语句,并在循环体中改变循环变量的值。例如:

```
i = 1;
for (; ;)                      / * 注意两个分号不能省略 * /
{
    sum += i++;
    if (i > 100)
        break;
}
```

(6) 表达式 1、表达式 2、表达式 3 都可以为任何表达式。例如,表达式 1 为逗号表达式:

```
for (sum = 0, i = 1; i <= 100; i++)
    sum += i;
```

再如,表达式 2 为逗号表达式:

```
for (i = 1, sum += i++, i <= 100;) ;          / * 循环体为空语句 * /
```

又例如,表达式 1 和表达式 3 都为逗号表达式:

```
for (i = 0, j = 100, k = 0; i <= j; i++, j-- )
    k += i * j;
```

(7) for 语句可以改写成 while 语句的形式:

```
表达式 1;
while (表达式 2) {
    for 循环体;
    表达式 3;
}
```

【实例 4-24】 使用 for 循环语句求 Fibonacci 数列:1,1,2,3,5,8,…的前 40 项。从第三项开始,每一项都是前两项之和,即 $F_1=1(n=1)$, $F_2=1(n=2)$,$F_n=F_{n-1}+F_{n-2}(n>=3)$。

分析:定义一个循环变量 i,用于控制循环的次数,再定义两个变量 f1 和 f2,分别表示该数列相邻的两项。每次求出数列中的两个数,故其循环条件为 i<=20。

```c
/ * 实例 4-24 * /
# include < stdio. h>
int main()
{
    int i,f1 = 1, f2 = 1;
    for(i = 1;i < = 20;i++)
    {
        printf(" % 12d % 12d", f1, f2);
        if (i % 2 == 0)
            printf("\n");
        f1 = f1 + f2;
        f2 = f2 + f1;
    }
    return 0;
}
```

程序运行结果如图 4-38 所示。

图 4-38 Fibonacci 数列

【实例 4-25】 使用 for 语句编写求 n!(n 的阶乘)的程序,n 的值由键盘输入。

分析:n 的阶乘等于 1 * 2 * 3 * … * n,重复执行乘法操作。定义一个整型变量 i,每次循环后自增一次,直到 i 的值等于 n 为止。

```c
/ * 实例 4-25 * /
# include < stdio. h>
int main()
{
```

```
    int n,i;
    int factorial = 1;
    printf("\n 请输入一个整数 n:\n");
    scanf(" % d", &n);
    for(i = 1;i <= n;i++)
        factorial * = i;
    printf("\n % d! = % d\n", n, factorial);
    return 0;
}
```

图 4-39　求 n!

程序运行结果如图 4-39 所示。

4.6.4　循环结构的应用

【**实例 4-26**】　从键盘输入若干学生的成绩,输入负数表示结束输入,统计并输出最高成绩和最低成绩。

分析:以求最高成绩为例,首先输入第一个学生的成绩,并将此成绩赋值给变量 max,即假设第一个学生的成绩为最高分,然后输入第二个学生的成绩,同时与记录最高分的变量 max 进行比较,假设当前输入的成绩大于 max,则第二个学生的成绩是目前已输入的成绩中的最高分,将第二个学生的成绩赋值给 max。依次输入其他学生的成绩,逐个比较,直到当前输入的是负数为止。

```
/ * 实例 4-26 * /
# include < stdio.h >
int main()
{
    float score, max, min;
    scanf(" % f", &score);
    max = score;
    min = score;
    while(score > = 0)
    {
    if (score > max)
        max = score;
    if (score < min)
        min = score;
    scanf(" % f", &score);
    }
    printf("\nmax = % .2f, min = % .2f\n", max, min);
    return 0;
}
```

图 4-40　统计并输出最高成绩
和最低成绩

程序运行结果如图 4-40 所示。

【**实例 4-27**】　输入一个整数,编程计算该整数中每一位数字的和。如果输入的是负数,则求它的绝对值的每一位数字之和。如输入 5678,输出结果为 26(5+6+7+8=26)。

分析:本例的关键问题是如何将一个整数中的每一位数字进行剥离,需要用到两种运算 % 和 /。例如整数 5678%10=8,求出个位数为 8,接下来 5678/10=567,567%10=7,求出十位数为 7,然后重复 567/10=56,56%10=6,求出百位数为 6,如此反复进行运算,直到商为 0 终止。为了得到每一位数字的和,需要在每一次求出余数后,对该余数进行累加运算。

```c
/* 实例 4-27 */
# include < stdio.h>
int main()
{
    int num,sum = 0;
    printf("请输入一个整数 num:");
    scanf(" % d",&num);
    if(num < 0)
        num = - num;
    while (num)
    {
        sum += num % 10;
        num/ = 10;
    }
    printf("sum = % d\n", sum);
    return 0;
}
```

图 4-41 求整数中每一位数字的和

程序运行结果如图 4-41 所示。

【实例 4-28】 从键盘输入一行字符,将其中的英文字母进行加密输出(非英文字母不加密)。加密的方法为:加密后的字母相对原字母在字母表的顺序循环后移 k 个位置(1<k<26)。

分析:首先对输入的一行字符进行分析,若当前字符是大写或小写英文字母,则进行加密处理;若当前字符是其他字符,则不做处理。英文字母的加密规则,实际上是将当前字母的 ASCII 码值做相应的处理,但是需要注意边界字母的处理。

```c
/* 实例 4-28 */
# include < stdio.h>
int main()
{
    char ch;
    int k;                        /* k 作为密钥 */
    printf("请输入密钥 k:");
    scanf(" % d", &k);
    printf("请输入需加密的字符串:");
    getchar();
    while((ch = getchar())!= '\n')
    {
        if (ch > = 'a' && ch < = 'z')    /* 小写字母 */
        {
            ch = ch + k;
            if(ch > 122)
                ch = ch - 26;
        }
        if (ch > = 'A' && ch < = 'Z')    /* 大写字母 */
        {
```

```
            ch = ch + k;
            if(ch > 90)
                ch = ch - 26;
        }
        printf(" % c", ch);
    }
    printf("\n");
    return 0;
}
```

图 4-42　英文字符加密运算

程序运行结果如图 4-42 所示。

4.7　break 和 continue 语句

除了分支结构和循环结构,能够控制语句执行过程的语句还包括 break 和 continue 语句等。它们一般都要配合 if 语句使用,用于修正循环。有时候由于某种特殊情况的发生,需要提前终止循环,这就需要 break 语句。而有时候需要提前终止某一次的循环,直接开始下一次循环,这就需要 continue 语句。

4.7.1　break 语句

break 语句的一般形式为:

break;

在第 4.5.2 节中已详细介绍了 break 语句在 switch 语句中的作用,在此仅介绍 break 语句在循环结构中的功能。

功能:使程序退出所在层次的循环。通常配合 if 语句一起使用,一般形式如下(以 while 语句为例):

```
while(表达式 1)
{
    语句段 1;
    if(表达式 2)break;
    语句段 2;
}
```

图 4-43　break 语句的执行过程

break 语句执行过程如图 4-43 所示。

【实例 4-29】　分析下列语句的运行结果。

```
/ * 实例 4-29 * /
# include < stdio. h >
int main()
{
    int i;
    for(i = 0;i < 10;i++)
    {
        if(i > = 5) break;            / * 第 7 行 * /
```

```
        printf("i = %d\n",i);
    }
    printf("循环结束后 i 的值为%d\n",i);
    return 0;
}
```

说明：若无第 7 行的语句，程序将循环输出 i＝0 到 i＝9 总共 10 个数，循环结束后 i 的值为 10。第 7 行语句的作用是当 i 的值大于或等于 5 时，提前结束整个循环。因为循环提前结束，所以循环结束后 i 的值为 5，仍然满足循环条件"i＜10"，其运行结果如图 4-44 所示。

图 4-44　break 语句的运行结果

【实例 4-30】 编写程序求解：一张纸的厚度是 0.0001 米，将纸对折多少次后，纸的厚度超过珠穆朗玛峰（简称珠峰）的高度（8848 米）。

分析：对折一次后纸的厚度为对折前纸的厚度的两倍，不断对折下去，当纸的当前厚度大于 8848 米时，循环结束。

```
/*实例 4-30*/
#include<stdio.h>
int main()
{
    float depth = 0.0001;
    int i = 1;
    while(1)
    {
        depth = depth*2;
        if(depth>8848)
        {
            printf("经过%d次折叠后厚度超过珠峰高度\n",i);
            break;
        }
        i++;
    }
    return 0;
}
```

说明：while（1）中表达式值为 1，表示恒为真，循环体将无终止执行。当 depth 的值大于 8848 时（此时 i＝27），程序使用 break 语句，循环被强制退出。

图 4-45　求折纸折叠的次数

程序运行结果如图 4-45 所示。

4.7.2　continue 语句

continue 语句的一般形式为：

continue;

功能：continue 语句用于在循环体中结束本次循环，跳过循环体中位于 continue 语句

程序控制结构

图 4-46 continue 语句的执行过程

后面的语句,而开始下一次循环。对于 while 语句、do…while 语句,如在循环体中遇到 continue 语句,则转去求解条件表达式的值;而对于 for 语句,则转去求解表达式 3 的值。

continue 语句配合 if 语句应用在循环中的一般形式如下(以 while 语句为例):

```
while(表达式 1)
{
    语句段 1;
    if(表达式 2)   continue;
    语句段 2;
}
```

continue 语句的执行过程如图 4-46 所示。

【实例 4-31】 分析下列语句的运行结果。

```
/* 实例 4-31 */
#include<stdio.h>
int main()
{
    int i;
    for(i = 0;i < 10;i++)
    {
        if(i>= 5) continue;        /* 第 7 行 */
        printf("i= % d\n",i);      /* 第 8 行 */
    }
    printf("循环结束后 i 的值为 % d\n",i);
    return 0;
}
```

说明:若无第 7 行的语句,程序将循环输出 i=0 到 i=9 总共 10 个数,循环结束后 i 的值为 10。第 7 行语句的作用是当 i 的值大于等于 5 时,跳过第 8 行的语句,开始下一次循环。当循环条件"i<10"不满足时,整个循环结束,此时 i 的值为 10。其运行结果如图 4-47 所示。

图 4-47 continue 语句的运行结果

【实例 4-32】 编写程序输出 1～50 能被 7 整除的数。

分析:将能够被 7 整除的数输出,不能被 7 整除的数跳过输出。

```
/* 实例 4-32 */
#include<stdio.h>
int main()
{
    int i;
    for (i = 1; i <= 50; i++)
    {
        if (i % 7 != 0)
            continue;
```

```
            printf(" % d ", i);
    }
    printf("\n");
    return 0;
}
```

图 4-48　输出 1～50 能被 7 整除的数

程序运行结果如图 4-48 所示。

说明：程序开始运行时 i＝1,i％7!＝0 成立,执行 continue 结束本次循环；然后,执行 i++修改循环变量,i＝2,继续此过程,直到 i＝7 时,i％7!＝0 的表达式的值为 0,则执行 printf("％d", i);",之后开始下一轮循环,依次类推,直到 i＞50。

4.7.3　两种语句的应用

【实例 4-33】　编程实现猜年龄的游戏,谜底是 22 岁,具体要求如下。

(1) 允许用户一次最多尝试猜三次。

(2) 每尝试三次后,如果还没猜对,则提示用户是否继续玩游戏。如果回答 Y 或 y,则继续猜 3 次,以此往复；如果回答 N 或 n,则退出程序。

(3) 如果猜对了,则直接退出游戏,同时输出“你猜对啦”。

分析：在游戏的过程中,有以下需要提前结束游戏的情况：①在 3 次机会中猜对年龄；②当三次尝试次数结束仍未猜对,输出提示信息“超过三次了,请问还需要玩吗？[玩：Y,不玩：N]”时,用户选择 N 或输入其他字符,则结束游戏。注意当用户在三次尝试次数结束后选择继续玩时,计算次数的变量需从初始值开始重新计数。

```
/ * 实例 4-33 * /
# include < stdio. h >
int main()
{
    int age = 22, i = 0, your;
    char ch;
    while (i < = 2)
    {
        printf("请输入你猜测的年龄为:");
        scanf(" % d", &your);
        if(your == age)
        {   / * 在有效次数内猜对 * /
            printf("你猜对啦\n");
            break;
        }
        else
        {
            printf("猜错啦\n");
            i++;
            if(i == 3)                    / * 当三次仍未猜对时 * /
            {
                printf("超过三次了,请问还需要玩吗?[玩:Y,不玩:N]\n");
                getchar();
                scanf(" % c", &ch);
                if(ch == 'Y'||ch == 'y')       / * 选择继续玩 * /
```

```
                i = 0;                           /* 计数 i 从 0 开始重新计数 */
            else if (ch == 'N'||ch == 'n')       /* 选择退出不玩 */
                break;
            else                                 /* 输入其他字符 */
            {
            printf("您输入有误,强制退出\n");
            break;
            }
        }
    }
}
    return 0;
}
```

程序运行结果如图 4-49 所示。

图 4-49　猜年龄的游戏

【实例 4-34】　求整数 1～200 的累加值,但要求跳过所有个位为 7 的数。

```
/* 实例 4-34 */
#include < stdio.h >
int main()
{
    int i, sum = 0;
    for (i = 1; i <= 200; i++)
    {
        if (i % 10 == 7)
            continue;
        sum += i;
    }
    printf("sum = % d\n", sum);
    return 0;
}
```

图 4-50　求 1～200 的累加值,但要求
跳过所有个位为 7 的数

程序运行结果如图 4-50 所示。

【实例 4-35】　判断输入的正整数 n(n>1)是否为素数。

分析:因为素数除了 1 和本身之外没有其他约数,所以判断 n 是否为素数,根据定义直接判断从 2 到 n−1 是否存在 n 的约数即可。若在 2 到 n−1 没有找到能整除 n 的数,则 n

是素数；若在此区间内找到了第一个能够整除 n 的数，即可判断 n 不是素数，不需要再接着找下一个能整除 n 的数，因此使用 break 语句提前结束整个循环。

```c
/* 实例 4-35 */
# include < stdio. h>
int main()
{
    int n,i;
    printf("请输入一个大于 1 的正整数:");
    scanf(" % d", &n);
    while(n< = 1)                /* 输入合法性验证 */
    {
        printf("输入不正确,请重新输入:");
        scanf(" % d", &n);
    }
    for (i = 2; i< = n-1; i++)
        if (n%i == 0)
            break;
    if (i> = n)                /* 循环正常结束 */
        printf(" % d是素数.\n",n);
    else                      /* 循环提前结束 */
        printf(" % d不是素数.\n",n);
    return 0;
}
```

图 4-51　判断输入的正整数是否为素数

程序运行结果如图 4-51 所示。

说明：对于任意一个大于 1 的正整数 n，其实并不需要从 2 判断到 n−1，若 n 可以进行因数分解，那么分解时得到的两个数一定是一个小于或等于 $\sqrt{n}$，另一个大于或等于 $\sqrt{n}$，因此，如果 n 不能被 2 到 $\sqrt{n}$ 的任一整数整除，n 必定是素数。例如，判断 17 是否为素数，只需 17 被 2～4 的每一个整数去除，由于都不能整除，所以可以判定 17 是素数。因此，判断素数的代码可以修改如下：

```c
# include < stdio. h>
# include < math. h>
int main()
{
    int n,i,k;
    printf("请输入一个大于 1 的正整数:");
    scanf(" % d", &n);
    k = sqrt(n);
    for (i = 2; i< = k; i++)
        if (n%i == 0)
            break;
    if (i> = k+1)
        printf(" % d是素数.\n",n);
    else
        printf(" % d不是素数.\n",n);
    return 0;
}
```

程序控制结构

4.8 循 环 嵌 套

一个循环体又包含另一个完整的循环体结构,称为循环的嵌套。如果包含二层循环体,称为二重循环,而内嵌的循环再嵌套一个循环,称为多重循环。前文介绍的 while、do…while 和 for 循环都可以相互嵌套,如表 4-4 所示。

表 4-4　循环嵌套

(1)
while( )
{
　…
　while( )
　{
　　…
　}
}
	(2)
	while()
	{
	　…
	　do
	　{
	　　…
	　} while();
	}
		(3)
		for(; ;)
		{
		　…
		　while()
		　{
		　　…
		　}
		}

(4)
do
{
　…
　for(; ;)
　{
　　…
　}
} while();
	(5)
	do
	{
	　…
	　do
	　{
	　　…
	　}while();
	} while();
		(6)
		for(; ;)
		{
		　…
		　for(; ;)
		　{
		　　…
		　}
		}

注意:外层循环和内层循环不能交叉,内层循环应该完全包含在外层循环体之内。

【**实例 4-36**】 设计一个程序输出如图 4-52 所示的结果。

分析:假设用户输入的行数为 6,首先确定行数 i 为 6,其次确定列数 j 为 6 并随着行数的增加而增加,故 j 受 i 的影响,即 j<=i。每行的字符数目逐渐增加,但其字符的大小呈递增的形式,故使用'A'+j 的形式输出。i 和 j 初始值均为 0。

图 4-52　实例 4-36 的运行结果

```
/ * 实例 4-37 * /
# include < stdio. h>
# define CH 'A'
int main()
{
    int i, j, line;
    printf("请输入行数:");
    scanf(" % d", &line);
    for(i = 0; i < line; i++)
    {
        for(j = 0; j < = i; j++)
            printf(" % c", CH + j);
```

```
        printf("\n");
    }
    return 0;
}
```

思考：若要分别输出如图 4-53 所示的图形，对应的代码应如何修改？

图 4-53　实例 4-36 的拓展

【实例 4-37】　设计一个程序求 1!+2!+⋯+n!，其中 n 的值从键盘输入。

分析：本实例可以使用二重循环实现，用 sum 变量来统计阶乘的累加和，内层循环计算对应的阶乘并存储到变量 fac 中，外层循环统计阶乘和并使用 n 控制外层循环次数。例如：外层循环变量使用 i，其初值为 1，其终止的条件为 i<=n；内层循环变量使用 j，从初值 j=1 开始直到 j=i。最后，在外层循环之后输出 sum 的结果。

```
/＊实例 4-37＊/
＃include <stdio.h>
int main()
{
    int i, j, n;
    long fac = 1, sum = 0;
    printf("请输入一个正整数 n:");
    scanf("%d", &n);
    for (i=1; i<=n; i++)
    {
        fac = 1;
        for (j=1; j<=i; j++)
            fac *= j;
        sum += fac;
    }
    printf("1! + 2! + ⋯ + %d! = %d\n", n,sum);
    return 0;
}
```

图 4-54　求阶乘的和

程序运行结果如图 4-54 所示。

思考：实例 4-37 能用单重循环实现吗？如果能，请实现。

【实例 4-38】　输入一个大于 1 的正整数 n，一个正整数 k，输出 n 之后的（不包含 n）k 个素数。输出时要求每输出 5 个数换行。

分析：实例 4-35 中已经给出了判断素数的方法。本实例只需增加一个计数器 cnt，每当获得一个素数即将 cnt 增 1，直到 cnt 为 k 结束。另外，本程序需要采用二重循环来实现，程序需定义一个变量（例如：num）来表示被判断的是否是素数的正整数，判断素数的循环变量仍然使用 i。初始时,cnt 赋初值 cnt＝0,num 赋初值为 n＋1(由于是 n 之后的素数)。

```c
/* 实例 4-38 */
#include <stdio.h>
int main()
{
    int i, n, k, num, cnt = 0;
    printf("请输入一个大于 1 的正整数 n = ");
    scanf("%d", &n);
    printf("请输入求 %d 后的素数个数 k = ", n);
    scanf("%d", &k);
    num = n + 1;                      //n 后的自然数
    while(cnt < k)
    {  /* 判断 num 是否为素数 */
        for (i = 2; i < num; i++)
            if (num % i == 0)
                break;
        if (i >= num)
        {  //num 是素数, cnt++
            printf("%4d ", num);
            cnt++;
        if(cnt % 5 == 0)        /* 每输出 5 个数换行 */
                printf("\n");
        }
        num ++;                 /* 转到下一个自然数 */
    }
    printf("\n");
    return 0;
}
```

图 4-55　输出 n 之后的 k 个素数

程序运行结果如图 4-55 所示。

【实例 4-39】　古人搬砖问题:共有 42 块砖,42 个人搬。男人一次搬三块,女人一次搬两块,两个小孩搬一块。要求一次全搬完,需要男人、女人、小孩各多少人?

分析:假设男人有 man 个,女人有 women 个,小孩有 kids 个。由题意可知 man 的范围为 0～14,women 的范围为 0～21,kids 的范围为 0～42 且是偶数。因此可以用穷举法实现满足条件的 man、women、kids 的组合。为了穷举每一种情况,可以用三重循环来实现。第一层循环实现 man 值的变化,在第二层循环实现 women 值的变化,第三层循环实现 kids 值的变化。

```c
/* 实例 4-39 */
#include <stdio.h>
int main()
{
    int man,women,kids;
    printf("人数组合方式如下:\n");
    printf("男 女 小孩\n");
    for(man = 0;man <= 14;man++)
        for(women = 0;women <= 21;women++)
```

```
        for(kids = 0;kids < = 42;kids += 2)
            if(man + women + kids == 42 && 3 * man + 2 * women + kids/2 == 42)
                printf("% d   % d   % d\n",man,women,kids);
    return 0;
}
```

程序运行结果如图 4-56 所示。

图 4-56　搬砖问题

思考：实例 4-39 可以用双重循环实现吗？将如何实现。

4.9　控制结构应用实例

在本节中,读者可以通过一个菜单选择的程序了解控制结构在实际编程中的应用。

【实例 4-40】　编写用于管理学生成绩的菜单项,该菜单项包括以下功能。

（1）输入：输出"调用输入功能模块"。

（2）显示：输出"调用显示功能模块"。

（3）修改：输出"调用修改功能模块"。

（4）添加：输出"调用添加功能模块"。

（5）删除：输出"调用删除功能模块"。

（6）查询：输出"调用查询功能模块"。

（7）排序：输出"调用排序功能模块"。

（8）保存：输出"调用保存功能模块"。

分析：主界面菜单中有八个功能,可以使用 switch 语句来实现。声明变量 sel,sel 的值
1～8 分别对应八个功能,当 sel 的值为 0 时,操作结束。

```
/ * 实例 4-40 * /
# include < stdio. h>
int main()
{
    int sel;
    printf(" *********** 学生成绩管理系统 ********* \n");
    printf(" *              1 输入                 * \n");
    printf(" *              2 显示                 * \n");
    printf(" *              3 修改                 * \n");
    printf(" *              4 添加                 * \n");
    printf(" *              5 删除                 * \n");
    printf(" *              6 查找                 * \n");
    printf(" *              7 排序                 * \n");
    printf(" *              8 保存                 * \n");
```

```c
        printf(" *                   0 退出                    * \n");
        printf(" ********************************** \n");
        printf("请输入您的操作选择[0-8]:");
        do
        {
                scanf(" % d",&sel);
                if(sel == 0)
                    break;
                switch(sel)
                {
                    case 1:
                        printf("调用输入功能模块\n");
                        printf("请输入您的操作选择[0-8]:");
                        break;
                    case 2:
                        printf("调用显示功能模块\n");
                        printf("请输入您的操作选择[0-8]:");
                        break;
                    case 3:
                        printf("调用修改功能模块\n");
                        printf("请输入您的操作选择[0-8]:");
                        break;
                    case 4:
                        printf("调用添加功能模块\n");
                        printf("请输入您的操作选择[0-8]:");
                        break;
                    case 5:
                        printf("调用删除功能模块\n");
                        printf("请输入您的操作选择[0-8]:");
                        break;
                    case 6:
                        printf("调用查找功能模块\n");
                        printf("请输入您的操作选择[0-8]:");
                        break;
                    case 7:
                        printf("调用排序功能模块\n");
                        printf("请输入您的操作选择[0-8]:");
                        break;
                    case 8:
                        printf("调用保存功能模块\n");
                        printf("请输入您的操作选择[0-8]:");
                        break;
                    default:
                        printf("输入错误!请重新输入您的操作选择[0-8]:");
                }
        } while(1);
    printf("操作结束,再见!\n");
    return 0;
}
```

程序运行结果如图 4-57 所示。

说明: 在学习第 6 章函数后,可以将本程序中所有的输出语句,例如"调用输入功能模

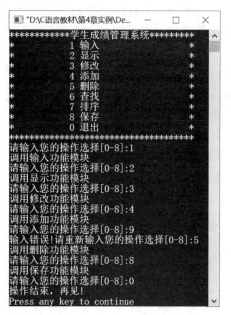

图 4-57　学生管理系统菜单

块"等,替换成实现相应功能的子函数,从而得到一个完整的学生成绩管理系统。具体代码详见第 10 章综合实例。

本 章 小 结

本章首先介绍了关系运算符、逻辑运算符、条件运算符及其对应的表达式。关系运算和逻辑运算是掌握控制结构的基础。

结构化程序由三种基本控制结构组成:顺序结构、选择结构和循环结构。顺序结构是按书写的先后顺序,一条语句接着一条语句地执行;选择结构包括单分支 if 语句、双分支 if 语句、多分支 if 语句和 switch 语句,在满足条件时,相应的语句才会被执行;循环结构包括 while 语句、do…while 语句和 for 语句,在满足循环条件时,则重复执行某段代码。

能够控制循环语句执行过程的语句还包括 break 语句和 continue 语句。如果由于某种特殊情况的发生,需要提前终止循环,则需要使用 break 语句。如果只是需要提前终止某一次的循环,直接开始下一次循环,则使用需要 continue 语句。

一个循环体又包含另一个完整的循环体结构,称为循环的嵌套。内嵌的循环再嵌套一个循环,称为多重循环。

习　　题

1. 规定一个工人工作时间为 160 小时/月,每小时工资为 5 元,如果加班,每小时增加 4 元,编程计算并打印此工人一个月的工资,要求工作时间由键盘输入。

2. 企业发放的奖金根据利润提成。利润(I)低于或等于 10 万元时,奖金按 10％提成;

利润 10 万~20 万元时,低于 10 万元的部分按 10％提成,高于 10 万元的部分按 7.5％提成；20 万~40 万时,高于 20 万元的部分按 5％提成；40 万~60 万时,高于 40 万元的部分按 3％提成；60 万~100 万时,高于 60 万元的部分按 1.5％提成,高于 100 万元时,超过 100 万元的部分按 1％提成,从键盘输入当月利润(I),求应发放奖金总数。

3. 输出 100~999 能被 3 整除,不能被 7 整除的数。

4. 从键盘输入 20 个实数,分别计算并输出：所有正数之和,所有负数之和,所有数的绝对值之和,正数的个数和负数的个数。

5. 编写程序实现：棋盘有 32 个格子,第一个格子放 1 粒芝麻,第二个格子放 2 粒,第三个格子放 4 粒,第四个格子放 8 粒……每粒芝麻的质量为 0.00001kg,如果要放满整个棋盘,需要多少千克的芝麻?

6. 编写求 3~100 所有素数的程序。

7. 编程计算：$1!+3!+\cdots+(2n-1)!$ 的值。其中,n 值由键盘输入。

8. 爱因斯坦曾出过这样一道数学题：有一条长阶梯,每步跨 2 阶,最后剩下 1 阶；每步跨 3 阶,最后剩下 2 阶；每步跨 5 阶,最后剩下 4 阶；每步跨 6 阶,最后剩下 5 阶；只有每步跨 7 阶,最后才正好 1 阶不剩。编程计算并打印这条阶梯共有多少阶。

9. 编程计算 $1\times2+3\times4+\cdots+(n-1)\times n$ 的值,其中,n 值由键盘输入。

10. 求 2000 以内的全部亲密数。亲密数是指：如果整数 a 的全部因子(包括 1 但不包括 a 本身)之和等于 b；且整数 b 的全部因子(包括 1 但不包括 b 本身)之和等于 a,则将 a 和 b 称为亲密数。

第5章 数 组

主要知识点

◆ 数组概述
◆ 一维数组
◆ 二维数组
◆ 字符数组
◆ 字符串处理
◆ 数组与指针

前面章节中介绍了很多基本数据类型,如整型、浮点型及字符型等。使用这些类型的变量来处理数据,可以解决一些简单的问题。但在实际应用中,需要处理的数据往往是批量数据(如 100 个学生的成绩),这些批量数据不仅数据量较大,而且数据之间还可能存在着某种关系(如两门课程的成绩属于同一个学生),此时,使用数组则显得更加方便且有效。

本章主要介绍在 C 语言中怎样使用数组来处理批量数据。

5.1 数 组 概 述

与整型等简单数据类型相似,数组也可以理解为一种用来定义变量的数据类型,只是用数组定义的变量,更便于存放批量数据。

【实例 5-1】 输入 5 个学生的课程成绩,计算并输出最高分。

通过前面的学习,可以提出以下思路。

思路一:定义变量 x 和 max,先输入第一个成绩给 x,并将其赋值给 max,即认为只有一个数时最大值就是这个数。再构造一个执行循环体 4 次的循环结构,依次输入并判断第 2~5 个数(后 4 个数)。具体在循环体中完成以下操作:输入一个成绩给 x,并执行语句"if(max < x) max=x;",同时更新 max 的值。最后在循环结束后输出 max 的值。对应的程序代码如下:

```
/* 实例 5-1 */
# include < stdio. h>
int main()
{
    int x, max, i;
    scanf(" % d", &x);
    max = x;
    for(i = 1; i < 5; i++)
```

```
    {
        scanf(" % d", &x);
        if(max < x)
            max = x;
    }
    printf("The max score is % d\n", max);
    return 0;
}
```

在前面的章节中,思路一描述了类似问题的常见解决方式。但若问题稍加复杂化,在前面的基础上如何实现继续输出所有低于该最高分的学生成绩?通过分析可以发现,完成这个任务,首先需要将所有学生的成绩保存,而思路一中的变量 x 只能保存一个学生的成绩,那么有没有更好的解决方法呢?

C 语言程序设计中,在处理类似数据量较大的问题时,使用数组是一种常见的方法。那么什么是数组呢?

(1) 数组可以理解为由相同类型的数据组成的数据集合。数组中的每一个数据称为数组的元素,不同的数组有不同的名称,也有不同的元素个数。如 5 个学生的成绩就是一个数组,在 C 语言中可以用语句"int a[5];"来定义,其中 int 表示数组中元素的数据类型为整型,a 表示数组的名称,5 表示数组 a 中的元素个数。

(2) 数组中的元素是有顺序的。为了方便,在定义数组后,每一个元素都分配到一个顺序号(从 0 开始计数),称为这个元素在该数组中的下标。如语句"int a[5];"定义了一个含有 5 个元素的数组 a,那到底是哪 5 个呢?它们依次为 a[0],a[1],a[2],a[3]和 a[4],可以看出第 1 个元素的下标为 0。

有了数组的概念后,再回到实例 5-1,通过分析可得以下思路。

思路二:定义一个包含 5 个元素的数组 a 和简单变量 max。依次输入第 1 个成绩给 a[0],输入第 2 个成绩给 a[1]……一直到输入第 5 个成绩给 a[4]。先将第一个成绩 a[0]赋值给 max,即认为只有一个成绩 a[0]时,最大值就是 a[0]。再构造一个执行循环体 4 次的循环结构,使用语句"if(max < a[i]) max=a[i];"依次判断第 2~5 个数(后 4 个元素值,i 为元素下标,从 1 取到 4,即表示第 2~5 个元素),同时更新 max 的值。对应的程序代码如下:

```
/* 实例 5-1 */
# include < stdio. h>
int main()
{
    int i, a[5];            /* 定义了 5 个元素的数组 a 表示 5 个学生成绩 */
    int max;                /* max 用来表示最高成绩 */
    for(i = 0; i < 5; i++)
        scanf(" % d", &a[i]);
    max = a[0];
    for(i = 1; i < 5; i++)
    {
        if(max < a[i])
            max = a[i];
    }
    printf("The max score is % d\n", max);
```

```
        return 0;
}
```

在上述程序的第一个循环中,i 的值从 0 取到 4 时,a[i]也从 a[0]变到 a[4]。若还想在此基础上继续输出所有低于最高成绩的学生成绩,只需在原程序的 printf 语句后添加以下程序段。

```
for(i = 0; i < 5; i++)
    if(a[i] < max)
        printf("%d\n", a[i]);
```

可见,将数组与循环相结合,可以方便、有效地处理批量数据,大大提高了工作效率。

5.2 一 维 数 组

一维数组是最简单的数组,它的数组元素只需要用数组名加一个下标就能确定,如前面介绍的学生成绩数组就是一个一维数组。

5.2.1 一维数组的定义

和其他简单变量相同,要使用数组,就必须先在程序中定义它。因为数组是一个有顺序的同种类型数据的数据集合,那么在定义数组时就需要已知或指定该数组的名称、数组中元素的个数以及元素的类型。如下面的数组定义:

```
float b[10];
```

表示定义了一个单精度浮点型数组,数组名称为 b,数组中有 10 个浮点型元素。

定义一维数组的一般形式为:

```
类型说明符  数组名[常量表达式];
```

说明:

(1) 类型说明符统一说明数组中各个元素的类型。

(2) 数组名的命名规则和一般变量名的命名规则相同。

(3) 数组名后必须是一对方括号[],不能是其他括号,而且方括号中为常量表达式,表示数组的元素个数,即数组的长度,不能包含变量,例如,可以这样定义:

```
#define N 5
int a[N];
```

但下面的数组定义是错误的:

```
int n = 5;
int a[n];
```

因为在第一种定义方式中使用的 N 是一个常量(符号常量),而第二种定义方式中使用的 n 则是一个整型的变量。在 Visual C++ 6.0 环境中编译时,也会出现相应的错误提示信息。

(4) 通过语句"int a[5];"定义的一维数组 a 包含 5 个数组元素,依次为 a[0],a[1],a[2],a[3]和 a[4],注意下标是从 0 开始的,不存在 a[5]这样的数组元素,而且这 5 个元素在内存中是按下标顺序依次对应分配内存空间的(见图 5-1)。

a[0]	a[1]	a[2]	a[3]	a[4]

图 5-1 一维数组的存储形式

5.2.2 一维数组的引用

在 C 语言中,变量被定义之后就可以被使用。数组也一样,在被定义之后,引用数组中的元素成为我们较关注的问题。注意:在 C 语言中,不能一次调用数组的所有元素,只能逐个引用数组的元素。引用一维数组元素的一般形式为:

数组名[下标值]

虽然数组元素的表示形式(必须标示下标,并置于"[]"中)与普通变量的表示形式(只有变量名)不同,但其使用方法与普通变量完全相同,对普通变量进行的输入、输出、引用和赋值等操作,对数组元素同样适用。如下列程序段中的语句均为合法语句:

```
int a, b, c[5];
scanf("%d", &a);
scanf("%d", &c[0]);
b = a + c[0];
printf("%d + %d = %d\n", a, c[0], b);
```

说明:

(1) 数组元素的下标必须为整型变量或整型表达式,否则编译环境会提示出错。

(2) 数组元素的下标取值范围为 $0 \sim N-1$(假设 N 为数组长度),编译环境一般不检测数组下标是否超出此范围。

(3) 定义数组时的"数组名[常量表达式]"和引用数组元素时的"数组名[下标]"形式相同,但含义不同,例如:

```
int a[5];        /* a[5]与类型 int 相结合,表示定义一个包含 5 个元素的整型数组 a */
a[2] = 8;        /* a[2]表示前面已经定义的数组 a 中序号为 2(第 3 个)的元素 */
```

【实例 5-2】 已知包含 6 个元素的数组 a,将其各元素依次赋值为 0,1,2,3,4,5,并逆序输出各元素的值。

分析:先给 6 个元素赋值,过程为 a[0]=0,a[1]=1,…,a[5]=5,可以发现赋值过程是一个 a[i]=i(i 为 0~5)的循环。逆序输出过程为:先输出 a[5],再输出 a[4],接着输出 a[3]……一直到输出 a[0],可以发现逆序输出过程也是一个输出 a[i](i 从 5~0)的循环。

程序代码如下:

```
/* 实例 5-2 */
# include < stdio. h >
int main()
{
    int i, a[6];
```

```
    for(i = 0; i < 6; i++)
        a[i] = i;
    for(i = 5; i >= 0; i--)
        printf("a[%d] = %d\n", i, a[i]);
    return 0;
}
```

说明：

（1）for 语句中用 i++ 和 i-- 分别来实现循环变量的递增和递减运算,进而控制数组元素的顺序和逆序引用。

（2）语句"printf("a[%d] = %d\n", i, a[i]);"则使用双引号中的格式字符串,控制输出的格式,方便结合数组的引用格式进行程序的理解。

程序运行结果如图 5-2 所示。

图 5-2　数组逆序输出结果

可见,在对一维数组进行操作时,操作的过程往往被抽象为关于数组元素下标规律性变化的子过程,使得一维数组常与循环结构相结合,达到有效处理数据的目的。

5.2.3　一维数组的初始化

和普通变量一样,数组也可以在定义的同时给其包含的数组元素赋值,即数组的初始化。一维数组初始化的一般形式为：

类型说明符　数组名[常量表达式] = {初始化列表};

根据需要,一维数组的初始化方法主要有以下几种。

（1）在定义数组时对数组的全部元素赋初值。例如：

int a[10] = {0,1,2,3,4,5,6,7,8,9};

将数组中每个元素的初值按顺序放在一对花括号内,数据间用逗号分隔。经过上面的初始化语句后,数组 a 中各元素的值如图 5-3 所示。

元素	a[0]	a[1]	a[2]	a[3]	a[4]	a[5]	a[6]	a[7]	a[8]	a[9]
值	0	1	2	3	4	5	6	7	8	9

图 5-3　数组 a 中各元素的值

（2）在定义数组时只对数组的部分元素赋初值。例如：

int a[10] = {0,1,2,3,4};

定义的数组 a 中包含 10 个元素,但花括号内只提供 5 个初值,这表示只给数组 a 的前 5 个元素赋初值,而后 5 个元素系统自动赋初值为 0。经过上面的初始化语句后,数组 a 中各元素的值如图 5-4 所示。

元素	a[0]	a[1]	a[2]	a[3]	a[4]	a[5]	a[6]	a[7]	a[8]	a[9]
值	0	1	2	3	4	0	0	0	0	0

图 5-4　数组 a 中各元素的值

(3) 如果想将一个数组中的元素全部初始化为 0,可以写成:

int a[10] = {0,0,0,0,0,0,0,0,0,0};

或

int a[10] = {0};　　/* 大括号中的 0 赋给第 1 个元素,其余元素均取系统默认值 0 */

(4) 在对全部数组元素赋初值时,由于初始化列表中的数据个数已经确定,中括号中的数组长度可以省略。例如:

int a[10] = {0,1,2,3,4,5,6,7,8,9};

也可以写成:

int a[ ] = {0,1,2,3,4,5,6,7,8,9};

在第 2 种写法中,系统会自动根据花括号中的数据个数得出当前数组的数组长度。

5.2.4　一维数组的程序举例

【实例 5-3】　输入 10 个整数到数组 a,计算并输出下标为偶数的元素之和。

分析:先依次输入 10 个整数赋值给数组 a 中的元素 a[0],a[1],…,a[9],并将下标为偶数的元素,即 a[0],a[2],a[4],a[6],a[8] 求和,为了方便可使用循环结构实现。

程序代码如下:

```
/* 实例 5-3 */
1    # include < stdio. h>
2    int main()
3    {
4        int i, a[10], sum = 0;
5        printf("Please input 10 numbers:\n");
6        for(i = 0; i < 10; i++)
7        scanf(" % d", &a[i]);
8        for(i = 0; i < 10; i += 2)
9        sum += a[i];
10       printf("sum = % d\n", sum);
11       return 0;
12   }
```

说明:从语句"scanf("%d", &a[i]);"可知,引用的一维数组元素和常规变量的使用方法类似。

程序运行结果如图 5-5 所示,其中第 8 行和第 9 行又等同于如下的程序段:

```
for(i = 0; i < 5; i ++)
    sum += a[2 * i];
```

图 5-5　数组 a 下标为偶数的元素之和

试想本例改为求数组 a 下标为奇数的元素之和,将如何实现?

【实例 5-4】　利用数组求 Fibonacci 数列的前 15 项,并按每行 5 个数的格式输出。

分析:Fibonacci 数列满足以下数学公式:

$$F_n = \begin{cases} 1, & n = 1, 2 \\ F_{n-1} + F_{n-2}, & n > 2 \end{cases}$$

在用数组(设为 Fib)存放该数列的前 15 项时,可根据公式建立对应关系:Fib[0]=1,Fib[1]=1,Fib[2]=Fib[1]+Fib[0],Fib[3]=Fib[2]+Fib[1],…,Fib[14]=Fib[13]+Fib[12],即在 Fib[0]=1,Fib[1]=1 的情况下,其他元素的值可根据 Fib[i]=Fib[i-1]+Fib[i-2](i 为 2~14)求取。另在输出时要实现每行 5 个数,只需在输出下标为 4(第 5 个)、9(第 10 个)、14(第 15 个)的元素后输出换行符'\n'即可。

程序代码如下:

```
/* 实例 5-4 */
# include < stdio. h>
int main()
{
    long Fib[15] = {1,1};            /* 前面两个元素的值为 1 */
    int i;
    for(i = 2; i < 15; i++)
        Fib[i] = Fib[i - 1] + Fib[i - 2];    /* 求取 Fib[2]~Fib[14]的值 */
    for(i = 0; i < 15; i++)
    {
        printf(" % 6ld", Fib[i]);
        if((i + 1) % 5 == 0)            /* 控制输出换行的位置 */
            printf("\n");
    }
    return 0;
}
```

说明:

(1) 使用数组对 Fibonacci 数列进行存储,并将数组名命名为 Fib 以增加程序的可读性。

(2) 程序中 Fib[i-1]和 Fib[i-2]表示数列中相对当前位置前两项的值,其中 i-1 和 i-2 分别表示对应数组元素的下标,因此,可从直观上判断 i 从大于或等于 2 的位置开始,这也是 for(i=2；i<15；i++)中 i=2 的部分原因。

程序运行结果如图 5-6 所示。

图 5-6　Fibonacci 数列的前 15 项

5.3　二　维　数　组

一维数组中的元素只需通过一个下标即可唯一确定,但在实际应用中,有很多数据需要通过两个或多个下标才能唯一确定。如表 5-1 中要表示"3 班第 2 个学生的成绩"就需要两个下标(班级编号和学号)唯一确定,这种用两个下标唯一确定一个元素的数组称为二维数组。可以发现,二维数组表示的就是一个矩阵,数组中的每个元素都需要通过在矩阵中所处的行号和列号来确定。同理还可以有三维甚至多维数组,它们的概念和用法基本类似。本节只介绍二维数组,在熟练掌握一维和二维数组后,多维数组的使用很容易通过类推而得到。

表 5-1　学生成绩表

班 级 编 号	学　　　　号			
	1	2	3	4
1	79	87	85	94
2	88	80	91	78
3	83	82	93	86
4	98	70	84	78
5	95	94	75	85

5.3.1　二维数组的定义

由于二维数组表示一个矩阵,因此在定义二维数组时,除了要指定二维数组的名称,还需要指定其行数和列数。定义二维数组的一般形式为:

类型说明符　数组名[常量表达式 1][常量表达式 2];

例如:

float b[3][4];

定义了一个 float 类型的二维数组,数组名称为 b,此数组第 1 维有 3 个元素(3 行),第 2 维有 4 个元素(4 列),且每一维的长度分别置于一对方括号中,该数组中共有 3×4 个元素,即

```
b[0][0], b[0][1], b[0][2], b[0][3]
b[1][0], b[1][1], b[1][2], b[1][3]
```

b[2][0], b[2][1], b[2][2], b[2][3]

可见,二维数组定义语句中"常量表达式 1"的值表示该矩阵的行数,"常量表达式 2"的值则表示该矩阵的列数。位于同一行的数组元素具有相同的行下标,而位于同一列的数组元素具有相同的列下标,因此,二维数组又可以理解为一个特殊的一维数组,如上述数组 b 就可以看作一个包含三个元素(b[0],b[1]和 b[2])的一维数组,只不过这三个元素(b[0],b[1]和 b[2])中的每个元素又是一个包含四个元素的一维数组,如下所示:

b[0]——b[0][0], b[0][1], b[0][2], b[0][3]
b[1]——b[1][0], b[1][1], b[1][2], b[1][3]
b[2]——b[2][0], b[2][1], b[2][2], b[2][3]

变量被定义后将被存放在内存中,C 语言中二维数组的元素在内存中是按行存放的,即在内存中先顺序存放第 1 行的元素,再顺序存放第 2 行的元素……直到最后一行元素存放完为止。如图 5-7 所示为前面定义的二维数组 b 在内存中的存储情况。

图 5-7　二维数组的存储形式

5.3.2　二维数组的引用

引用二维数组元素的一般形式为:

数组名[行下标值][列下标值]

例如,b[1][3]表示数组 b 中序号为 1 的行(即第 2 行)中序号为 3 的列(即第 4 列)的元素。下标应该是整型表达式,与一维数组一样,可以对二维数组元素进行输入、输出、引用和赋值等操作。例如:

```
int m = 0, n = 1, c[2][3];
scanf("%d%d", &c[m][n], &c[n][m]);
c[0][0] = c[m][n] + c[n][m];
printf("The first element is %d\n", c[0][0]);
```

说明:在引用二维数组的元素时,行或列的下标值均应在已定义的数组大小范围内。例如,语句"int a[3][3];"定义了一个 3×3 的二维数组 a,它的行或列下标的取值范围均为 0~2,所以数组 a 中不存在 a[3][3]这样的元素。

【实例 5-5】 从键盘输入一个 3×4 的整型矩阵给二维数组 a,并输出该矩阵的所有元素。

分析:可采用先行后列的顺序进行输入(或输出),并且通过一维数组的操作可知,在正确定义变量 j 的情况下,输入第 1 行元素的程序段可描述如下:

```
for(j = 0; j < 4; j++)
    scanf("%d", &a[0][j]);
```

输入第 2 行元素的程序段可描述如下:

```
for(j = 0; j < 4; j++)
```

```
        scanf(" % d", &a[1][j]);
```

通过观察可以发现,输入第 i 行元素的程序段可描述为:

```
for(j = 0; j < 4; j++)
    scanf(" % d", &a[i][j]);
```

而此程序中 i 的取值范围为 0~2,整理后的程序代码如下:

```
/ * 实例 5-5 * /
# include < stdio. h >
int main()
{
    int a[3][4], i, j;
    printf("Please input the matrix:\n");
    for(i = 0; i < 3; i++)
        for(j = 0; j < 4; j++)
            scanf(" % d", &a[i][j]);
    printf("The matrix data are:\n");
    for(i = 0; i < 3; i++)
    {
        for(j = 0; j < 4; j++)
            printf(" % 5d", a[i][j]);
        printf("\n");
    }
    return 0;
}
```

说明:从语句"scanf("%d", &a[i][j]);"可知,二维数组元素的引用与一维数组元素的类似,二维数组主要多了一个表示维度的下标。

程序运行结果如图 5-8 所示。试想本实例中若采用先列后行的顺序进行输入(或输出),将如何求解? 程序中语句"printf("\n");"的作用是什么,去掉后对输出结果有何影响?

图 5-8   二维矩阵的输入和输出

可见,与一维数据类似,对二维数组的操作也常会与循环结构相结合,只是二维数组用两个下标来确定元素,因此,对二维数组的操作一般会结合二重循环结构。二重循环语句中具体该如何嵌套取决于对二维数组操作时是先行后列还是先列后行。实例 5-5 的程序中对二维数组元素进行的输入和输出均为先行后列的顺序进行。

5.3.3   二维数组的初始化

二维数组的初始化方法主要有以下几种。

（1）通过嵌套一维数组初始化列表的方法顺序对二维数组的全部元素赋初值。例如：

```
int a[3][6] = {{ 1, 2, 0, 4, 6, 5 }, { 2, 4, 9, 0, 8, 1 }, { 7, 3, 5, 9, 2, 2 }};
```

这种方法将二维数组中每一行元素的初值置于花括号中，比较直观和方便地对程序代码进行检错，也被称为分行赋值方法。

（2）因为二维数组元素在内存中是按行存储的，所以方法（1）中的初始化语句也可以写作：

```
int a[3][6] = {1, 2, 0, 4, 6, 5, 2, 4, 9, 0, 8, 1, 7, 3, 5, 9, 2, 2};
```

与方法（1）相比，方法（2）更容易出现由于数据多而导致数据遗漏或错位等情况。

（3）在定义数组时，只对二维数组的部分元素赋初值。例如：

```
int a[3][6] = {{ 1 }, { 2, 4 }, { 7 }};
```

这种赋值方法相当于：

```
int a[3][6] = {{ 1, 0, 0, 0, 0, 0 }, { 2, 4, 0, 0, 0, 0 }, { 7, 0, 0, 0, 0, 0 }};
```

系统自动将没有初值的元素赋予初值0。又如：

```
int b[3][4] = {{ 1 }, { 2, 4 }, { 7 }};
```

在执行上述语句后，数组 b 的所有元素如下：

```
1 0 0 0
2 4 0 0
7 0 0 0
```

可以看出，这种初始化方法比较适合于非0元素少的数组，通过罗列少量的非0元素，减少数据输入的工作量。

（4）给二维数组部分元素赋初值时，又有如下形式：

```
int c[3][4] = {1, 2, 4, 7};
```

通过执行上述语句后，数组 c 的所有元素如下：

```
1 2 4 7
0 0 0 0
0 0 0 0
```

与方法（3）比较后可见，在对部分元素赋初值时，写或不写表示一行元素的花括号将代表着不同的意义。

在二维数组初始化时，也存在省略数组长度的情况，但只能省略第 1 维的长度（总行数），第 2 维的长度（总列数）不能省略，具体情况如下。

（1）对全部元素赋初值。例如：

```
int a[ ][4] = {{ 1, 2, 3, 4 }, { 2, 3, 4, 5 }, { 3, 4, 5, 6 }};
```

或

```
int a[ ][4] = { 1, 2, 3, 4, 2, 3, 4, 5, 3, 4, 5, 6 };
```

均等价于

```
int a[3][4] = { 1, 2, 3, 4, 2, 3, 4, 5, 3, 4, 5, 6 };
```

(2) 对部分元素赋初值,但在初始化列表中列出了全部行。例如:

```
int a[ ][4] = {{ 1, 2 }, { 2 }, { 3, 4, 5 }};
```

等价于

```
int a[3][4] = {{ 1, 2, 0, 0 }, { 2, 0, 0, 0 }, { 3, 4, 5, 0 }};
```

5.3.4 二维数组的程序举例

【实例 5-6】 输入一个 4×4 的整型矩阵,计算并输出主对角线的元素之和。

分析:在二维数组中主对角线元素的特点是行下标和列下标相等,在 4×4 的矩阵(假设名称为 a)中这些元素为 a[0][0],a[1][1],a[2][2],a[3][3],观察后可知,要求这些元素的和(设为 sum),只需重复执行语句"sum += a[i][i];",其中的取值范围 i 为 0~3。

```c
/* 实例 5-6 */
#include <stdio.h>
int main()
{
    int a[4][4], i, j, sum = 0;
    printf("Please input a 4*4 matrix:\n");
    for(i = 0; i < 4; i++)
        for(j = 0; j < 4; j++)
            scanf("%d", &a[i][j]);
    for(i = 0; i < 4; i++)
        sum += a[i][i];
    printf("sum = %d\n", sum);
    return 0;
}
```

说明:二维数组表示的方形矩阵中,主对角线元素的行、列下标是相等的,从元素引用 a[i][i] 中即可表达出该相等关系。

程序运行结果如图 5-9 所示。

图 5-9 矩阵主对角线之和

由于二维数组可以表示矩阵,所以关于矩阵的运算也常通过二维数组来实现。本例若改为求次对角线上的元素之和,将如何实现?

【实例 5-7】 输入 3 个学生 5 门课(3×5)的课程成绩到二维数组 score 中,计算并输出每个学生的平均成绩(保留两位小数)。

  分析：已知一个 3×5 的二维数组 a 用来存放输入的 3 个学生 5 门课的课程成绩,且各个成绩的数组元素的对应关系如表 5-2 所示。

表 5-2   二维数组 a 的元素和 3 个学生 5 门课的课程成绩数据对应关系

学 生 编 号	课 程 编 号				
	0	1	2	3	4
0	a[0][0]	a[0][1]	a[0][2]	a[0][3]	a[0][4]
1	a[1][0]	a[1][1]	a[1][2]	a[1][3]	a[1][4]
2	a[2][0]	a[2][1]	a[2][2]	a[2][3]	a[2][4]

  可以看出,第 1 个学生的平均成绩可通过(a[0][0]＋a[0][1]＋a[0][2]＋a[0][3]＋a[0][4])/5 计算,编程时常结合循环语句描述为 sum＋=a[0][j],j 从 0 取到 4,再用 sum/5 实现。而通过观察可知,计算第 2 个学生的平均成绩时只需将第 1 个学生计算过程中的 a[0][j] 改成 a[1][j] 即可,同理在计算第 3 个学生时改成 a[2][j],通过整理整个计算过程可描述为 sum＝0, sum ＋= a[i][j],j 从 0 取到 4,为内层循环控制变量,ave[i]＝sum/5, i 从 0 取到 2,为外层循环控制变量。

  程序代码如下：

```
/ * 实例 5-7 * /
# include < stdio. h >
int main()
{
    int i, j;
    float score[3][5], ave[3], sum = 0;
    printf("Please input the scores:\n");
    for(i = 0; i < 3; i++)
        for(j = 0; j < 5; j++)
            scanf(" % f", &score[i][j]);
    for(i = 0; i < 3; i++)
    {
        sum = 0;
        for(j = 0; j < 5; j++)
            sum += score[i][j];
        ave[i] = sum/5;
    }
    printf("The averages of student are:\n");
    for(i = 0; i < 3; i++)
        printf("student % d: % .2f\n", i + 1, ave[i]);
    return 0;
}
```

  说明：程序中的 float ave[3] 用于存放 3 个学生的平均成绩,可以进一步提高程序的可读性。

  程序运行结果如图 5-10 所示。

  在用二维数组解决问题时,按行顺序处理还是按列顺序处理是经常遇到的问题,在有些问题中按什么顺序都可以,但有些问题则不然,如实例 5-7 中就需要按行顺序处理,试想若按列顺序处理后计算结果代表什么意义。

图 5-10　3 个学生的平均成绩

5.4　字　符　数　组

字符数组是元素类型为字符类型的数组。与数值型数据相比,字符型数据不仅应用广泛,更有其自身的特点,为了方便掌握,本节专门对字符数组加以讨论。

5.4.1　字符数组和字符串

通过前面的内容可知,字符类型(char)是 C 语言中的一种基本数据类型,通过该数据类型说明的字符变量可用来存放单个的字符数据。字符常量是用一对单引号括起来的单个字符,如'H'。

字符数组是用来存放由多个字符组成的有限字符序列(即字符类型的批量数据)。对字符数组的定义、初始化和引用等操作可通过与其他类型数组相同的方式进行。

字符串是由 0 个或多个字符组成的特殊的有限字符序列。其中有 0 个字符的字符串称为"空字符串"或"空串",反之则称为"非空字符串"。字符串常量是用一对双引号括起来的多个字符,如"Hello"。

在 C 语言中没有字符串类型,字符串都是存放在字符数组中,以字符数组的形式表示的。但是与一般的字符序列不同,字符串的末尾一般都要有一个'\0'字符(即 ASCII 码值为 0 的字符,又称为空字符),用于表示字符串的结束,除此之外该字符不产生其他附加操作。因此,将字符串中第一个'\0'之前的有效字符个数称为该字符串的长度。其中字符串常量末尾的'\0'字符一般为隐藏的,由编译系统自动添加,而字符串变量(即用来存储字符串的字符数组)中的字符串结束符'\0'需要手工添加。例如:

(1) 字符串常量"Hello"一共包含 6 个字符,依次为'H'、'e'、'l'、'l'、'o'、'\0',其中最后的'\0'字符在字符串中是隐藏的,由系统自动添加,因此该字符串的长度为 5。

(2) 字符串常量"He\0llo"中一共包含 7 个字符,依次为'H'、'e'、'\0'、'l'、'l'、'o'、'\0',末尾的'\0'字符同样是隐藏的,由系统自动添加,但该字符串的长度却为 2,因为字符串在遇到字符序列中的第一个'\0'字符就已经结束。

(3) 在语句"char c[5]={'H','e','l','l','o'};"中,数组 c 中存放的字符序列不能作为字符串处理,因为该字符数组中存储的字符序列不存在字符串结束标志'\0',要表示字符串"Hello"可使用语句"char c[6]={'H','e','l','l','o', '\0'};"。

总之,在 C 语言中,字符数组中既可以存储一般的字符序列又可以存储字符串,但在存储字符串时还要在字符串的结束位置多存储一个字符串结束标志'\0',否则计算机将不知道字符串在什么地方结束。一个一维字符数组可用于存放一个字符串,多个字符串则可以存放于二维字符数组中,即每行存放一个字符串。

5.4.2　字符数组的定义和初始化

字符数组的定义形式与前面介绍的其他类型数组的定义相同。

1. 字符数组的定义

定义字符数组的一般形式为:

char 数组名[常量表达式];
char 数组名[常量表达式 1] [常量表达式 2];

例如:

char a[5];　　　　　　　　/ * 定义了一维字符数组 a,它有 5 个元素 * /
char b[3][5];　　　　　　 / * 定义了 3×5 的二维字符数组,它有 3 行 5 列共 15 个元素 * /

2. 字符数组的初始化

(1) 在定义字符数组时按顺序给字符数组的所有元素赋初值。例如:

char　c[12] = { 'H', 'o', 'w', ' ', 'a', 'r', 'e', ' ', 'y', 'o', 'u', '\0' };

此时又等价于

char　c[ ] = { 'H', 'o', 'w', ' ', 'a', 'r', 'e', ' ', 'y', 'o', 'u', '\0' };

其中,' '表示一个空格字符,即用单引号将一个空格字符括起来。执行上述语句后数组元素的取值情况如图 5-11 所示。

c[0]	c[1]	c[2]	c[3]	c[4]	c[5]	c[6]	c[7]	c[8]	c[9]	c[10]	c[11]
H	o	w		a	r	e		y	o	u	\0

图 5-11　字符数组 c 的元素取值

(2) 在定义字符数组时按顺序只给字符数组的部分元素赋初值。例如:

char　a[8] = { 'T', 'h', 'a', 'n', 'k', 's' };

在此情况下,系统自动将不提供初值的元素赋为空字符'\0'。执行上述语句后数组元素的取值情况如图 5-12 所示。

a[0]	a[1]	a[2]	a[3]	a[4]	a[5]	a[6]	a[7]
T	h	a	n	k	s	\0	\0

图 5-12　字符数组 a 的元素取值

(3) 由于字符数组可以用来存放字符串,为了方便,可以直接使用字符串常量为字符数组进行初始化。

char　a[8] = { "Program" };

等价于

```
char    a[8] = "Program";
```

可见,在用字符串常量直接对字符数组初始化时,初值化列表的花括号可以省略。

说明:

① 在用字符串常量直接对字符数组初始化时,表示数组长度常量表达式可以省略,此时数组的长度为字符串的长度加 1。例如:

```
char a[ ] = "Morning";
```

上面的语句中,字符数组 a 的长度为 8,因为除了字符串中的 7 个字符外,系统会自动将字符串结束标志'\0'也存储在数组中,数组 a 的存储情况如图 5-13 所示。

	a[0]	a[1]	a[2]	a[3]	a[4]	a[5]	a[6]	a[7]
	M	o	r	n	i	n	g	\0

图 5-13   数组 c 的实际存储情况

② 在用二维字符数组存储字符串时也可使用本方法进行初始化。例如:

```
char    c[3][10] = {"Apple", "Orange", "Mandarin"};
```

在执行上述初始化语句后,二维字符数组 c 的实际存储情况如图 5-14 所示。

A	p	p	l	e	\0	\0	\0	\0	\0
O	r	a	n	g	e	\0	\0	\0	\0
M	a	n	d	a	r	i	n	\0	\0

图 5-14   二维字符数组 c 的实际存储情况

5.4.3 字符数组的输入和输出

字符数组的输入和输出方法不止一种,具体如下。

1. 逐个字符输入和输出

此方法和其他类型数组元素的输入输出方法类似,通过与循环结构相结合,对数组中的元素逐个进行输入和输出,只不过字符的格式字符串为"%c"。例如:

```
程序一(运行结果如图 5-15 所示):
# include < stdio.h >
int main()
{
    int i;
    char str[10];
    for(i = 0; i < 10; i++)
        scanf(" % c", &str[i]);

    for(i = 0; i < 10; i++)
        printf(" % c", str[i]);
    return 0;
}
```

```
程序二(运行结果如图 5-16 所示):
# include < stdio.h >
int main()
{
    int i;
    char str[10];
    for(i = 0; i < 9; i++)
        scanf(" % c", &str[i]);
    str[i] = '\0';       / * i 的值为 9 * /
    for(i = 0; i < 10; i++)
        printf(" % c", str[i]);
    return 0;
}
```

图 5-15 程序一的运行结果

图 5-16 程序二的运行结果

程序一用于逐个输入 10 个字符到字符数组 str 中,然后逐个输出这 10 个字符。

在实际应用中,字符数组往往被用于存放字符串,而要使程序一的数组 str 也存放从外部输入的字符串,就需要添加字符串结束符'\0',可将其修改为程序二的方式。

通过对比两个程序的代码及运行结果可见:

(1) 在字符数组中存放字符串时,需要在字符串尾部对应的位置提供一个元素(在此为 str[9])用于存放一个字符串结束符'\0'。

(2) 字符串结束符'\0'不能以"%c"格式从外部输入,只能进行手工赋值,如语句"str[i] = '\0';"。

(3) 字符'\0'在用"%c"格式输出时表现为一个空格。从输出结果的格式中可以看出,程序二在"Press any key to continue..."之前还输出了一个空格,而这个空格正是字符'\0'。

(4) 当字符数组用于存放字符串时,与循环结构相结合的输入和输出方法还不够灵活。程序二中语句"char str[10];"表明数组 str 中可以存放小于或等于 9 个有效字符的字符串,而根据当前程序二的输入方法,在程序运行时必须输入 9 个字符,少于 9 个字符时程序将一直运行在等待输入状态。为了更加方便地处理字符串,可用下面的方法进行字符数组的输入和输出。

2. 整个字符串输入和输出

此方法使用格式符"%s",可一次性对数组元素进行输入和输出。例如以下程序:

```
/* 示例程序 */
# include < stdio.h>
int main()
{
    char str1[8], str2[8], str3[ ] = " Year!";
    printf("Please input two strings:\n");
    scanf("% s% s", str1, str2);                    /* 输入两个字符串 */
    printf("str1 = % s, str2 = % s, str3 = % s\n", str1, str2, str3); /* 输出字符串 */
    return 0;
}
```

程序运行结果如图 5-17 所示。

图 5-17 示例程序的运行结果

第 5 章

数　　组

说明：

(1) 在用 scanf 和 printf 函数输入和输出字符串时,格式字符串"％s"对应的输出项为字符数组的名称,而非某个数组元素。如语句"scanf("％s％s", str1, str2);"不能写成语句"scanf("％s％s", str1[1], str2[1]);"。

(2) 在以"％s"格式输入字符串时,系统自动会在输入结束时添加字符'\0'到存储该字符串的字符数组中,因此,输入的字符串长度必须小于或等于该字符数组的长度减1。例如执行下面的程序段时：

```
char str[8];
scanf("％s", str);
```

输入内容：Morning↙后,字符数组 str 的元素依次为'M','o','r','n','i','n','g','\0'。

(3) 在以"％s"格式输出字符串时,遇到第一个'\0'就结束输出,且不包括'\0'。例如下面的语句：

```
char str[ ] = "Good\0Morning!";
printf("％s", str);
```

执行后输出一个字符串"Good",字符串结束符'\0'以后的字符不输出。

(4) 用 scanf 函数输入多个字符串时,系统会把空格、Enter 键或 Tab 键作为输入字符串之间的分隔符,因此,按"％s"格式输入的字符串中不能包含空格(具体见图 5-17)。

3. 使用字符串处理函数输入和输出

为了方便,在 C 函数库中提供了专门输入和输出字符串的函数：gets 和 puts,解决了用"％s"格式输入时不能输入空格等问题。和其他输入和输出函数一样,使用这两个函数时,应在程序的开始位置加上文件包含预处理命令：

```
# include < stdio.h>
```

(1) gets 函数。

gets 函数用于输入字符串,其使用的一般形式为：

```
gets(字符数组名称);
```

其作用是从键盘输入一个以 Enter 键结束的字符串(可以包括空格和 Tab 键),在输入结束时,系统自动将结尾的 Enter 键转化为'\0'并存入字符串尾部。例如执行下面的程序段时：

```
char s[10];
gets(s);
```

输入内容：Mary↙后,数组 s 的前 5 个元素依次为'M','a','r','y','\0',剩余的 5 个元素没有被赋初值。

(2) puts 函数。

与 gets 函数相对应,puts 函数用于输出字符串,其使用的一般形式为：

```
puts(字符串常量或字符数组名称)
```

其作用是将一个字符串(以'\0'结束的字符序列)输出到屏幕,输出时将字符串结束标志'\0'转换成'\n',即输出字符串内容后再换行。例如执行语句"puts("Oh，My God!");"后的输出结果如图 5-18 所示。

图 5-18　示例语句的输出结果

5.4.4　常用字符串处理函数

除了字符串的输入和输出,C 函数库中还提供了一些专门用来处理字符串的函数,如计算字符串的长度等。使用这些函数时,应在程序的开始位置加上文件包含预处理命令:

```
# include < string.h>
```

以下对常见的字符串处理函数进行介绍。

1. strlen 函数——测试字符串(string)长度(length)的函数

strlen 函数的一般格式如下:

strlen(字符串常量或字符数组名称)

函数返回值的数据类型是整型,返回值的大小表示被测试字符串的长度(不包括'\0')。若字符串为空串,则返回值为 0。例如:

```
char   str[10] = "Mary";
printf(" % d", strlen(str));
```

程序段执行后的输出结果为:

4

说明:这里字符数组 str 的长度(即方括号中的数字)为 10,而字符串的长度为 4。

2. strcat 函数——字符串(string)连接(catenate)函数

strcat 函数的一般格式如下:

strcat(字符数组 1, 字符数组 2 或字符串常量)

strcat 函数的主要功能为将字符数组 2 或字符串常量连接到字符数组 1 的后面,形成一个新的字符数组,且保存在字符数组 1 中。函数的返回值为字符数组 1 的地址。例如:

```
char   str1[20] = "Micro";
char   str2[ ] = "soft";
printf(" % s", strcat(str1,str2));
```

程序段执行后的输出结果为:

Microsoft

说明:使用 strcat 函数连接两个字符串时,字符数组 1 的存储空间必须足够大,足以存放连接后的新字符串。连接时,字符串 1 后面的'\0'取消,只在新字符串最后保留'\0'。

3. strcpy 函数——字符串(string)复制(copy)函数

strcpy 函数的一般格式如下:

strcpy(字符数组 1, 字符数组 2 或字符串常量)

strcpy 函数的主要功能为将字符数组 2 或字符串常量中的内容复制到字符数组 1 中,连同字符串结束标志'\0'也一起复制,字符数组 1 中原来的内容被覆盖。例如:

```
char   str1[] = "Chinese", str2[] = "English";
strcpy(str1, str2);
strcpy(str2, "French");
puts(str1);
puts(str2);
```

程序段执行后的输出结果为:

```
English
French
```

说明:不能用赋值语句将字符数组(或字符串)直接赋值给另一个字符数组。例如,下面的写法是错误的:

```
s1 = s2;
s2 = "Windows";
```

错误的原因是 s1、s2 都是字符数组名,而 C 程序中数组一经定义,数组名就代表了该数组的首地址,在程序执行过程中始终不变,它是一个常量。常量是不能出现在赋值表达式左边的。

4. strcmp 函数——字符串(string)比较(compare)函数

strcmp 函数的一般格式如下:

strcmp(字符串 1, 字符串 2)

strcmp 函数的主要功能为比较字符串 1 和字符串 2 的大小,并将比较结果返回。

C 语言中字符串的比较规则是对两个字符串中包含的有效字符从左向右依次逐个比较,直到出现不同的字符或遇到结束符'\0'为止。当出现不同的字符时,则返回这两个不同字符的 ASCII 码值之差,并认为这两个字符串不相等。反之,当两个字符串的全部字符都相同,则返回 0,并认为这两个字符串相等。返回值与比较结果的具体对应关系如下。

(1) 当字符串 1=字符串 2 时,函数返回值为 0。

(2) 当字符串 1>字符串 2 时,函数返回值为大于 0 的整数。

(3) 当字符串 1<字符串 2 时,函数返回值为小于 0 的整数。

例如:

```
int r1, r2, r3;
char   s1[] = "Word", s2[] = "Excel";
r1 = strcmp(s1, s2);
r2 = strcmp("PowerPoint", s1);
r3 = strcmp(s1, "Word");
```

以上程序段运行后有 r1＞0，r2＜0，r3＝0。

说明：不能用关系运算符"＞、＞＝、＜、＜＝、＝＝"来比较两个字符串的大小。例如，以下描述是不合法的：

if(s1 > s2)

正确的写法为：

if(strcmp(s1, s2)>0)

且判断两个字符串是否相等的表达式为：strcmp(s1,s2)＝＝0。

5. strupr 函数——字符串（string）转换为大写（uper）函数

strupr 函数的一般格式如下：

strupr(字符串)

strupr 函数的主要功能为将字符串中的所有小写字母转换成大写字母，其他字符保持不变。

6. strlwr 函数——字符串（string）转换为小写（lower）函数

strlwr 函数的一般格式如下：

strlwr(字符串)

strlwr 函数的主要功能为将字符串中的所有大写字母转换成小写字母，其他字符保持不变。

例如：

```
char  str1[6] = "CHinA";
printf(" % s\n", strlwr(str1));
printf(" % s\n", strupr(str1));
```

程序段执行后的输出结果为：

```
china
CHINA
```

5.4.5　字符数组的程序举例

【**实例 5-8**】　输入一个由字母组成的字符串（少于 20 个字符），将其转换为纯大写字母后输出（不使用 strupr 函数）。

分析：定义一个一维数组用以存放外部输入的字符串，依次扫描并检测该一维数组中的每个元素，若检测到当前元素为小写字母，则将其转换为大写字母，一直扫描到字符串结束符'\0'为止，大写字母与小写字母的关系为：大写字母＝小写字母－32。

程序代码如下：

```
/ * 实例 5-8 * /
# include < stdio. h>
int main()
{
```

```
        char str[20];
        int i;
        printf("Input a string:\n");
        scanf("%s", str);
        for(i = 0; str[i] != '\0'; i++)
            if(str[i] >= 'a' && str[i] <= 'z')
                str[i] -= 32;                    /* 将小写字母转换为大写字母 */
        printf("str = %s\n", str);
        return 0;
    }
```

说明:

(1) 语句"scanf("%s", str);"中的 str 前面不需要添加取地址符号 &,因为 str 自身即表示地址,具体参考数组与指针部分的内容。

(2) 程序中用"str[i] != '\0'"作为循环条件来判断当前字符是否为'\0',由于字符'\0'的 ASCII 码值为 0,因此,以上表达式亦可以写作"str[i] != 0"或"str[i]",逻辑上表示字符串未结束。

程序运行结果如图 5-19 所示。

图 5-19　小写字母转换为大写字母

【实例 5-9】 输入任意三个字符串(每个字符串少于 15 个字母),按从小到大的顺序排序并输出。

分析:将三个字符串分别输入 3×15 的二维字符数组 s 中,假设输入后数组的存储形式如图 5-20 所示。

A	c	k	n	o	w	l	e	g	e	m	e	n	t	\0
C	a	l	c	u	l	a	t	o	r	\0				
C	o	n	c	e	i	v	a	b	l	e	\0			

图 5-20　三个示例字符串的存储形式

可将数组的每一行看作一个一维数组,则三个一维数组依次为 s[0],s[1],s[2],且将三个字符串排序的操作可用以下三步完成。

(1) 比较 s[0]和 s[1],如果 s[0]>s[1],则交换 s[0]和 s[1]的内容。

(2) 比较 s[0]和 s[2],如果 s[0]>s[2],则交换 s[0]和 s[2]的内容,此时 s[0]的内容已经为三个字符串的最小值。

(3) 比较 s[1]和 s[2],如果 s[1]>s[2],则交换 s[1]和 s[2]的内容。

程序代码如下:

```
/* 实例 5-9 */
#include <stdio.h>
```

```
# include < string. h>
int main()
{
    char sTemp[15], s[3][15];
    int i;
    printf("Input three strings:\n");
    for(i = 0; i < 3; i++)
        gets(s[i]);
    if(strcmp(s[0], s[1]) > 0)
    {
        strcpy(sTemp, s[0]); strcpy(s[0], s[1]); strcpy(s[1], sTemp);
    }
    if(strcmp(s[0], s[2]) > 0)
    {
        strcpy(sTemp, s[0]); strcpy(s[0], s[2]); strcpy(s[2], sTemp);
    }
    if(strcmp(s[1], s[2]) > 0)
    {
        strcpy(sTemp, s[1]); strcpy(s[1], s[2]); strcpy(s[2], sTemp);
    }
    printf("The strings sorted are:\n");
    for(i = 0; i < 3; i++)
        puts(s[i]);
    return 0;
}
```

说明:

(1) 变量 sTemp 表示临时字符串,用 temp 来参与命名,增加程序可读性。

(2) 程序中"strcpy(sTemp, s[0]); strcpy(s[0], s[2]); strcpy(s[2], sTemp);"与整型变量下的程序段"t=a;a=b;b=t;"类似,实现字符串 s[0]和 s[2]的内容互换。注意:这里是三条语句,因此,各 if 语句的花括号{}不能省略。

程序运行结果如图 5-21 所示。

图 5-21　三个字符串按从小到大的顺序排序

5.5　数组与指针

指针是 C 语言中的一种重要数据类型,通过前面的章节已对指针有了基本的认识,灵活地使用指针,可以方便、有效地组织和表示复杂的数据结构,本节主要介绍如何用指针访问数组元素。

5.5.1 使用指针处理数组元素

在了解指针的基础上,本节将再结合数组使用,因为指针和数组有着密切的关系,几乎所有使用数据下标来实现的操作均可由指针来完成。

1. 使用指针处理一维数组

数组是由一组有序的、具有相同数据类型的数据构成的集合。在使用数组时可通过下标来访问其中的元素,且这些数组元素在内存中是按下标顺序连续存放的,换句话说,它们的地址也是按下标顺序连续的。如图 5-22 所示即为以下数组 a 对应的内存分布情况。

int a[5] = { 5, 10, 15, 20, 25 };

	a[0]	a[1]	a[2]	a[3]	a[4]	
…	5	10	15	20	25	…

图 5-22　数组 a 的存储形式

从图 5-22 中可以看出,如果知道元素 a[2] 的地址 p,那么 p+1 就是 a[3] 的地址,p-1 就是 a[1] 的地址,而且除第一个元素 a[0] 和最后一个元素 a[4] 外,所有的元素都有这样的规律。对于当前元素 a[0],虽然 p+1 将得到 a[1] 的地址,但 p-1 得到的地址已经超出数组 a 所分配的内存空间,对该内存空间的访问极有可能导致非法操作;同理,对于元素 a[4],对地址 p+1 指向的内存进行访问也可能导致非法操作。

因此,对于数据 a 中的非首尾元素 a[i],如果其指针为 p,均有 p+1 指向 a[i+1],p-1 指向 a[i-1];而对于数组的首尾元素,当 p+1 或 p-1 不超出数组分配内存范围时同样成立。

【实例 5-10】　使用指针访问数组元素。

具体程序代码如下:

```
/* 实例 5-10 */
# include < stdio.h >
int main()
{
    int a[5] = { 10, 11, 12, 13, 14 };
    int * p0 = &a[0], * p3 = &a[3];              //用 &a[0]取 a[0]的地址
    printf(" %d, %d\n", a[0], * p0);             //用 * p0 取 p0 所指向的变量
    printf(" %d, %d\n", a[1], * (p0 + 1));
    printf(" %d, %d, %d\n", a[2], * (p0 + 2), * (p3 - 1));
    return 0;
}
```

说明:语句“int * p0 = &a[0], * p3 = &a[3];”中定义了两个指针变量,即 int * p0, * p3;这里的第二个星号不能省略。

程序运行结果如图 5-23 所示。

函数中第 2 条语句将 a[0] 的地址赋给指针 p0,将 a[3] 的地址赋给指针 p3;紧接着执行第 1 条 printf() 语句时,将输出 a[0] 的值和 * p0 的值,而由于 p0 本来就指向 a0,故在此的

图 5-23　使用指针访问数组元素

a[0]和 * p0 是等价的,因此将输出两次 a[0]的值;同理,在执行第 2 条 printf()语句时,由于(p0＋1)是指向 a[1]的,最终也将输出两次 a[1]的值;对于第 3 条 printf()语句,由于指针 p3 是指向元素 a[3]的,所以 p3－1 是指向 a[2]的, * (p3－1)就表示 a[2],故第 3 个 printf()函数将输出 3 次 a[2]的值。

通过实例 5-10 得知,在定义数组后,要使用指针来访问数组元素,只需已知其中某个元素的地址以及对应的下标即可。可以根据元素间的相对位置对当前指针进行"偏移"操作来得到要访问元素的地址,进而通过取内容运算符访问到该元素,如实例 5-10 中的 * (p0＋2)和 * (p3－1)。但相比之下,因为数组元素在内存中是连续存储的,因此更关注第一个元素的地址(又称为数组的首地址),具体见实例 5-11。

【实例 5-11】　通过数组的首地址来访问数组元素。

具体程序代码如下:

```c
/ * 实例 5-11 * /
# include < stdio. h >
int main()
{
    int a[5] = { 10, 11, 12, 13, 14 }, i;
    int * p0 = &a[0];                    //&a[0]为数组的首地址
    for(i = 0; i < 5; i ++)
        printf(" % d\n", * (p0 + i));     // * (p0 + i)等价于 a[i]
    return 0;
}
```

程序运行结果如图 5-24 所示。

图 5-24　数组首地址的使用

在使用首地址后访问数组元素的编写方式:

```c
printf(" % d\n", * (p0 + i));
```

不使用地址而直接使用数组元素的编写方式:

```
printf("%d\n", a[i]);
```

两种编写方式非常类似,可以很容易地将一种方式改写为另一种方式。两种编写方式最大的区别在于使用指针时,需要添加类似"int * p0 = &a[0];"的语句来定义首地址,那么有没有更简略的方式呢? 回答是肯定的。

其实,在了解指针及地址的知识后,在此需要对数组定义语句:

```
int a[5];
```

进行一个补充说明,在该语句中 a 除了表示数组的名称外,还表示数组的首地址,即

(1) a 既表示包含 5 个整型元素的数组名称,又表示一个地址。

(2) a 表示的是首地址,即 a 等价于 &a[0]。

于是,实例 5-11 的代码又可改写为如下方式:

```
/* 实例 5-11 */
# include < stdio. h >
int main()
{
    int a[5] = { 10, 11, 12, 13, 14 }, i;
    int * p0 = a;                            //a 相当于 &a[0]
    for(i = 0; i < 5; i ++)
        printf("%d\n", * (p0 + i));          // * (p0 + i)等价于 a[i]
    return 0;
}
```

由语句"int * p0 = a;"中可知 p0 和 a 等价,进一步可以改写为如下方式:

```
/* 实例 5-11 */
# include < stdio. h >
int main()
{
    int a[5] = { 10, 11, 12, 13, 14 }, i;
    for(i = 0; i < 5; i ++)
        printf("%d\n", * (a + i));           // * (a + i)等价于 a[i]
    return 0;
}
```

可通过程序运行结果验证,它们确实有相同的功能,且第二种改写方式更为简略,更加接近于不用指针时的编写方式,当然程序中的语句"printf("%d\n", * (a+i));"还可写作:

```
printf("%d\n", p0[i]);                        //p0 和 a 等价,p0[i] 和 a[i]等价
```

至此,我们对使用指针访问数组做如下总结。

(1) 数组名称也是数组的首地址,因此语句:

```
int a[5], * p;
p = &a[0];
```

等价于

```
int a[5], * p;
p = a;
```

或

```
int a[5], * p = a;
```

但不能写作：

```
int * p = a, a[5];
```

因为数组 a 需要先定义后使用，在执行 p=a 时，a 还未定义。

（2）在有语句"int a[5], * p=a;"之后，描述下标为 i 的元素可有以下 4 种等价方法。

- a[i]
- p[i]
- * (a+i)
- * (p+i)

注意：p 和 a 还是有区别的：a 为数组的首地址，在数组被定义时被系统统一分配，在整个程序运行时是不会变化的，因此是常量；p 为整型指针，可以指向任何一个整型数据，包括数组 a 中的某个数组元素，因此是变量。所以不能对 a 进行 a++ 等自增或自减操作，而 p 则可以，如执行 p++ 后，p 将指向数组中的下一个元素。

点拨：在语句"int a[5], * pA=a;"和"float b[5], * pB=b;"中，pA+1 与 pB+1 也是有区别的，因为指针变量的加减和指针本身的类型是相关的，由于 pA 为整型指针，pA+1 代表 pA 向后移动一个 int"单位"（即 4 字节）后得到的地址值，而 pB+1 时移动的"单位"为一个 float 型变量所占的字节数（即 4 字节）。

【**实例 5-12**】　利用指针来计算数组的最大值和最小值及其位置。

根据前面相应的数组实例分析，可知只需将相应部分的描述使用指针替换即可，具体程序代码如下：

```
/ * 实例 5-12 * /
# include < stdio. h>
int main()
{
    int a[10], * p = a, * pMin, * pMax, i;
    printf("Input 10 numbers:\n");
    for(i = 0; i < 10; i ++)
        scanf("% d", p + i);
    pMin = pMax = a;
    p = a + 1;
    for(i = 1; i < 10; i++, p++)
    {
        if( * p > * pMax)
            pMax = p;
        if( * p < * pMin)
            pMin = p;
```

```
    }
    printf("Min is a[%d], its value is %d\n", pMin - a, * pMin);
    printf("Max is a[%d], its value is %d\n", pMax - a, * pMax);
    return 0;
}
```

说明：

(1) 语句"scanf("%d", p+i);"中 p+i 相当于 a+i，即变量 a[i] 的地址。

(2) 语句 i++，p++ 中相当于两个循环变量同步递增，以实现与数组元素的依次比较。

程序运行结果如图 5-25 所示。

图 5-25　使用指针计算最大值和最小值及其位置

　　程序中主要分为数据输入、比较及输出三部分。在输入时，使用 p+i 的形式来获取当前元素的地址，并作为 scanf 函数中的参数传入，随着 i 的变化，p+i 总是得到当前元素的内存地址，使得输入的值能准确赋给相应的元素；在比较部分则使用 p++ 的方式，通过直接修改指针 p 的值，来完成指向当前元素的指针变换，使得在当前元素处理结束时，通过 p++ 将指向当前元素的指针 p 指向下一个元素，并进入下一次循环，一直到循环结束，且通过 * pMax，* pMin 来指代当前得到的最大值及最小值，通过与所有循环中的 * p 进行比较并更新后，得到的 pMax 和 pMin 即指向最大值和最小值所在的存储单元；在输出部分，为了得到最大值和最小值的下标值，直接使用类似于 pMax-a 和 pMin-a 的方式来计算指针 pMax(或 pMin) 与数组的首地址 a 之间的元素个数，使得整个程序满足题目要求。

　　在使用类似 p++ 的指针运算时，还需要注意以下几种常见的指针运算相关表达式，更需要注意其中的运算次序。

(1) (* p)++：先取 * p 的值，再将该值加 1 并存入 p 指向的内存空间。

(2) ++(* p)：先取 * p 的值，将该值加 1 并存入 p 所指的内存空间后，再取 * p 的值。

(3) (* p)--：先取 * p 的值，再将该值减 1 并存入 p 指向的内存空间。

(4) --(* p)：先取 * p 的值，将该值减 1 并存入 p 所指的内存空间后，再取 * p 的值。

(5) * p++：先取 * p 的值，再执行 p++，使得 p 指向下一个元素的内存单元。

(6) * ++p：先执行 p++，使得 p 指向下一个元素的内存单元，再取 * p 的值。

(7) * p--：先取 * p 的值，再执行 p--，使得 p 指向上一个元素的内存单元。

(8) * --p：先执行 p--，使得 p 指向上一个元素的内存单元，再取 * p 的值。

为了进一步了解以上几种表达式运算过程，可对照以下示例的运行结果。

```
/ * 示例程序 * /
# include < stdio. h>
int main()
```

```
{
    int a[10] = {1, 2, 3, 4, 5, 6, 7, 8, 9, 10}, * p = a, n;
    n = * p++;
    printf("n = % d\n", n);
    n = * ++p;
    printf("n = % d\n", n);
    n = ( * p)++;
    printf("n = % d\n", n);
    n = ( * p)++;
    printf("n = % d\n", n);
    return 0;
}
```

程序运行结果如图 5-26 所示。

图 5-26　示例程序的运行结果

2. 使用指针处理多维数组

和一维数组类似，也可以将指针指向多维数组中的元素，通过该指针对多维数组的元素进行访问和处理，为了便于理解，在此以二维数组为例进行描述。

先回顾一下二维数组的一些特性，对于一个包含 3 行 4 列的二维数组定义语句：

```
float b[3][4];
```

可将其理解为一个包含三个复杂元素（b[0]，b[1]和 b[2]）的一维数组，每个复杂元素对应二维数组的一行，每个复杂元素内部又包含四个较简单的 float 型元素，具体对应关系如下。

b[0]——b[0][0]，b[0][1]，b[0][2]，b[0][3]

b[1]——b[1][0]，b[1][1]，b[1][2]，b[1][3]

b[2]——b[2][0]，b[2][1]，b[2][2]，b[2][3]

且整个二维数组以先行后列的形式连续存放在内存中，如图 5-27 所示。

接下来我们来讨论二维数组中的指针情况，主要根据数组的名称，即数组的首地址来进行分析。

对于某一行（以 i 为下标）数据，它是一个以 b[i] 为名称的一维数组，因此，b[i] 本身就是一个指针，表示该行中第一个元素的

图 5-27　二维数组的存储

地址，即 b[i] 与 &b[i][0] 或 *b[i] 与 b[i][0] 等价，通过对 b[i] 进行加减操作即可访问到该行的其他元素，如 b[i]+2 表示元素 b[i][2] 的地址，*(b[i]+2) 即为元素 b[i][2]。

对于整个二维数组，共有三个元素且数组名称为 b，则 b 就是首地址，表示这三个元素

第 5 章

中第一个元素的地址,即 b 与 &b[0]或 * b 与 b[0]等价,又因为将 b 看作一维数组时该数组中的元素为二维数组中的一行,所以对 b 进行的加减操作将每行元素所占的字节数为"单位"进行,即 b+i 表示下标为 i 的行的地址,而该行的地址总是用首地址来表示,即 b[i]与 &b[i][0]等价,综合两种等价关系可知, * (* b)与 * (b[0])和 b[0][0]均等价,注意:在此的二维数组名称 b 前面有两个" * ",当数组为三维数组或更多维数组时,类似的规律同样存在,当然该等价关系也可以表示为 * b 与 b[0]和 &b[0][0]均等价,它们表达相同的意思,只是在描述上有所不同。

以上描述中的结论也可通过对数组的内存分布情况分析得到,同时,由于存在较多的等价描述方式,同一功能又可写作多种方式。

【实例 5-13】 使用指针的方式输入整型数组的元素值,计算并输出这些元素的和。

结合前面相应的数组实例分析,将相应部分的描述使用指针替换,具体程序代码如下:

```c
/* 实例 5-13 */
#include <stdio.h>
int main()
{
    int b[3][4], i, j, sum = 0;
    printf("Please input a 3 * 4 matrix:\n");
    for(i = 0; i < 3; i ++)
        for(j = 0; j < 4; j ++)
            scanf("%d", b[i] + j);
    for(i = 0; i < 3; i ++)
        for(j = 0; j < 4; j ++)
            sum += * (b[i] + j);
    printf("sum = %d\n", sum);
    return 0;
}
```

说明:表达式 b[i]+j 用于表示数组 b 中行下标为 i、列下标为 j 的元素地址。

程序运行结果如图 5-28 所示。

图 5-28　借助数组首地址来计算数组元素的和

3. 由指针组成的数组

在使用指针方式处理数组元素时,按照习惯常将数组的名称(即数组的首地址)赋给某个指针变量,再使用该指针变量来进行处理。例如:

```c
int a[5], * p = a;
```

语句中将一维数组的名称(即首地址)直接赋值给指针变量 p,此时使得 p 和 a 几乎等价,在指定数组 a 的元素时可以直接使用 p[i]代替 a[i],p 和 a 除了一个为变量、另一个为常量之外,几乎没什么区别。但这种情况仅限于一维数组中。例如：

```
float array[2][3], * pTemp = array;
```

语句中将二维数组名称（即首地址）直接赋值给指针变量 pTemp,使得 pTemp 和 array 相等,但要注意此时的 pTemp 和 array 不等价,除了一个为变量、另一个为常量外,对它们做加减法运算时也有很大区别。对于首地址 array,执行 array＋1 时,总是把 array 看作两个较复杂的元素来进行,每个复杂元素为数组 array 的一行,每行内包含三个 float 型变量,因此 array＋1 时总是以这里的行为"单位"进行运算,整个地址向后偏移 4＊3（其中 3 表示 3 个 float 型变量,4 表示每个 float 型变量占 4 字节）字节的内存空间；而对于指针 pTemp,它只是一个 float 型的指针变量,对其进行的加减法运算,如 pTemp＋1,只会将 pTemp 指向的地址向后偏移 4 字节的内存空间。

因此,在使用指针指向数组并处理数组元素时,需要特别注意,最好将多维数组分解到一维数组,如将语句"int b[3][4];"中二维数组 b 的每一行看作一个元素,即整个数组由三个复杂元素 b[0],b[1] 和 b[2] 组成,而这三个复杂元素就是一维数组,可通过操作一维数组的方式来操作它们,在方便理解的同时,降低直接操作多维数组中的复杂性。例如：

```
int b[3][4];
int * p0, * p1, * p2;
p0 = b[0];
p1 = b[1];
p2 = b[2];
```

可以看出,通过以上赋值后的指针变量 p0,p1,p2 已分别表示第一行、第二行以及第三行中一维数组的首地址,即相当于每行中一维数组的别名,可直接使用 p0[0] 表示第一行中的第一个元素,p2[3] 表示第 3 行的第 4 个元素等。通过观察上面示例代码可以发现,语句"int * p0, * p1, * p2;"相当于同时定义了三个相同类型的指针变量,或由三个相同类型的指针变量组成的集合,即一维数组,只是这里的数组元素类型为指针类型 int * ,如此表示的数组称为指针数组。

定义指针数组与定义一般数组类似,只须在表示数据类型的部分添加相应的表示指针的"＊"即可。如定义一维指针数组的一般形式如下：

```
数组类型   数组名称[长度];
```

其中,数组类型为所定义数组中各元素的数据类型,在此由于是指针类型,即可写为类似 int ＊ 等形式,数组名称及长度与定义一般的一维数组相同。如语句"float ＊ a[5];"即定义了一个 float ＊ 类型的一维数组。

通过使用一维指针数组后,可以对上面的程序进行改写如下：

```
int b[3][4], * p[3], i;
for(i = 0; i < 3; i ++)
    p[i] = b[i];
```

或直接写作对数组进行初始化的形式：

```
int b[3][4], * p[3] = { b[0], b[1], b[2] };
```

可见,通过将指针指向一维数组可以较简单地处理该一维数组中的元素,同理,如果数组为由语句"int a[3][4][5];"定义的三维数组,可以将其看作有三层,每层上有 4 行 5 列元素,那么,可以使用语句"int ** pA[3][4];"定义一个二维指针数组来指向该三维数组中的每一行元素,其中第一个" * "表示将每一层看作一个元素,且指向该一维数组的指针,第二个" * "表示在一层的基础上将每层中的每一行看作一个元素后,指向某层中一维数组的指针。如此即可使用和上面类似的 for 语句进行指针赋值,使 pA[0][0]指向数组 a 中第一层的第一行,pA[0][0]+2 即为该行中第三个元素的地址,而 pA[2][3]则指向第 3 层的第 4 行,pA[2][3]+4 即为第 3 层第 4 行的第 5 个数,即数组的最后一个元素。为了叙述方便,在此仍以指向二维数组的一维指针数组来进行举例。

【实例 5-14】 使用指针的方式输入整型数组的元素值,计算并输出这些元素的和。

具体程序代码如下:

```
/*实例 5-14*/
#include <stdio.h>
int main()
{
    int b[3][4], i, j, sum = 0, *pB[3];
    for(i = 0; i < 3; i++)
        pB[i] = b[i];
    printf("Please input a 3*4 matrix:\n");
    for(i = 0; i < 3; i++)
        for(j = 0; j < 4; j++)
            scanf("%d", &pB[i][j]);
    for(i = 0; i < 3; i++)
        for(j = 0; j < 4; j++)
            sum += *(pB[i] + j);
    printf("sum = %d\n", sum);
    return 0;
}
```

说明:语句"pB[i]=b[i];"将数组 b 中行下标为 i(i 取 0 到 2,共 3 行)的首地址复制到 pB[i]中,因此,pB[0]相当于第 1 行的首地址,以此类推。

程序运行结果如图 5-29 所示。可以发现,在通过一维指针数组来操作二维数组时,也可以用多种方式来引用二维数组。如实例 5-13 和实例 5-14 的代码中,b[i]+j 与 pB[i]+j 均用来表示数组 b 中元素 b[i][j]的地址。

图 5-29 借助指针来计算数组元素的和

总之,在了解数组的名称又是数组的首地址后,可以有多种访问数组元素的方式,且对于多维数组,可将该多维数组看作较复杂的一维数组进行处理。要了解更多关于多维数组及多维指针等方面的知识，可参考相关资料及网络资源。

5.5.2　使用指针处理字符串

在使用指针访问一般类型的数组元素后，由于字符数组常用于存储字符串且在访问时总是对整个字符串进行操作，不是对单个字符数组的元素，在此对使用指针处理字符串进行单独介绍。

【实例 5-15】 使用指针简单操作字符串。

具体程序代码如下：

```
/ * 实例 5-15 * /
# include < stdio.h >
int main()
{
    char str[] = "Hello,everyone!";
    printf(" % s\n", str);
    printf(" % c\n", str[6]);
    return 0;
}
```

程序运行结果如图 5-30 所示。

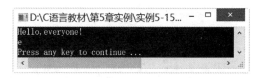

图 5-30　使用指针简单操作字符串

结合程序运行结果可知，程序中的 str 为字符数组的名称，又为字符串"Hello,everyone!"的首地址，而且字符串中的字符个数是由字符串结束符的位置来决定的，与字符数组 str 中的元素个数相关性较弱，因此，实例 5-15 的程序有如下等价形式：

```
/ * 实例 5-15 * /
# include < stdio.h >
int main()
{
    char str[] = "Hello,everyone!";
    char * pStr = str;
    printf(" % s\n", pStr);
    printf(" % c\n", pStr[6]);
    return 0;
}
```

或直接写为：

```
/ * 实例 5-15 * /
# include < stdio.h >
int main()
{
    char * pStr = "Hello,everyone!";
```

```
    printf("%s\n", pStr);
    printf("%c\n", pStr[6]);
    return 0;
}
```

总之,在使用字符数组表示字符串时,可通过字符类型的指针以更简单的形式来进行表达,具体如下。

（1）语句：

```
char str[] = "Hello, World!";
```

等价于

```
char * str = "Hello, World!";
```

或

```
char * str;
str = "Hello, World!";
```

（2）在对字符串进行输出时,如语句"printf("%s\n"，pStr);"总是输出以 pStr 为首地址的字符串,如下面语句：

```
char * str = "Hello, World!";
str = str + 6;
printf("%s", str);
```

的输出结果为"World!",因为 printf()语句中的 str 为字符串"World!"的首地址。

（3）语句：

```
char str1[] = "Hello, World!";
```

和

```
char * str2 = "Hello, World!";
```

的主要区别为：str1 为常量,而 str2 则为变量,不能对 str1 进行赋值运算,如进行类似"str1＝str1＋6;"的运算,但 str2 则可以。

【实例 5-16】 使用指针查找已知字符串中字符 'a'的个数。

结合前面字符数组的相应实例分析,可知具体程序代码如下：

```
/* 实例 5-16 */
#include <stdio.h>
int main()
{
    char * str = "I am a student";
    int n = 0;
    for(; * str != '\0'; str++)
        if( * str == 'a')
            n++;
    printf("The number of \'a\' is %d\n", n);
    return 0;
}
```

说明：

（1）格式字符串"The number of \'a\' is %d\n"中通过\'表示单引号，因此，\'a\'所对应的输出为'a'。

（2）描述 for(; * str!='\0'; str++)与字符串中的常规描述 for(i=0; str[i] != '\0'; i++)类似。

程序运行结果如图 5-31 所示。其中 * str 表示取 str 当前指向的字符。

图 5-31　使用指针查找已知字符串中元素的个数

5.5.3　数组与指针的程序举例

【实例 5-17】　输入 10 个整数到数组 a，计算下标为偶数的元素之和。

具体程序代码如下：

```c
/ * 实例 5-17 * /
# include < stdio. h>
int main()
{
    int a[10], * p = a, i, sum;
    printf("Please input 10 numbers:\n");
    for(i = 0; i < 10; i ++)
        scanf("%d", p + i);
    sum = 0;
    for(i = 0; i < 10; i += 2, p += 2)
        sum += * p;
    printf("sum = %d\n", sum);
    return 0;
}
```

说明：程序段 i+=2，p+=2 用于实现数组中偶数下标 i 以及对应指针变量 p 的依次变换。

程序运行结果如图 5-32 所示。

图 5-32　使用指针计算数组 a 中偶数下标的元素之和

【实例 5-18】　输入一个字符串（少于 80 个字符），统计并输出小写元音字母的个数。

具体程序代码如下：

```
/ * 实例 5-18 * /
# include < stdio. h >
# include < string. h >
int main()
{
    char str[80], * p = str;
    int nCount = 0;
    printf("Please input a string:\n");
    gets(p);
    for(; * p != '\0'; p ++)
        if( * p == 'a' || * p == 'e' || * p == 'i' || * p == 'o' || * p == 'u')
                nCount ++;
    printf("nCount = % d\n", nCount);
    return 0;
}
```

说明：小写元音字母有 a、e、i、o、u，因此 if 语句中通过或运算符"‖"分别表达这 5 种可能。

程序运行结果如图 5-33 所示。

图 5-33　使用指针统计小写元音字母的个数

5.6　数组综合举例

在 C 程序中，数组将具有相同类型的批量数据有序组织，能方便、快速地解决许多实际问题，以下介绍几种典型的方法。

5.6.1　查找

查找即在同类型的批量数据(或记录集合，又称为"查找表")中找出某个已知特征数据(或记录)的操作，若通过查找后找到该已知特征数据(或记录)，则称为查找成功，否则称为查找失败。

在实际生活中，到处都在进行查找操作，如在词典中查找某个特定的词；在课程表中查找一门想要选修的课程；在通讯录中查找某个朋友的电话号码等。根据查找表中数据之间的不同关系，人们提出不同的查找算法，下面介绍两种常用的查找方法。

1. 简单顺序查找

简单顺序查找的基础思想是从查找表的一端开始，按顺序逐个扫描表中的每一个元素，并将扫描到的元素与已知特征数据相比较。若当前元素满足已知的特征，则查找成功并结束查找；若在扫描完整个查找表都未找到符合特征的元素，则查找失败。

【实例 5-19】　编写程序完成以下功能：先输入由 10 个学生成绩组成的数组 a，再输入一个成绩 x,在数组 a 中查找成绩 x,如果找到,则输出找到时的位置,否则输出"Not Found"。

程序流程如图 5-34 所示,程序代码如下:

```
/* 实例 5-19 */
#include <stdio.h>
int main()
{
    int a[10], x, i;
    printf("Input 10 scores:\n");
    for(i = 0; i < 10; i++)
        scanf("%d", &a[i]);
    printf("Input x:\n");
    scanf("%d", &x);
    for(i = 0; i < 10; i++)
        if(a[i] == x)
            break;
    if(i < 10)
        printf("%d is the %dth score.\n", x, i + 1);
    else
        printf("Not Found\n");
    return 0;
}
```

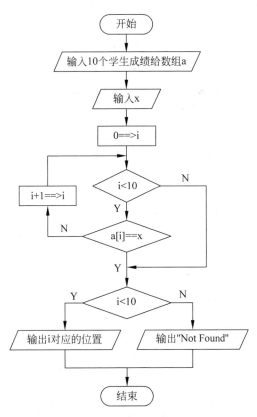

图 5-34　简单顺序查找算法的流程

说明：语句"printf("%d is the %dth score. \ n", x, i＋1);"用于输出查找的 x 在数组中的位置,由于实际位置从 1 开始计数,而数组下标则从 0 开始计数,因此,这里用 i＋1 得到位置的值。

程序运行结果如图 5-35 所示。

图 5-35　简单顺序查找实例

2. 二分查找

二分查找又称为折半查找,是一种适合在已经排序后的数据序列(有序表)中进行查找的方法。其基本思想是在查找过程中采用跳跃的方式查找,即总是以有序表的中间位置为比较对象,根据比较结果来确定要查找的元素位于中间位置之前还是中间位置之后,从而将查找区间缩小一半,再取缩小后的查找区间的中间位置为新的比较对象,以此类推,具体步骤如下(假设有序表为升序排序)。

(1) 将整个有序表作为最初的查找区间。

(2) 确定查找区间的中间位置：$mid＝(left＋right)/2$,其中 left 为整个查找区间中第一个元素的位置,right 为最后一个元素的位置。

(3) 将要查找的数据与中间位置(序号为 mid)的数据进行比较：若相等,则查找成功并返回；若大于,则将右半个区域作为新的查找区间,回到步骤(2)继续进行折半查找；若小于,则将左半个区域作为新的查找区间,回到步骤(2)继续进行折半查找。

(4) 重复步骤(2)和步骤(3),直到找到要查找的值(即查找成功),或新的查找区间不存在(即 left＞right 时查找失败)。

【实例 5-20】　编写程序完成以下功能：按从小到大的顺序输入由 10 个学生成绩组成的数组 a,再输入一个成绩 x,在数组 a 中查找成绩 x,如果找到则输出找到时的位置,否则输出"Not Found"。

程序流程如图 5-36 所示,程序代码如下：

```c
/ * 实例 5-20 * /
# include < stdio. h >
int main()
{
    int a[10], x, i, mid, left, right, flag;
    printf("Input 10 scores:\n");
    for(i = 0; i < 10; i++)
        scanf(" % d", &a[i]);
    printf("Input another score:\n");
    scanf(" % d", &x);
    flag = 0; left = 0; right = 9;
    while(left <= right)
```

```
{
    mid = (left + right) / 2;
    if(x == a[mid])
    {
        flag = 1; break;
    }
    else if(x < a[mid])
        right = mid - 1;
    else
        left = mid + 1;
}
if(flag)                    /* 等价于 if(flag == 1) 或 if(flag != 0) */
    printf(" % d is the % dth score. \n", x, mid + 1);
else
    printf("Not Found. \n");
return 0;
}
```

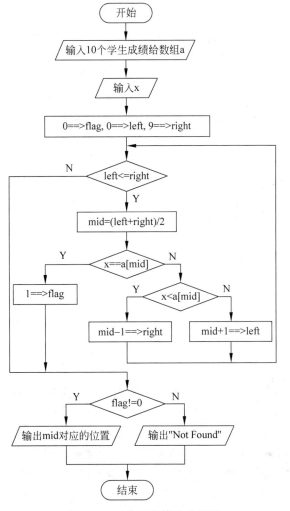

图 5-36　二分查找算法的流程

说明:

(1) 变量 flag 用于表示某种标记,在此表示是否查找到指定值,且在查找前先设置 flag＝0,表示未找到指定值。

(2) 变量 left、right 分别用于表示查找区域左边元素下标和右边元素下标,变量 mid 则用于表示查找区域的中间位置,因此,通过 mid＝(left＋right)/2 来计算中间位置。以上的命名用于增加程序可读性。

程序运行结果如图 5-37 所示。

图 5-37 二分查找实例

可见,简单顺序查找在思想上简单易行,程序也容易实现,但与二分查找相比,二分查找算法充分利用了元素间的次序关系,通过跳跃查找的方式,有比较次数少、查找速度快等优点。但因为二分查找要利用元素间的次序关系,因此,它的通用性又不如简单顺序查找,只适合使用在已经排好序的数据序列中。关于查找方面的算法还有很多,有兴趣的读者可以查阅相关的参考资料。

5.6.2 排序

在二分查找时,需要将预先排好序的数据输入计算机中以供后续操作,那么能不能利用计算机完成排序操作呢?

在实际应用中,排序方法的使用非常广泛,如期末考试后的成绩排名;网上购物时,将感兴趣的商品按价格进行排序以供参考;在使用计算机文件时常会将文件按创建日期进行排序以方便文件查阅。它们的目的都是将由杂乱无章的数据元素组成的集合,按某个关键字重新整理排列成一个有序的数据序列。

排序的方法有很多,以下介绍两种常用的方法。

1. 冒泡排序

冒泡排序(BubbleSort)即在要排序的数据序列中,依次比较相邻的两个数,并将小数放在前面,大数放在后面,具体步骤如下(假设要对 N 个数进行排序,且 N 为 5 时的排序过程如图 5-38 所示)。

(1) 比较第 1 个数和第 2 个数,当第 1 个数大于第 2 个数时,调换两个数的位置,保持将小数放前,大数放后。

(2) 比较第 2 个数和第 3 个数,同样将小数放前,大数放后,如此继续,直至比较到第 N－1 个数和第 N 个数,并将小数放前,大数放后。至此称为第一趟排序结束,从图 5-38 中可以看出,通过第一趟排序将最大的数(图中为 9)放到第 N 个位置。

(3) 开始第二趟排序,仍从第 1 个数和第 2 个数开始比较,并将小数放前,大数放后,一直比较到第 N－2 个数和第 N－1 个数(第 N 个数已经是最大的数,不用再比较),第二趟排

8	6	6	6	6		4	4	2
6	8	4	4	4		6	2	4
4	4	8	8	8		2	6	6
9	9	9	9	2		8	8	8
2	2	2	2	9		9	9	9
初始数据	第一次比较	第二次比较	第三次比较	第一趟排序结束		第二趟排序结束	第三趟排序结束	第四趟排序结束

图 5-38　冒泡排序的排序过程

序结束,在第 N−1 个位置上得到一个新的最大数(在整个序列中是第二大的数,图中为 8)。如此继续,重复以上过程,直至最终完成排序,一共需要进行 N−1 趟排序。

若将待排序的数据序列看作从上到下存放,由于在排序过程中总是小数放前,大数放后,相当于气泡往上升,所以称为冒泡排序。

【实例 5-21】　任意输入 5 个整数,利用冒泡排序对其进行升序排序。

算法流程如图 5-39 所示,程序代码如下:

```c
/* 实例 5-21 */
# include < stdio. h>
int main()
{
    int a[5], i, j, temp;
    printf("Input 5 numbers:\n");
    for(j = 0; j < 5; j++)
        scanf(" % d", &a[j]);
    for(i = 5 − 1; i > 0; i − −)
    {
        for(j = 0; j < i; j++)
        {
            if(a[j] > a[j + 1])
            {
                temp = a[j];
                a[j] = a[j + 1];
                a[j + 1] = temp;
            }
        }
    }
    printf("Numbers after sorted are:\n");
    for(i = 0; i < 5; i++)
        printf(" % d\t", a[i]);
    printf("\n");
    return 0;
}
```

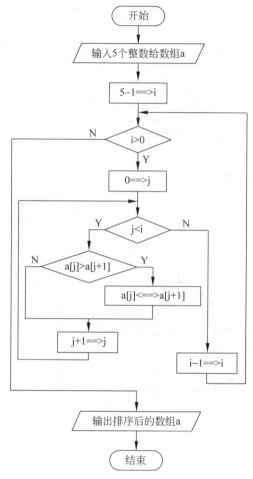

图 5-39　冒泡排序算法的流程

说明：冒泡排序的代表性操作是依次比较下标相邻的两个数组元素，并在题目要求的顺序条件时互换两个元素的值。

程序运行结果如图 5-40 所示。

图 5-40　冒泡排序实例

2. 选择排序

选择排序即先在要排序的数据序列中选出最小的数，将最小数与第 1 个数据进行交换，然后再从第 2 个数开始的其余数据中选出次小的数与第 2 个数进行交换，以此类推，直到选出倒数第 2 小的数与倒数第 2 个数进行交换，至此所有数据均已排好序。具体步骤如下（假设要对 N 个数进行排序，且 N 为 5 时的排序过程如图 5-41 所示）。

（1）第一趟排序：找出 N 个数中的最小值，并与第 1 个数进行交换。

（2）第二趟排序：找出从第 2 个数到第 N 个数的最小值，并与第 2 个数进行交换。

（3）以此类推，开始第三趟和第四趟排序，一直到第 N−1 趟排序找出第 N−1 个数到第 N 个数的最小值，并与第 N−1 个数进行交换，至此选择排序已经完成。

由于每次都是在多个数中选择一个最小的数进行操作，所以称为选择排序。

初始数据	第一趟排序结束	第二趟排序结束	第三趟排序结束	第四趟排序结束
8	2	2	2	2
2	8	4	4	4
4	4	8	6	6
9	9	9	9	8
6	6	6	8	9

图 5-41　选择排序的排序过程

【实例 5-22】　任意输入 8 个整数，利用选择排序对其进行升序排序。

算法流程如图 5-42 所示。程序代码如下：

```c
/* 实例 5-22 */
#include <stdio.h>
int main()
{
    int a[8], i, j, p, temp;
    printf("Input 8 numbers:\n");
    for(j = 0; j < 8; j++)
        scanf("%d", &a[j]);
    for(i = 0; i < 7; i++)
    {
        p = i;
        for(j = i + 1; j < 8; j++)
            if(a[p] > a[j])
                p = j;
        if(p != i)
        {
            temp = a[p];
            a[p] = a[i];
            a[i] = temp;
        }
    }
    printf("Numbers after sorted are:\n");
    for(i = 0; i < 8; i++)
        printf("%d\t", a[i]);
    printf("\n");
    return 0;
}
```

说明：选择排序的代表性操作是选择最大（或最小）值，并将其置于第一个（或最后一个）的位置，并以此往复选择第二大（或第二小）的值，并将其置于第二个（或倒数第二个）的位置，进而实现所有的值按大小要求排序。

程序运行结果如图 5-43 所示。

第 5 章

数　组

图 5-42　选择排序算法的流程

图 5-43　选择排序实例

5.6.3　求最大、最小值

求最大、最小值也是日常数据处理过程中经常进行的一种操作。如求取计算机成绩的年级最高和最低分;求取一天中气温的最高和最低点等示例中都会涉及最大、最小值的求取操作。下面主要从一维数组和二维数组出发介绍相应的求取方法。

【实例5-23】 输入 10 个学生成绩到数组 a,求取并输出最高分及其在数组 a 中的下标。

分析:输入 10 个学生成绩并将其保存在一维数组 a 中。定义一个中间变量 max 并将它的值取为第 1 个学生的成绩,定义另一个中间变量 index 并将它的值取为 0(第 1 个元素的下标)。依次扫描每个元素并将此元素的值与 max 的值进行比较,若当前元素的值比 max 大,则将此元素的值赋值给 max,同时将此元素的下标保存到 index 中,这样使得 max 的取值始终为当前扫描元素的最大值,而 index 则为当前扫描元素的最大值的下标。当数组中的所有元素都扫描并比较后,max 的取值即为所有分数中的最高分,相应的 index 中的取值则为此最高分在原数组中的下标。

程序代码如下:

```
/* 实例 5-23 */
# include <stdio.h>
int main()
{
    int a[10], max, index, i;
    printf("Input 10 scores:\n");
    for(i = 0; i < 10; i++)
        scanf("%d", &a[i]);
    max = a[0];
    index = 0;
    for(i = 0; i < 10; i++)          /* 此题中也可写为 for(i = 1; i < 10; i++) */
        if(max < a[i])
        {
            max = a[i]; index = i;
        }
    printf("The max score is %d and its index is %d.\n", max, index);
    return 0;
}
```

说明:程序中 max 和 index 分别表示最大值及其下标,因此两个变量之间是相关的,若最大值发生变化,则对应的下标也同时发生变化,在进行更新时,需要 max 和 index 同时更新,如"max=a[0];index=0;"以及"max=a[i];index=i;"中的两条语句均需同时出现。

程序运行结果如图 5-44 所示。

图 5-44 求一维数组的最大值实例

【实例5-24】 输入 4 个学生三门课程的成绩到二维数组 a,求取并输出最高分、最低分及其各自在数组 a 中的下标。

分析：求取二维数组的最大、最小值与一维数组的类似，只须在扫描数组元素时从行和列两个方向考虑，在记录下标时也需要记录行和列两个方向的下标。

程序代码如下：

```
/ * 实例 5-24 * /
# include < stdio.h >
int main()
{
    int a[4][3], i, j, max, min, rMax, cMax, rMin, cMin;
    printf("Input 12 scores:\n");
    for(i = 0; i < 4; i++)
        for(j = 0; j < 3; j++)
            scanf(" % d", &a[i][j]);
    max = min = a[0][0];
    rMax = cMax = rMin = cMin = 0;
    for(i = 0; i < 4; i++)
        for(j = 0; j < 3; j++)
        {
            if(max < a[i][j])
            {
                max = a[i][j]; rMax = i; cMax = j;
            }
            if(min > a[i][j])
            {
                min = a[i][j]; rMin = i; cMin = j;
            }
        }
    printf("Max is a[ % d][ % d] = % d\n", rMax, cMax, max);
    printf("Min is a[ % d][ % d] = % d\n", rMin, cMin, min);
    return 0;
}
```

说明：

(1) 程序中 max 和 min 分别表示最大值和最小值；rMax 和 cMax 分别表示行(row)最大值的下标和列(column)最大值的下标；rMin 和 cMin 分别表示行最小值的下标和列最小值的下标，增加可读性。

(2) 语句"rMax＝cMax＝rMin＝cMin＝0;"使用连续赋值方式，同时对 4 个变量赋值。

程序运行结果如图 5-45 所示。

图 5-45 求二维数组的最大、最小值实例

5.6.4 其他

在处理批量数据时,数组还常被用于解决如下问题。

【实例5-25】 任意输入一个字符串(少于 20 个字符),将其按逆序存储后输出。

分析:输入一个字符串将其存储在字符数组 str 中,将字符串中的第 1 个字符和最后 1 个字符(字符串结束符'\0'之前的字符)交换位置,再将字符串的第 2 个字符和倒数第 2 个字符交换位置,以此类推,直到最中间的两个字符交换位置后即可得到与原字符串逆序存储的字符串。图 5-46 描述了一个示例字符串的逆序存储的交换过程(交换 3 次后到达中间位置)。

程序代码如下:

```c
/* 实例 5-25 */
# include < stdio.h >
# include < string.h >
int main()
{
    char s[20], i, nLen, temp;
    printf("Input a string:\n");
    scanf(" % s", s);
    nLen = strlen(s);
    for(i = 0; i < nLen/2; i++)
    {
        /* 交换 s[i]和 s[nLen - i - 1]的值 */
        temp = s[i];
        s[i] = s[nLen - i - 1];
        s[nLen - i - 1] = temp;
    }
    printf("The inversed string is:\n % s\n", s);
    return 0;
}
```

数组元素	原始取值	第一次交换后	第二次交换后	第三次交换后
str[0]	P	m	m	m
str[1]	r	r	a	a
str[2]	o	o	o	r
str[3]	g	g	g	g
str[4]	r	r	r	o
str[5]	a	a	r	r
str[6]	m	P	P	P

图 5-46 示例字符串逆序存储的交换过程

说明:

(1) 交换第 i 个元素和倒数第 i 个元素时,它们的下标分别为 i 和 nLen−i−1。

(2) 整个交换过程只须进行到中间位置即可,因此 for 语句中 i < nLen/2 不能写为 i < nLen。

程序运行结果如图 5-47 所示。

图 5-47 逆序存储字符串

【实例5-26】 输入一个字符串(少于 20 个字符),删除其中的数字字符并将删除后的字符串输出。

数 组

分析：输入一个字符串并将其存储在字符数组 str 中，依次扫描每个字符数组中的元素，直到字符串结束符 '\0' 为止，在扫描的同时检测当前元素是否为数字字符，若是则删除该字符，否则继续扫描并检测下一个元素。其中删除一个数字字符的过程为：将当前元素后面的所有元素都向前移动一个位置，此时当前元素会被其后面的第 1 个元素所覆盖，而其后面其他元素的相对位置均未发生变化，具体示例如图 5-49 所示。

程序代码如下：

```c
/* 实例 5-26 */
#include <stdio.h>
int main()
{
    char str[20];
    int i, j;
    printf("Input a string:\n");
    gets(str);
    for(i = 0; str[i] != '\0';)
    {
        if(str[i] >= '0' && str[i] <= '9')
        {
            /* 当前元素是数字字符时删除该元素 */
            for(j = i; str[j] != '\0'; j++)
                str[j] = str[j + 1];
        }
        else
            i++;          /* 当前元素不是数字字符时才继续检测下一个元素 */
    }
    printf("The new string is:\n");
    puts(str);
    return 0;
}
```

图 5-48　删除字符串中的数字字符

原始字符数组	P	3	r	o	g	r	a	m	\0	
删除字符'3'后	P	r	o	g	r	a	m	\0	\0	

图 5-49　删除数字字符示例

说明：

(1) 判断数字字符时，语句"if(str[i] >= '0' && str[i] <= '9')"用于表示 '0' 和 '9' 之间的字符，与 if(str[i] >=0 && str[i] <=9) 不同，该语句用于表示数值范围为 0～9 的数。

(2) 循环语句"for(i=0; str[i] != '\0';)"中的 i++ 被写到其中的 else 语句后，表示对字符检测过程中，不是每次都要发生下标递增操作。

程序运行结果如图 5-48 所示。

【实例 5-27】 输入一个以 Enter 键结束的字符串(少于 80 个字符)，统计并输出其中数字、英文字符和其他字符的个数。

分析：定义 3 个起计数器作用的变量 digit、letter 和 other，分别用于存储数字、英文字符和其他字符的个数，并将它们的值初始化为 0。输入一个字符串将其存储在字符数组 str 中，依次扫描每个字符数组中的元素，在扫描的同时检测当前元素是数字还是英文字符，若两者都不是则认定为其他字符。若为数字，则 digit 的值加 1；若为英文字符则 letter 的值加 1；否则 other 的值加 1，一直扫描和检测到字符串结束符'\0'为止。

程序代码如下：

```
/* 实例 5-27 */
# include <stdio.h>
int main()
{
    char str[80];
    int i, digit = 0, letter = 0, other = 0;
    printf("Please input a string:\n");
    gets(str);
    for(i = 0; str[i] != '\0'; i++)
    {
        if(str[i] >= '0' && str[i] <= '9')
            digit++;
        else if((str[i] >= 'a' && str[i] <= 'z') ||(str[i] >= 'A' && str[i] <= 'Z'))
            letter++;
        else
            other++;
    }
    printf("The string has %d digits, %d letters and %d others\n", digit, letter, other);
    return 0;
}
```

程序运行结果如图 5-50 所示。

图 5-50　统计字符串中的特征字符

5.7　数组应用实例

数组在批量数据处理中有很重要的应用，本节通过学生成绩管理系统中的成绩处理实例对此进行示范。

【**实例 5-28**】　输入批量学生成绩数据（假设均为正整数且数量不超过 100 个）到数组中，并提供菜单选项能选择并完成以下操作。

（1）输入新成绩。

（2）求出最高、最低成绩。

（3）计算总成绩、平均成绩。

（4）统计不及格的成绩个数。

（5）对成绩进行排序。

分析：可通过搭建相应的菜单，选择并进入相应的操作步骤，而对于具体的步骤中，可参考5.6节中的代码进行程序完善。

程序代码如下：

```c
/* 实例 5-28 */
#include <stdio.h>
int main()
{
    int a[100], nSel;
    while(1)
    {
        printf("                学生成绩管理系统                \n");
        printf("*************** 菜单 ***********\n");
        printf(" *        1.输入新成绩                * \n");
        printf(" *        2.求最高、最低成绩           * \n");
        printf(" *        3.计算总成绩、平均成绩       * \n");
        printf(" *        4.统计不及格的成绩个数       * \n");
        printf(" *        5.对成绩进行排序             * \n");
        printf(" *        0.退出                       * \n");
        printf("********************************\n");
        printf("请输入您的操作选择[0-5]:");
        scanf("%d", &nSel);
        if(nSel == 0)
        {
            printf("程序即将退出,谢谢使用!\n");
            return 0;
        }
        switch(nSel)
        {
        case 1:
            /*
            输入新成绩代码
            */
            break;
        case 2:
            /*
            求最高、最低成绩代码
            */
            break;
        case 3:
            /*
            计算总成绩、平均成绩代码
            */
            break;
        case 4:
            /*
            统计不及格的成绩个数代码
            */
```

```
            break;
        case 5:
            / *
            对成绩进行排序代码
             * /
            break;
        default:
            printf("输入有误,请重新输入\n");
            break;
        }
    }
    return 0;
}
```

说明：完善以上所有注释处的功能后,程序会显得很复杂,在学习第 6 章后,可以将本程序中的大部分功能以函数形式进行实现,实现函数封装后的代码结构会更为清晰。

程序运行结果如图 5-51 所示。

图 5-51　学生成绩管理系统菜单

本 章 小 结

数组是 C 语言程序设计中最常用的数据类型(或结构)。根据定义时的类型不同,数组可分为数值数组(整型数组,实型数组)、字符数组、指针数组以及结构数组等。

数组用于存储多个同类型的数据,常用于矩阵(一维、二维或多维)、字符(串)、集合等问题中的数据存储。

定义数组时,由类型说明符、数组名称、数组长度(数组元素个数)三部分组成。数组长度中"[]"的个数表示数组的维数,根据维数的不同,可将数组分为一维数组,二维数组以及多维数组。"[]"中的数值则表示当前维的数组长度。

已定义的数组通常会进行数组赋值、数组引用等操作。数组赋值可以在数组定义时进行初始化完成,也可通过输入函数或赋值语句进行。数组引用可以通过数组名称和下标的形式来描述所要引用的数组元素,且数组的元素引用通常与循环语句结合使用。

使用指针可以灵活访问数组中的元素。

使用数组存储数据,能方便、快速地解决许多实际问题,常见的如查找、排序、计数、统计等。

习　　题

1. 输入 10 个整数到数组 a 中,求出其中的最大值并将此最大值与数组的第 1 个元素进行交换,并将交换后的数组元素依次输出。

2. 输入一个 2×8 的整型数组 a,对数组 a 中的每行元素分别做升序排序,并输出排序后的矩阵的值。

3. 打印如下所示的杨辉三角形(要求打印到第 10 行)。

```
1
1  1
1  2  1
1  3  3  1
1  4  6  4  1
1  5  10  10  5  1
          ⋮
```

4. 存储 5×5 的矩阵到二维数组 a,并按如下所示的格式输出该矩阵(要求使用 for 循环语句)。

```
1   1   1   1   0
1   1   1   0  −1
1   1   0  −1  −1
1   0  −1  −1  −1
0  −1  −1  −1  −1
```

5. 按递增顺序输入 10 个整数到数组 a,再输入一个整数 x,并将 x 插入数组 a 中,且使得 a 中的元素仍为递增顺序,再将插入数据后的数组元素依次输出。

6. 输入以 Enter 键结束的字符串(少于 20 个字符)到字符数组 s1,将 s1 的全部字符(到'\0'为止,包括'\0')复制到字符数组 s2 中(要求不用 strcpy()函数)。

7. 任意输入一个字符串(少于 10 个字符),判断该字符串是否为回文("回文"即顺读和反读内容均相同的字符串,如 121、abccba、X 等)。

8. 将 4×4 矩阵的每行元素均除以该行上的主对角元素,并输出结果矩阵。

9. 输入 10 个学生的成绩到数组 a,统计并输出优秀(大于或等于 85)、及格(60~84)和不及格(小于 60)的学生人数,并将各区间的人数输出。

10. 使用字符数组操作,根据输入的密码字符数组 s(少于 80 个字符),完成电文破译工作,并输出原文和密码,具体要求如下。

(1) 电文字符 a 和密码字符 b 之间的加密规律为第 1 个字母变为第 26 个字母,第 i 个字母变为第(26−i+1)个字母。如'A'变为'Z'、'B'变为'Y'、'C'变为'X',以此类推。

(2) 非字母字符保持不变。

第6章 函　　数

主要知识点

◆ C 程序结构

◆ 函数的定义

◆ 函数的调用及参数

◆ 函数的嵌套调用

◆ 函数的递归调用

◆ 变量的作用域

◆ 变量的存储属性

◆ 指针与函数

◆ main 函数的参数

◆ 编译预处理

在现实生活中,问题常常是错综复杂的,很难将问题完美地解决。这时,可以尝试将问题分解,分解之后的每个小问题更容易解决,这样远比毫无头绪地寻找一个"一蹴而就"的方法要实际和有效得多。从局部问题入手,将大问题分解成小问题,这种方法适用于任意领域的问题求解,程序设计也不例外。

根据问题分解的思路往往会将一个具有复杂功能、规模庞大的计算机软件程序分解为若干相对独立、功能单一、容易编写的子程序。在 C 语言程序设计中,子程序就是通过函数的形式体现的。

本章主要介绍函数的定义和如何调用函数实现相应的功能。

6.1　函 数 概 述

一个 C 语言程序可由一个或多个函数组成,必须有且只能有一个名为 main 的主函数。前面章节中可以看到的 C 语言程序都是只有一个主函数构成的,那么什么情况下一个 C 语言程序由多个函数组成呢？我们看下面一个实例。

【实例 6-1】　编写程序,输入 10 个学生的某门课程成绩,求最高分。

分析：使用数组编程,定义一个一维数组,将 10 个学生的课程成绩输入数组中,利用循环语句可以解决求最大值的问题。

程序代码如下：

```
/*实例 6-1*/
#include<stdio.h>
```

```
int main()
{
    int score[10],i,maxscore;
    printf("Input 10 scores:\n");
    for(i = 0;i < 10;i++)
        scanf(" % d",&score[i]);
    maxscore = score[0];                              /*第 9 行*/
    for(i = 1;i < 10;i++)
        if(maxscore < score[i]) maxscore = score[i];  /*第 11 行*/
    printf("max = % d\n",maxscore);
    return 0;
}
```

如果上面的问题进一步扩展,要求计算并输出这 10 个学生的两门课程甚至更多课程的平均成绩,那么就意味着程序第 9～11 行类似的求平均值的代码需要重复多次。如何解决程序中出现代码重复的问题,避免重复劳动呢?

在面向过程的程序开发中,常将一些常用的功能模块编写成函数。在程序设计过程中,若要实现某项功能,就调用相应的函数来实现。这样既可以减少编写程序代码的工作量,又利于程序的维护,提高效率。

【**实例 6-2**】 输入 10 个学生两门课程的成绩,分别计算并输出两门课程的最高分。

分析:因为要分别求两组数中的最大值,若按常规的方法编写程序,求最大值的代码会重复。现将求 10 个数的最大值这段代码用函数封装,通过调用该函数实现求出课程的最高分。

程序代码如下:

```
/*实例 6-2*/
# include < stdio. h>
int main()
{
    int score[10],i,max1,max2;
    int max(int score[]);
    printf("Input 10 scores:\n");
    for(i = 0;i < 10;i++)
        scanf(" % d",&score[i]);
    max1 = max(score);                    /*调用 max 函数求最大值*/
    printf("Input 10 scores:\n");
    for(i = 0;i < 10;i++)
        scanf(" % d",&score[i]);
    max2 = max(score);                    /*调用 max 函数求最大值*/
    printf("max1 = % d,max2 = % d\n",max1,max2);
    return 0;
}
int max(int score[])                      /*定义 max 函数*/
{
    int i,maxscore;
    maxscore = score[0];
    for(i = 1;i < 10;i++)
        if(maxscore < score[i]) maxscore = score[i];
```

```
        return maxscore;
    }
```

程序运行结果如图 6-1 所示。该程序中,将求最大值的程序代码用 max 函数加以封装,需要求最大值时就调用它。实例 6-2 的程序中,也可以将输入 10 个数这段代码定义为一个输入函数,避免代码的重复,同时体现模块化程序设计的思想。

图 6-1   计算并输出两门课的最高分

模块化程序设计的基本思想是将一个大的程序按功能分割成一些小模块,各模块相对独立,功能单一,结构清晰,接口简单。这样既能缩短开发周期,又可以有效避免程序开发的重复劳动,易于维护和功能扩充。模块化的目的是降低程序复杂度,使程序设计、调试和维护等操作简单化。

在结构化程序设计过程中,一个规模较大的问题一般被分解为若干便于解决的子问题,再自顶向下,逐步求精,分别求解子问题,进而求得完整的解答。依据这样的问题分解的求解思路,一个大的程序就自然由若干子程序组成。在 C 语言程序设计中,由函数来实现子程序的功能。

函数是完成特定功能的程序段,通常由用户定义或系统定义。

一个 C 语言程序由一个主函数和若干其他函数组成,主函数调用其他函数,其他函数之间也可以相互调用。一个 C 语言程序的结构如图 6-2 所示。

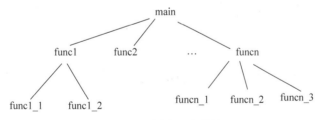

图 6-2   C 语言程序结构

从用户使用的角度,函数分为以下两种。

(1) 系统函数。系统函数即包含在系统库文件中的函数,由系统提供,可以在所有包含它相应头文件的程序中直接使用。如前面章节程序中涉及的求平方根函数 sqrt() 和求绝对值函数 fabs() 等都是 C 语言系统函数,它们都包含在 math.h 头文件中。若程序中要使用这些函数,就需要在程序开头加上一行语句“#include < math.h >”。不同的 C 编译系统提供的库函数的数量和功能会有所不同。

(2) 用户自定义函数。用户自定义函数即用户根据自己的需要定义的函数,需要用户编写实现相应功能的程序代码。在程序中若要使用用户自定义函数,就必须有函数的定义。

从函数的返回值角度,可以将函数分为以下两类。

（1）有返回值的函数。实例 6-2 中的 max 函数就是有返回值的函数,函数值为 10 个整数中的最大值。

（2）无返回值的函数。这类函数一般用于执行指定的操作,如排序、特殊内容的输出等,函数被调用后不返回函数值。

6.2　函数的定义

C 编译系统提供的库函数的数量和功能是有限的,不能设想所有的计算都能通过调用系统库函数得到结果。如求最大值问题,系统不提供求最大值的函数,这时用户就要根据需要自定义这样的函数,以便使用。

函数的定义包括函数首部(或函数头)和函数体两部分。下面分别介绍有返回值的函数和无返回值函数的定义。

6.2.1　有返回值函数的定义

有返回值函数定义的一般形式为:

```
函数返回值类型标识    函数名(形参表列)        /* 函数首部 */
{                                         /* 函数体 */
    声明语句
    功能语句
}
```

如定义求两个整数的较大值函数如下:

```
int max(int x, int y)                      /* 第 1 行 */
{
    int z;
    z = x > y?x:y;
    return z;
}
```

程序代码段中的第 1 行为函数首部,包括函数返回值类型、函数名和形参说明。注意,函数首部末尾没有分号“;”。

1. 函数返回值类型标识

指出函数返回值的数据类型,如 int、float、char 等。有返回值函数的函数体中,必须出现 return 语句,函数通过该语句返回计算结果。若 return 语句中表达式值的类型与函数定义中函数返回值的类型不一致,则以函数返回值的类型为准。例如,return 语句中表达式的值为 2.5,是一个实数,定义函数返回值的类型为 int,则函数的返回值为 2。

一个函数最多有一个返回值。若定义函数时返回值类型缺省,系统默认为 int 型。

2. 函数名

用于在程序中唯一标识一个函数,以便被调用。函数名的取名规则与变量名一样,是 C 语言的合法标识符。注意,程序中函数名和变量名不能重名。

3. 函数的形式参数

定义函数时,函数名后面圆括号“()”中的变量称为“形式参数”(简称“形参”)。形参必须逐个说明类型和名称,如上面求两个整数的较大值 max 函数定义中,变量 x 和 y 就是形参。通过形参,明确调用函数时需要提供什么类型的数据以及数据的个数。

4. 函数体

函数定义中用花括号"{}"括起来的部分为函数体。函数体主要包括实现函数功能的程序代码。

6.2.2　无返回值函数的定义

无返回值函数定义的一般形式为:

```
void 函数名(形参表列)              /* 函数首部 */
{                                 /* 函数体 */
    声明语句
    功能语句
}
```

如定义函数如下:

```
void print(int n)
{
    int i,j;
    for(i = 1;i <= n;i++)
    {
        for(j = 1;j < n - i;j++)
            printf(" ");              /* 输出一个空格 */
        for(j = 1;j < 2 * i - 1;j++)
            printf(" * ");
        printf("\n");
    }
    return;                          /* 此句可以省略 */
}
```

print 函数的功能是输出一个由 n 行" * "构成的金字塔图形。函数无须返回任何值,所以定义函数时,函数返回值类型为 void。

注意,在无返回值函数的定义中,函数体中允许出现 return 语句,但只能是"return;"的形式,不能通过 return 语句返回某个表达式的值。在无返回值函数的定义中,return 语句往往被缺省。

6.3　函数的调用

在 C 语言程序设计中,用户自定义函数定义后,即可使用它,称为函数的调用。主动调用其他函数则称为"主调函数"。被其他函数调用则称为"被调函数"。

函数调用的过程为:主调函数暂停执行,将控制权交给被调函数,被调函数执行结束,再将控制权返回给主调函数。函数的调用过程如图 6-3 所示,main 函数为主调函数,fun1 函数为被调函数。

图 6-3 函数的调用过程

6.3.1 函数调用的形式

函数调用的一般形式为：

函数名(实参表列)

注意：如果是无参函数(无形参)，实参表列可以省略，但圆括号"()"不能省略。

1. 有返回值函数的调用形式

有返回值函数的调用一般出现在一个表达式中，函数的返回值参与表达式的运算。如调用求两个整数的较大值函数 max，可以用以下的形式：

```
int   a,b,c;
…
c = 10 + max(a,b);
```

将变量 a、b 中的较大值加 10，然后将结果保存到变量 c 中。用户也可以根据需要直接将函数值输出，例如：

```
printf("max = % d\n",max(a,b));
```

2. 无返回值函数的调用形式

无返回值函数的调用形式相对较单一，一般以独立的语句形式出现。调用 6.2.2 节中定义的输出金字塔图形的函数 print，可以用以下的形式：

```
int   n;
…
print(n);                / * 输出由 n 行" * "组成的金字塔图形 * /
```

6.3.2 函数的参数

1. 形式参数

定义函数时，函数名之后圆括号"()"中的变量为形式参数(简称"形参")，是被调函数中用以接收主调函数传递过来的数据的变量。

2. 实际参数

调用函数时，函数名之后圆括号"()"中的表达式为实际参数(简称"实参")，是主调函数提供的数据。实参可以是常量、变量、带运算符号的表达式等，是具体的数值。

在函数调用过程中,不仅要发生控制权的转移,而且主调函数和被调函数之间通常会发生数据传递。

【实例6-3】 定义一个求两个整数中较大值的函数 max(int x,int y),函数的返回值类型为 int,在 main 函数中输入两个整数的值,调用 max 函数,输出它们的较大值。

分析:根据题意,max 函数需要两个形参,分别用于接收求两个整数;main 函数中需要定义两个整型变量,将两个整数保存在变量中,然后以这两个变量作为实参,调用函数 max 求出它们的较大值。

程序代码如下:

```
/* 实例6-3 */
# include < stdio.h>
int max(int x, int y)
{
    return x > y?x:y;
}
int main()
{   int a, b,c;
    printf("Input a,b:\n");
    scanf("%d%d",&a,&b);
    c = max(a,b);
    printf("max = %d\n", c);
    return 0;
}
```

图 6-4 求两个整数的较大值

程序运行结果如图 6-4 所示。

当 main 函数调用 max 函数,即执行语句"c＝max(a,b);"时,建立 max 函数的形参变量 x 和 y,在内存中分配相应的存储单元,然后将实际参数 a 和 b 的值分别传递给形参变量 x 和 y。当数据传递完成后,被调函数 max 具备了运行所需的数据,就可以执行函数体中的功能语句了。

说明:

(1) 被调函数定义中,形参类型必须指定,以便分配存储单元。

(2) 形参在函数调用时被分配存储单元,函数调用结束,形参对应的存储单元被释放。

(3) 实参可以是常量、变量、带运算符号的表达式等,总之要有确定的值。当调用函数时,将实参的值(如果是带运算符号的表达式,则先求出表达式的值)传递给形参;若是数组名(前提是形参被说明为一个数组或指针变量,见 6.6 节),则传送的是数组的首地址。

(4) 在实参和形参之间进行数据传递时,一般遵循三个一致性原则,即"个数一致、顺序一致、类型一致",使实参数据与形参一一对应。

点拨:

实参是变量时,当实参数据传递给形参后,实参与形参之间不再有任何关系。形参变量和实参变量占据的是不同的内存单元。被调函数中形参的值有变化,不会影响主调函数中实参变量的值。

【实例6-4】 定义函数 void swap(int x,int y),用于交换两个变量的值。在主函数中输入两个整数的值,调用 swap 函数,查看能否交换两个整型变量的值。

程序代码如下：

```
/* 实例 6-4 */
# include < stdio.h>
int main()
{
    void swap(int x, int y);          /* 对 swap 函数的声明 */
    int a,b;
    printf("Input a,b:\n");
    scanf("%d%d",&a,&b);
    printf("main:a=%d, b=%d\n",a, b);
    swap(a, b);
    printf("main:a=%d, b=%d\n",a, b);
    return 0;
}
void swap(int x, int y)
{   int t;
    t=x;x=y;y=t;
    printf("swap:x=%d, y=%d\n",x, y);
}
```

```
*D:\C语言教材\第6章实例\...   —   □   ×
Input a,b:
5 9
main:a=5, b=9
swap:x=9, y=5
main:a=5, b=9
Press any key to continue
```

图 6-5   试图交换两个变量的值

程序运行结果如图 6-5 所示。

执行 main 函数中的语句"swap(a，b)；"调用 swap 函数时，将两个实参变量 a 和变量 b 的值分别传递给形参变量 x 和 y。因为实参变量 a、b 与形参变量 x、y 占据的是不同的内存单元，如图 6-6 所示，所以，尽管在 swap 函数中利用中间变量 t，将形参变量 x 和 y 的值进行交换，但不影响 main 函数中变量 a 和 b 的值。

(a) 调用swap函数前   (b) 调用swap函数后

图 6-6   函数的参数传递

如何才能通过调用某函数，实现交换 main 函数中变量 a 和 b 的值呢？这个问题将在 6.6 节中展开。

6.3.3   被调函数的原型声明

实例 6-3 和实例 6-4 的两个程序中，都是 main 函数调用一个用户自定义的函数，但比较 main 函数会发现，实例 6-4 的 main 函数中多了对被调函数的原型声明语句"void swap (int x，int y)；"。什么情况下，需要对被调函数进行声明呢？

在 C 语言程序中，以下两种情况下可以缺省被调函数的原型声明。

(1) 被调函数的定义出现在主调函数之前，如实例 6-3。

(2) 被调函数的返回值类型为整型或字符型。

除此之外的情况下，程序中都需要对用户自定义的函数进行声明。被调函数的原型声明一般有以下两种方式。

（1）在主调函数中对被调函数进行原型声明，如实例 6-4 所示。

（2）在文件的开头，所有函数的外部，对被调函数进行原型声明。例如：

```
# include < stdio. h>
void   swap(int x, int y);                    /* 函数 swap 的原型声明 */
int main()
{
    int a,b;
    printf("Input a,b:\n");
    scanf(" % d % d",&a, &b);
    printf("main:a = % d, b = % d\ n",a, b);
    swap(a, b);
    printf("main:a = % d, b = % d\ n",a, b);
    return 0;
}
void swap(int x, int y)
{   int t;
    t = x;x = y;y = t;
    printf("swap:x = % d, y = % d\ n",x, y);
}
```

说明：

（1）函数的定义。对函数功能的确定，指定函数名、函数值类型、形参及类型、函数体等，它是完整、独立的程序单位。

（2）函数的原型声明。将函数名和函数返回值的类型及形参的类型、个数和顺序等通知编译系统，以便调用函数时进行对照检查。

（3）函数原型声明的形式如下。

① 函数返回值的类型   函数名(参数类型 1,参数类型 2…);

② 函数返回值的类型   函数名(参数类型 1   参数名 1,参数类型 2   参数名 2…)。

实例 6-4 中对函数 swap 的原型声明还可以写成以下的形式：

```
void   swap(int , int);
```

6.4   函数的嵌套调用和递归调用

在 C 语言程序中，函数间的关系是平行、独立的，所以不允许函数嵌套定义，如出现以下形式的函数定义：

```
int main()
{
    …
        void fun1()        /* 不允许在 main 函数内部定义 fun1 函数 */
        {
            …
        }
    …
    return 0;
}
```

6.4.1 函数的嵌套调用

在 C 语言程序中,允许函数嵌套调用,即函数 A 调用函数 B,函数 B 又调用函数 C。函数嵌套调用结构如图 6-7 所示。

图 6-7 函数嵌套调用结构

【**实例 6-5**】 根据要求编写程序,具体要求如下。

(1) 定义函数 fact(n),用于计算 n 的阶乘 n!＝1×2×3×⋯×n,函数返回值类型是 double。

(2) 定义函数 cal(n),用于计算累加和 s＝1!＋2!＋⋯＋n!,要求调用函数 fact(n)计算 n!,函数返回值类型是 double。

(3) 定义函数 main(),输入正整数 n,要求调用函数 cal(n),用于计算并输出 1!＋2!＋⋯＋n! 的值。

分析:

(1) 根据题意,程序中三个函数之间的嵌套调用关系为 main()→cal()→fact()。

(2) main 函数中定义一个整型变量,用于保存输入的整数。再定义一个双精度类型的变量,用于保存求和计算的结果。

程序代码如下:

```
/* 实例 6-5 */
# include < stdio. h>
double fact(int);              /* 函数的原型声明 */
double cal(int);               /* 函数的原型声明 */
int main()
{
    int n;
    double sum;
    printf("Input n:\n");
    scanf(" % d",&n);
    sum = cal(n);
    printf("sum = % .2lf\n",sum);
    return 0;
}
double fact(int n)             /* 定义 fact 函数 */
{
    int i;
    double t = 1;
```

```
        for(i = 1;i <= n;i++)
            t * = i;
        return t;
    }
    double cal(int n)                          /* 定义 cal 函数 */
    {
        int i;
        double s = 0;
        for(i = 1;i <= n;i++)
            s += fact(i);
        return s;
    }
```

程序运行结果如图 6-8 所示。

图 6-8　求阶乘之和

6.4.2　函数的递归调用

一个函数在它的函数体内直接或间接地调用它自身,称为递归调用。函数的递归调用的形式有以下两种。

(1) 直接递归:在函数体内函数调用函数本身,如图 6-9 所示。

(2) 间接递归:A 函数调用 B 函数,而 B 函数反过来又调用 A 函数,如图 6-10 所示。

图 6-9　直接递归　　　　　　　图 6-10　间接递归

本节重点讨论直接递归。

在递归调用中,主调函数又是被调函数。若程序控制权交给递归函数,它将反复调用其自身,每调用一次就进入新的一层,函数体内的程序代码就执行一遍。例如,f 函数定义如下:

```
int f(int n)
{
    int s;
    s = f(n - 1) + n;
    return s;
}
```

这个函数是一个递归函数。若一次调用 f 函数,该函数将无休止地调用其自身,这当然是不正确的。为了防止递归调用无终止地进行,在函数内必须有终止递归调用的手段。常用的办法是加条件判断,确定结束递归的条件,即满足某种条件后就不再进行递归调用,然后逐层返回。修改 f 函数的定义如下:

```
int f(int n)
{
```

```
        int s;
        if(n == 1)
            s = 1;
        else if(n > 1)
            s = f(n - 1) + n;
        return s;
    }
```

f 函数中用 if 语句增加了条件判断,对应计算的递归表达式为:

$$f(n) = \begin{cases} 1, & n=1 \\ f(n-1)+n, & n>1 \end{cases}$$

该函数的功能是求自然数的前 n 项之和。递归式用来解决如何计算的问题,而递归条件用于控制什么情况下递归调用继续执行,什么时候递归调用结束。递归式和递归条件是构成递归调用的两大要素。下面用一个实例说明函数递归调用的过程。

【**实例 6-6**】 用递归法求 n!,具体要求如下。

(1) 定义函数 fact(n),用于计算 n 的阶乘 n!=1 * 2 * 3 * … * n,函数返回值类型是 double。

(2) 定义函数 main(),输入正整数 n,要求调用函数 fact(n),计算并输出 n!的值。

分析:根据题意,要求用递归法求 n!,所以需要明确求 n!的递归式以及递归条件。求 n!的递归式为:

$$n! = \begin{cases} 1, & n=0 \text{ 或 } 1 \\ n * (n-1)!, & n>1 \end{cases}$$

程序代码如下:

```
/ * 实例 6-6 * /
# include < stdio.h >
double fact( int n)                      / * 定义 fact 函数 * /
{
    double f;
    if(n < 0)
        printf("data error!");
    else if(0 == n||1 == n)
        f = 1;
    else
        f = n * fact(n - 1);
    return f;
}
int main()
{
    int n;
    double y;
    printf("Input n:");
    scanf(" % d",&n);
    y = fact(n);
    printf(" % d!= % .2lf\n",n,y);
    return 0;
}
```

程序运行结果如图 6-11 所示。程序中函数的递归调用过程如图 6-12 所示。

从图 6-12 可知，递归调用是一种特殊形式的嵌套调用，函数递归调用的过程与函数的嵌套调用过程一致。

图 6-11　用递归法求 n!

图 6-12　函数的递归调用过程

点拨：递归调用的特殊性体现在函数调用过程中，递归函数既是主调函数又是被调函数，每调用一次，函数体的程序代码就要执行一遍，仅此而已。

巧妙利用递归，可以使复杂的问题迎刃而解。用递归方法解决问题的经典案例还有很多，如求 Fibonacci（斐波那契）数列、求两个整数的最大公约数、Hanoi（汉诺）塔问题等，有兴趣的读者可以查阅相关资料，这里不再赘述。

6.5　变量的作用域与生存期

众所周知，在程序设计中，变量是一个很重要的概念。变量是用于存储程序执行过程中所需数据的载体。在 C 语言程序中，使用变量必须遵循"先定义，后使用"的基本原则，而要用好变量，则还必须注意变量的两个重要的特征：作用域（即作用范围）和生存期（即生命周期）。

6.5.1　局部变量和全局变量

从作用域角度划分，变量分为两类：局部变量和全局变量。

1. 局部变量

在一个函数内部（函数体内）定义的变量，或在一个复合语句内部定义的变量称为"局部变量"。局部变量的作用域仅限于其定义所在的函数或复合语句内部。例如：

```c
#include <stdio.h>
int main()
{   int a = 1;
    {   int b = 2;
        b = a + b;
        a = a + b;
    }
    printf("a = %d\n",a);
    return 0;
}
```

在同一个程序中，不同的函数内部可以各自定义相应的变量，变量名也可以相同。

【实例 6-7】 局部变量同名实例。

```
/ * 实例 6-7 * /
# include < stdio. h>
void f1();
void f2(int ,int);
int main()
{   int a = 1, b = 2, c = 5;
    printf("1.main:a = % d, b = % d, c = % d\n",a, b, c); f1();
    printf("2.main:a = % d, b = % d, c = % d\n",a, b, c); f2(a, b);
    printf("3.main:a = % d, b = % d, c = % d\n",a, b, c);
    return 0;
}
void f1()
{   int a = 10, b = 25, c = 30;
    printf("f1: a = % d, b = % d, c = % d\n", a, b, c);
}
void f2(int a,int b)
{
    int c;
    a = a + 2;
    b = b + 1;
    c = a + b + 2;
    printf("f2:a = % d, b = % d, c = % d\n",a,b,c);
}
```

图 6-13　局部变量同名

程序运行结果如图 6-13 所示。

说明:

(1) 形参属局部变量,只能在其所在的函数内部使用。实例 6-7 中,f2 函数的形参变量 a 和 b 是局部变量,只在 f2 函数内部使用。

(2) 在不同函数中允许变量同名,它们占据不同的内存单元,相互之间互不影响。实例 6-7 中,main 函数、f1 函数和 f2 函数中各有局部变量 a,b,c,这些变量虽然名字相同,但各自独立,互不干扰。通过分析图 6-13 所示的程序运行结果,不难得到这样的结论。

如果某函数的局部变量与复合语句内的局部变量同名,结果会如何呢?

【实例 6-8】 复合语句中的局部变量实例。

```
/ * 实例 6-8 * /
# include < stdio. h>
int main()
{
    int a = 1, b = 2, c = 3;
    {   int c;
        c = a - b;
        printf("a = % d, b = % d, c = % d\n", a, b, c);
    }
    printf("a = % d, b = % d, c = % d \n", a, b, c) ;
    return 0;
}
```

图 6-14　复合语句中的局部变量

程序运行结果如图 6-14 所示,通过分析得到结论:若函数的局部变量与复合语句内的局部变量同名,在复合语句内函数的局部变量被屏蔽(不起作用)。

2. 全局变量

在一个程序的所有函数外部定义的变量称为"全局变量"（也称"外部变量"）。全局变量的作用域是从变量的定义位置开始，到源程序结束。全局变量可以被源程序中的所有函数共享，所以全局变量提供函数之间进行数据传递的渠道。

【实例 6-9】 使用全局变量实例。

```
/ * 实例 6-9 * /
# include < stdio.h >
void f1();
void f2();
void f3();
int a = 1;
int main()
{
    int b = 3;
    printf("1.main : a = % d, b = % d\n",a, b);
    f1();
    printf("2.main : a = % d, b = % d\n",a, b);
    f2();
    printf("3.main : a = % d, b = % d\n",a, b);
    f3();
    printf("4.main : a = % d, b = % d\n",a, b);
    return 0;
}

void f1()
{
    int b;
    b = a + 3;
    printf("f1:a = % d, b = % d\n",a, b);
}
void f2()
{
    int a, b;
    a = 5; b = a + 3;
    printf("f2: a = % d, b = % d\n",a, b);
}
void f3()
{
    int b;
    a = 6; b = a + 3;
    printf("f3:a = % d, b = % d\n",a, b);
}
```

图 6-15　全局变量的使用

程序运行结果如图 6-15 所示，通过分析可以得到变量作用域的屏蔽原则：函数或复合语句中定义的局部变量，与全局变量同名，则执行函数或复合语句时，局部变量优先，全局变量不起作用。

虽然在程序中全局变量可以起到函数之间进行数据交换的"纽带"作用，但同时全局变量也会带来"不可靠"因素。例如，有些读者可能对图 6-15 所示的程序运行结果中最后一行

函　数

的输出结果有疑惑,为什么结果不是"4. main : a＝1,b＝3"呢？殊不知在调用 f3 函数后,赋值语句"a＝6;"已经将全局变量的值"不知不觉"修改过了。另一方面,若程序中使用全局变量来进行函数之间的数据传递,函数之间的"耦合性"就会加大,导致程序的移植性差,所以建议在程序中尽量不要使用全局变量。

6.5.2 变量的生存期

程序中定义变量的目的是向系统申请一定的内存空间,用于保存程序执行所需的数据或计算结果。一旦使用完毕,就应该释放这些内存空间,即系统需要将它们"回收",以便下次分配再利用。对于变量,也就产生了"生存期"的问题。从变量被分配内存空间开始,到系统释放该内存空间,这个时间周期就称为变量的"生命周期"(简称"生存期")。

在 C 语言程序中,变量的存储方式分为两种:动态存储和静态存储。变量的存储方式决定其生存期的长短。静态存储的变量,程序运行期间为其分配的存储单元是固定不变的。动态存储的变量,程序运行期间根据需要为其动态地分配存储单元。

从存储属性角度划分,C 语言提供 4 种不同类型的变量。

(1) auto(自动)变量。

(2) register(寄存器)变量。

(3) static(静态)局部变量。

(4) extern(外部)变量。

变量的完整定义形式如下:

存储属性　类型名称　变量名表列;

1. auto 变量

auto 存储属性用于说明局部变量,在函数内部或复合语句内部定义 auto 变量。局部变量缺省的存储类别是 auto,即没有存储属性说明的局部变量是 auto 变量。auto 变量的特点是在函数内部或复合语句内部定义、生存,有效范围也只限制在函数内部或复合语句内部。如实例 6-8,main 函数内的变量 a,b,c 和复合语句内的变量 c 均为 auto 变量。

2. register 变量

寄存器是 CPU 内部的存储单元。一般变量对应的存储单元是从内存中分配的,由于内存读写的速度比 CPU 访问的速度慢很多,为了提高数据读写速度,将保存数据的存储单元从寄存器中分配,在一定程度上可以提高程序的运行效率。

register 存储类别的含义是将变量在寄存器中分配存储单元,因为寄存器是 CPU 内部的存储单元,其访问速度远快于内存,从而达到提高速度的目的。

由于寄存器结构的限制,register 只能说明整型和字符型变量,一般将循环控制变量声明成 register 属性,以提高程序运行速度。

【**实例 6-10**】 调用函数求 $1＋2＋3＋\cdots＋n$ 的值。

```
/* 实例 6-10 */
# include <stdio.h>
int main()
{
    int n,sum;
```

```
    int cal(int,int);
    printf("Input n:");
    scanf(" % d",&n);
    sum = cal(1,n);
    printf("sum = % d\n",sum);
    return 0;
}
int cal(int m,int n)
{
    int sum = 0;
    register int i;                         /* 说明 register 存储属性的变量 i */
    for(i = m;i < = n;i++)                   /* 变量 i 作为循环变量使用 */
        sum += i;
    return sum;
}
```

图 6-16　求 1+2+3+…+n 的值

程序运行结果如图 6-16 所示。

3. static 局部变量

在定义局部变量时,将变量存储属性说明成 static,这些局部变量即为静态存储方式的变量,程序运行期间为其分配的存储单元是固定不变的。静态局部变量的生存期为整个程序运行期,程序开始运行即分配内存单元,直到程序运行结束才释放内存单元,但 static 局部变量的作用域仍然为函数或复合语句内部。也就是说,static 局部变量在程序运行的过程中始终存在,但仅限制在函数内部或复合语句内部使用。

若希望函数调用结束后变量的值不消失,下次调用函数时继续使用该变量的值,则用 static 对变量加以声明。

【实例 6-11】　输出数字序列 1,2,3。

```
/* 实例 6-11 */
# include < stdio. h>
void fun()
{
    static int k = 1;
    printf("k = % d\n",k);
    k++;
}
int main()
{   int i;
    for(i = 1;i < = 3; i++)
        fun();
    return 0;
}
```

图 6-17　输出数字序列

程序运行结果如图 6-17 所示,main 函数利用循环语句三次调用 fun 函数,每调用一次 fun 函数,static 局部变量 k 就自增 1,下次调用该函数时变量 k 的值是上次函数返回前修改的值。虽然变量 k 一直存在,但只在 fun 函数内使用,main 函数不能使用它。

思考：若将程序中的 main 函数改为：

```
int main()
```

169

第 6 章

函　数

```
{    int i;
     for(i = 1;i <= 3; i++)
          fun();
     printf("k = % d\n",k);
     return 0;
}
```

再次运行程序,结果将如何?

利用 static 局部变量具有"记忆"的特点(保留上次函数返回前修改的值),可以实现一些特殊的计算。

【实例 6-12】 打印 1~5 的阶乘值。

```
/ * 实例 6-12 * /
# include < stdio. h>
int fact( int n)
{
     static int f = 1;
     f = f * n;
     return(f);
}
int main()
{    int i;
     for(i = 1; i <= 5; i++)
     printf(" % d != % d\n", i, fact(i));
     return 0;
}
```

图 6-18　打印 1~5 的阶乘值

程序运行结果如图 6-18 所示。阶乘的计算式为 $n! = n * (n-1)!$,利用 static 局部变量能够保留上一次函数调用结束时的值这一特点,main 函数第一次调用 fact 函数,得到 1!的值,第二次调用 fact 函数,求得 2!的值,以此类推,分别求得 1~5 的阶乘值。

思考:若要求打印 1!、3!、5!、7!和 9!,实例 6-12 的程序该如何修改?

4. extern 变量

extern 存储属性用于说明全局变量(又称"外部变量"),变量应该在所有函数的外部定义。全局变量的作用域是从变量的定义位置开始,到源程序结束。

如果全局变量不在程序文件的开头定义,那么其有效的作用范围只限于从定义处到程序文件结束。如果在定义点之前的函数想引用该全局变量,则应该在引用之前用关键字 extern 对该变量作"外部变量声明",表示该变量是一个已经定义的外部变量。有了此声明,即可从"声明"处起,合法地使用该外部变量。

【实例 6-13】 求两个整数中的较小值并输出。

```
/ * 实例 6-13 * /
# include < stdio. h>
int min( int x, int y);                    / * 函数原型声明 * /
int main()
{
```

```
        extern int a,b;                          /* 用 extern 声明外部变量 */
        printf("Input a&b:\n");
        scanf(" % d % d",&a,&b);
        printf("min = % d\n",min(a,b));
        return 0;
}
                                                 通过 extern 声明
int a,b;                                         扩展后的作用域
int min( int x,int y)
{
        int m;
        if(x > y)                                全局变量定义
                m = y;                           时的作用域
        else
                m = x;
        return m;
}
```

程序运行结果如图 6-19 所示。

思考：若将 main 函数中的语句"extern int a,b;"删除,再运行程序,结果将如何?

C 语言程序设计中,一个程序可以由多个函数组成,这些函数可以保存在一个源程序文件中,也可以

图 6-19　求两个整数中的较小值

分别保存在不同的文件中,每个文件可以单独编译,最后通过文件包含或工程文件连接成统一的程序。在这种程序设计模式中,涉及不同文件之间全局变量的共享问题。在一个文件中定义的全局变量,其他文件通过 extern 声明该变量后即可使用。

【实例 6-14】　编写一个多文件程序,求两个整数中的较小值并输出。

分析:

(1) 定义全局整型变量 a 和 b,然后再定义一个求两个整数中的较小值 min 函数,将程序代码保存在文件 min_file. c 中。

(2) 主函数中对 min 函数进行原型声明,用 extern 声明变量 a、b 后即可使用。

程序代码如下:

```
/* 实例 6-14 */
/* 文件 exam6_14.c 的内容 */
# include < stdio. h>
int main()
{
        int min( int x,int y);                   /* 函数 min 的原型声明 */
        extern int a,b;                          /* 用 extern 声明外部变量 a 和 b */
        printf("Input a&b:\n");
        scanf(" % d % d",&a,&b);
        printf("min = % d\n",min(a,b));
        return 0;
}
/*  文件 min_file. c 的内容 */
int a,b;                                         /* 定义全局变量 */
int min( int x,int y)
{
```

```
        if(x>y)
            return y;
        else
            return x;
    }
```

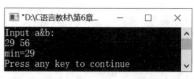

图 6-20   多文件程序实现求两个整数
的较小值

程序运行结果如图 6-20 所示,与实例 6-13 的单文件程序执行结果相同。若将 main 函数中的语句"extern int a,b;"删除,程序编译出错,如图 6-21 所示。

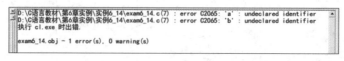

图 6-21   其他文件中必须用 extern 声明全局变量

说明:在一个多文件程序中,若某文件中定义全局变量时,用 static 声明其存储属性,该全局变量被称为"静态全局变量",其作用域限定在本文件,即限制在本文件内部使用,其他文件中出现的同名变量与该静态全局变量无关。

例如,将实例 6-14 中文件 min_file.c 的第一行语句改为"static int a,b;",程序编译通过,但连接报错,如图 6-22 所示。文件 min_file.c 中的静态全局变量 a 和 b 只限制在文件 min_file.c 中使用,在文件 exam6_14.c 的 main 函数中不能再通过 extern 声明变量 a 和 b 而使用它们。

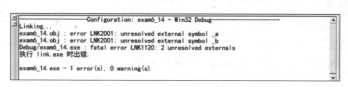

图 6-22   static 全局变量不能与其他文件共享

6.5.3 存储类别小结

在 C 语言程序设计中,定义变量需要指出数据类型和存储类别。

1. 作用域

变量在某个文件或函数范围内是有效的,则称该文件或函数是该变量的作用域。

从作用域角度,变量分为局部变量和全局(外部)变量。

(1) 局部变量。

以下变量属于局部变量。

- auto(自动)变量,离开函数,其值消失。
- static 局部变量,离开函数,其值仍保留。
- register(寄存器)变量,离开函数,其值消失。
- 形式参数,可定义为自动或寄存器变量。

(2) 全局(外部)变量。

以下变量属于全局(外部)变量。

- static 外部变量,只限本文件引用。
- 外部(非静态)变量,允许本程序中其他文件引用。

2. 生存期

变量在某一时段是存在的,认为这一时段属于该变量的生存期。

变量的存储属性分为动态存储和静态存储两类。变量的存储属性决定变量的生存期。

(1) 动态存储。

以下变量具有动态存储属性。

- auto(自动)变量,函数内有效。
- register(寄存器)变量,函数内有效。
- 形式参数,函数内有效。

(2) 静态存储。

以下变量具有静态存储属性。

- static 局部变量,函数内有效。
- static 外部变量,本文件内有效。
- 外部变量,本程序的其他文件可引用。

变量的作用域和生存期如表 6-1 所示。

表 6-1 变量的作用域和生存期

变 量	函 数 内		函 数 外	
	作用域	生存期	作用域	生存期
auto 和 register 变量	√	√	×	×
形式参数	√	√	×	×
static 局部变量	√	√	×	√(整个程序)
外部变量	√	√	√	√(整个程序)
static 外部变量	√	√	√(文件内)	√(整个程序)

3. 举例

```
/ * 文件 main.c * /
#include <stdio.h>
int a = 2;
int main()
{
    printf("%d\n", f1());
    return 0;
}
/ * 文件 file1.c * /
extern a;
static int k = 1;
int f1()
{
    int b = 0;
    b = k + f2(a);
    return b;
}
int f2(int x)
{
    static int c = 1;
    c++;
    return c + x;
}
```

a的作用域

k的作用域

b的作用域

c的作用域   x的作用域

以上程序中各变量的生存期分别为：

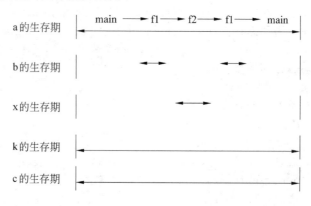

| a的生存期 | main → f1 → f2 → f1 → main |

b的生存期

x的生存期

k的生存期

c的生存期

6.6　指针与函数

在6.3.2节的实例6-4程序中有一个函数 void swap(int x,int y)，在 main 函数中输入两个整数，调用 swap 函数并不能将变量 a、b 的值交换，如何才能通过调用 swap 函数将 main 函数中两个局部变量 a、b 的值交换呢？唯一可以采用的方法是以指针变量作为 swap 函数的形式参数。

6.6.1　指针变量作为函数参数

【实例 6-15】　编写程序，具体要求如下。

（1）定义函数 swap(a,b)，实现两个整数的交换。

（2）定义函数 main()，分别输入两个整数到变量 a、b，调用 swap 函数，交换变量 a、b 的值。

分析：

（1）根据题意，swap 函数有两个形式参数，形参应该为指向整型的指针变量。在 swap 函数体内交换两个形参变量所指对象的值。

（2）main 函数中输入两个整数，调用 swap 函数交换两个整型变量的值。注意，调用 swap 函数时，实际参数是变量 a、b 的地址。

程序代码如下：

```
/*实例6-15*/
#include<stdio.h>
void swap(int *p1,int *p2);          /*对 swap 函数的声明*/
int main()
{
    int a, b, *p11, *p12;
    printf("Input a,b:\n");
    scanf("%d%d",&a,&b);
    printf("before swap:a=%d, b=%d\n",a, b);
    p11=&a;
    p12=&b;
```

```
    swap(p11, p12);                        /* 第 11 行 */
    printf("after swap:a = % d, b = % d\ n",a, b);
    return 0;
}
void swap(int * p1, int * p2)
{
    int t;
    t = * p1;  * p1 = * p2;  * p2 = t;
}
```

图 6-23 交换两个变量的值

程序运行结果如图 6-23 所示。

main 函数执行语句"swap(p11，p12);"调用 swap 函数时，将实参变量 p11 和 p12 的值，即 main 函数的局部变量 a、b 的地址分别传递给 swap 函数的形参指针变量 p1 和 p2。指针变量 p1 和 p2 分别指向 main 函数的局部变量 a、b。这样，在 main 函数与 swap 函数之间就架起了一座"桥梁"。

虽然在 swap 函数中不能直接访问 main 函数的局部变量 a、b，但利用指针变量 p1 和 p2 可以间接访问它们，* p1 即变量 a，* p2 即变量 b。利用中间变量 t 交换 * p1 和 * p2 的值，就是交换 main 函数中变量 a 和 b 的值，整个过程如图 6-24 所示。

图 6-24 指针变量作参数的数据传递

通过对实例 6-15 中函数参数传递的分析可知，main 函数中可以不使用指针变量 p11 和 p12，将程序中第 11 行改为"swap(&a，&b);"即可。

点拨：若以指针变量作为函数参数，传递变量的地址，可以在被调函数中通过指针变量改变其所指向变量的值。

那么，是不是只要以指针变量作为函数参数，就一定能改变所指变量的值呢？答案是否定的。

【**实例 6-16**】 修改实例 6-15 的程序，并分析运行结果。

```
/* 实例 6-16 */
# include < stdio. h >
void swap(int * p1, int * p2);           /* 对 swap 函数的声明 */
int main()
```

第 6 章

函　数

```
{
    int a, b;
    printf("Input a,b:\n");
    scanf("%d%d",&a,&b);
    printf("Before swap:a=%d, b=%d\n",a, b);
    swap(&a, &b);
    printf("After swap:a=%d, b=%d\n",a, b);
    return 0;
}
void swap(int * p1, int * p2)
{
    int * p;
    p = p1; p1 = p2; p2 = p;
}
```

程序运行结果如图 6-25 所示。

图 6-25　指针变量作函数参数未能交换变量的值

　　main 函数执行语句"swap(&a, &b);"调用 swap 函数时,将局部变量 a 和 b 的地址分别传递给 swap 函数的形参指针变量 p1 和 p2。指针变量 p1 和 p2 分别与 main 函数的局部变量 a 和 b 建立了指向关系,此时,程序的控制权也转移到被调函数 swap。在 swap 函数中,利用一个中间指针变量 p,将形参指针变量 p1 和 p2 的值进行交换,实质是改变 p1 和 p2 的指向,并不是将它们所指向的对象(即变量 a 和 b)的值交换,整个过程如图 6-26 所示。

图 6-26　交换指针变量的值

6.6.2　数组作为函数参数

　　当利用函数处理保存在数组中的批量数据时,函数必须要访问数组中的每个元素。在数据量较大的情况下,将每个数组元素单独通过函数参数的形式传递给函数,这种方法显然是不现实的。

　　数组是有序、同类型数据的集合。利用数组元素之间有序性的特点,只要知道数组的首地址,即可依次访问数组中的所有元素。在 C 语言中,数组名表示该数组的首地址。以数组名作为实参调用函数,即可在该函数中实现对数组中所有元素的处理。

1. 一维数值数组作为函数参数

　　6.1 节中,实例 6-2 程序中的 max 函数就是以一维数组作为函数参数的例子。通过仔细分析，会发现 max 函数有一个明显的缺陷：只能求 10 个数中的最大值，若要求 9 个数或 11 个数中的最大值，max 函数都"无能为力"。如何才能提高 max 函数的通用性？

【实例 6-17】 将两组学生的成绩分别保存到两个数组中，求每组学生成绩的最高分。

分析：

（1）定义 max 函数，用于求几个数中的最大值。因为要处理多个数据，所以形式参数中一个为形参数组，另外一个为整型变量，用于接收实际数组元素的个数。

（2）main 函数中定义两个数组，分别保存两组学生的成绩，然后调用 max 函数求最高分。

程序代码如下：

```c
/* 实例 6-17 */
# include < stdio. h>
int max( int score[ ], int n)                /* 定义 max 函数 */
{
    int i, maxscore;
    maxscore = score[0];
    for( i = 1; i < n; i++)
        if( maxscore < score[ i]) maxscore = score[ i];
        return maxscore;
}
int main()
{   int s1[5] = {95, 97, 91, 60, 55};
    int s2[10] = {67, 59, 99, 69, 77, 59, 76, 54, 60, 99};
    int i;
    for( i = 0; i < 5; i++)
        printf("s1[ % d] = % d\n", i, s1[i]);
    printf("The max of group A is % d\n", max(s1, 5));
    for( i = 0; i < 10; i++)
        printf("s2[ % d] = % d\n", i, s2[i]);
    printf("The max of group B is % d\n", max(s2, 10));
    return 0;
}
```

程序运行结果如图 6-27 所示。在 max 函数中除了形参数组 score 之外，增加了一个形式参数 n，用于接收实际数组元素的个数，以便对保存在数组中的有效数据进行操作。

将数组首地址和数组元素的个数传递给被调函数，如实例 6-17 中"max(s1,5)"，其实质是将整个数组 s1 传递给 max 函数。在 max 函数中对形参数组 score 的操作实际上就是对 main 函数中的实参数组 s1 进行操作。

数组名作实参调用函数，主调函数中传递的是数组的首地址，所以，被调函数的形参可以是指针变量。实例 6-17 中的 max 函数还可以写成如下形式：

图 6-27　分别求两组学生
成绩的最高分

```c
int max( int * score, int n)
{
```

第 6 章

函　数

```
    int i,maxscore;
    maxscore = score[0];
    for(i = 1;i < n;i++)
        if(maxscore < score[i]) maxscore = score[i];
        return maxscore;
}
```

在 max 函数中,指针变量 score 指向数组的首地址,所以可以用指针变量表示其所指向数组中的元素,score[0]即数组的第一个元素。

【**实例 6-18**】 用选择法对一组数学成绩进行降序(由大到小)排序。具体要求如下。

(1) 定义函数 sort(),用于对 n 个整数进行降序排序。

(2) 定义函数 main(),将数学成绩输入一个数组中,然后调用 sort 函数对数学成绩进行降序排序。

分析:

(1) 根据题意,sort 函数的功能是对 n 个整数进行降序排序,所以需要有一个形参数组 score,另一个形参变量 n 用于接收实际数组元素的个数。

(2) main 函数中定义一个数组 math,将数学成绩保存到该数组中,然后调用 sort 函数对数组进行降序排序。

程序代码如下:

```
/ * 实例 6-18 * /
# include < stdio. h >
void sort(int score[ ], int n)
{    int i, j, k, temp;
    for(i = 0;i < n - 1; i++)
    {
        k = i;
        for(j = i + 1; j < n;j++)
            if(score[k]< score[j]) k = j;
        temp = score [k]; score [k] = score [i]; score [i] = temp;
    }
}
int main()
{
    int math[5], i;
    printf("Enter the scores:\n");
    for(i = 0; i < 5; i++)
        scanf(" % d", &math[i]);
    sort(math, 5);
    printf("After sort:\n");
    for(i = 0;i < 5;i++)
        printf(" % d\t", math[i]);
    return 0;
}
```

程序运行结果如图 6-28 所示。main 函数中输入 5 个数学成绩到数组 math 中,执行语句"sort(math, 5);",将程序控制权转交给 sort 函数,同时将数组 math 的首地址及其数组

元素个数 5 传递给被调函数 sort。sort 函
数中的形参数组 score 即 main 函数中的数
组 math。在 sort 函数中,用选择法对数组
score 进行降序排序结束后,程序控制权返
回给 main 函数。main 函数中顺序输出数
组 math 的每个元素的值,结果是降序排
列的。

图 6-28　将数学成绩进行降序排序

2. 字符数组作为函数参数

在 C 语言程序设计中,可以将一个字符串保存在一个一维字符数组中,以 '\0' 作为结束
标记。当函数要处理字符串时,可以将保存该字符串的字符数组的首地址作为实际参数传
递给该函数,在函数内即可根据需要对字符串进行处理。

【实例 6-19】　编写程序,具体要求如下。

(1) 定义一个函数 aphacount(),统计并返回某字符串中小写英文字母 c 出现的次数,
如果未找到,则函数返回 0。

(2) 在 main 函数中输入字符串,调用 aphacount 函数,输出统计结果。

分析:

(1) 根据题意,aphacount 函数中需要处理一个字符串,所以函数的形式参数应该是一
个字符数组或字符指针变量,用于接收主调函数传递的字符串首地址。

(2) main 函数中定义一个字符数组,将字符串保存到数组中,然后调用 aphacount 函数
统计该字符串中小写字母 c 出现的次数,并输出结果。

程序代码如下:

```
/* 实例 6-19 */
#include < stdio. h>
int aphacount(char * s)
{
    int count = 0;
    while( * s!= '\0')
    {
        if('c' == * s) count++;
        s++;
    }
    return count;
}
int main()
{
    char str[30];
    printf("请输入字符串:\n");
    gets(str);
    printf("小写字母 c 出现的次数为:");
    printf(" % d\n", aphacount(str));
    return 0;
}
```

程序运行结果如图 6-29 所示。aphacount 函数的形式参数为 char * s,是一个字符型

图 6-29　统计小写英文字母 c 出现的次数

指针变量。main 函数中调用 aphacount 函数时用字符数组名 str 作为实际参数,将字符串的首地址传递给形参指针变量 s,s 即指向数组 str,这样即可使用指针变量 s 访问数组元素。

　　点拨:与数值类型数组作为函数的参数不同,字符串有结束标记'\0',所以即使没有将字符串中的字符个数传递给被调函数,在被调函数中也能访问字符串中的每个有效字符。

　　实例 6-19 中 aphacount 函数的定义还可以改为如下形式:

```c
int aphacount(char s[])
{
    int i = 0,count = 0;
    while(s[i]!= '\0')
    {
        if('c' == s[i]) count++;
        i++;
    }
    return count;
}
```

　　以形参数组作参数,程序运行结果一致。

　　实例 6-19 的源程序还可以写成如下形式:

```c
# include < stdio. h>
# include < string. h>
int aphacount(char * s, int n)
{
    int i,count = 0;
    for(i = 1;i < = n;i++)
    {
        if('c' == * s) count++;
        s++;
    }
    return count;
}
int main()
{
    char str[30];
    printf("请输入字符串:\n");
    gets(str);
    printf("小写字母 c 出现的次数为:");
    printf(" % d\n", aphacount(str,strlen(str)));
    return 0;
}
```

　　与一维数值数组作为函数参数一样,main 函数中将保存字符串的字符数组首地址和字符串的长度传递给被调函数 aphacount。在 aphacount 函数中,访问字符数组时,用字符串的长度值控制循环,以确保字符串中每个有效字符都访问一遍。程序运行结果与实例 6-19 的程序运行结果一致。

6.7　返回指针的函数和函数指针

有返回值的函数可以通过 return 语句返回一个计算的结果,称为函数的返回值。若函数的返回值是某内存地址,则称该函数为返回指针的函数。

函数是构成 C 语言程序的基本单位。运行程序时,操作系统将程序代码都调入内存,每个函数在内存中都对应一个函数代码的首地址,称为函数的入口地址,即函数指针。在 C 语言程序中,可以使用函数名调用函数,也可以使用函数指针调用函数。

6.7.1　返回指针的函数

返回指针的函数定义形式如下:

```
类型标识　＊函数名(形参表列)
{
    声明语句
    功能语句
}
```

函数名前有一个星号"＊",表示函数返回值是一个指针。查阅系统库函数,在 string.h 文件中的字符串连接和字符串复制函数原型如下:

```
char  ＊ strcat(char ＊ dest,const char ＊ src)
char  ＊ strcpy(char ＊ dest,const char ＊ src)
```

说明这两个函数的返回值都是字符型指针,即字符串首地址。通过以下程序验证这一结论。

```
# include < stdio. h>
# include < string. h>
int main()
{
    char str1[30] = "Beijing ",str2[] = "China";
    printf(" % s\n",strcat(str1,str2));      / ＊ 连接两个字符串,输出 Beijing China ＊ /
    printf(" % s\n", strcpy(str1,str2));      / ＊ 将 str2 中的字符串复制到 str1,输出 China ＊ /
    return 0;
}
```

【实例 6-20】　编写程序,定义函数 strcopy(char ＊ dest, char ＊ src),不用 strcpy 函数,实现字符串的复制。main 函数中输入一个字符串,调用 strcopy 函数实现字符串的复制。

分析:本实例的重点是如何实现字符串的复制。解题思路是利用循环结构,从前往后逐个将已有字符串中的字符逐个复制到另一个字符数组中。

程序代码如下:

```
/ ＊ 实例 6-20 ＊ /
# include < stdio. h>
char ＊ strcopy(char ＊ dest,char ＊ src)
{
    char ＊ s;
    s = dest;
```

```
        while( * src!= '\0')
        {
            * dest = * src;
            dest++;
            src++;
        }
        * dest = '\0';
        return s;
}
int main()
{
    char str1[20],str2[20];
    printf("请输入字符串:\n");
    gets(str1);
    printf("复制得到的字符串为:\n");
    printf(" % s\n", strcopy(str2,str1));
    printf(" % s\n", str2);
    return 0;
}
```

图 6-30 字符串的复制

程序运行结果如图 6-30 所示。main 函数中输入一个字符串到字符数组 str1 中,调用 strcopy 函数时用字符数组名 str2 和 str1 作为实参,将两个数组的首地址分别传递给形参指针变量 dest 和 src,即 dest 指向数组 str2,src 指向数组 str1。随后使用指针变量对数组进行访问,实现字符串的复制。最后用 return 语句返回 dest 指针变量指向的数组首地址,该字符数组中保存的是复制得到的字符串。

strcopy 函数执行完毕,返回之前各参数及指针变量之间的关系如图 6-31 所示。

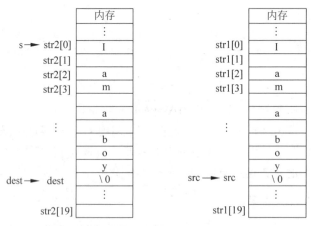

图 6-31 字符数组与指针变量之间的关系

6.7.2 函数指针

在 C 语言程序中,函数调用时除了要进行参数传递,还要实现程序控制权的转移,即找到被调函数的入口地址,运行函数代码,被调函数运行结束,再返回到主调函数。在函数调用过程中,找到函数的入口地址是关键。

本章前面列举的函数调用实例中,都是通过函数名调用函数的,一个函数的函数名就表示该函数的入口地址,用于保存函数入口地址的变量,称为指向函数的指针变量(简称"函数指针")。可以通过函数指针调用函数。

1. 函数指针的定义

函数指针的一般定义格式如下:

类型说明 (* 变量名)();

例如:

int (* funp)();

说明 funp 是一个指向函数的指针变量,其所指向的函数的返回值是 int 类型。

2. 函数指针的使用

定义函数指针后,可以将某个具有相同返回值类型的函数的入口地址保存于函数指针中,再通过函数指针调用该函数。

【实例 6-21】 main 函数中输入两个整数,通过函数指针调用求两个整数的较大值函数 max,并输出结果。

分析:根据题意,在 main 函数中定义两个整型变量 a 和 b,输入两个整数;定义一个返回值为整型的函数指针 maxp,将 max 函数的入口地址赋值给 maxp,然后以变量 a 和 b 作实参,用函数指针 maxp 调用 max 函数,求出 a 和 b 中的较大值。

程序代码如下:

```
/* 实例 6-21 */
# include < stdio.h >
int max( int x, int y)
{
    return x > y?x:y;
}
int main()
{
    int a,b,m;
    int ( * maxp)(int,int);          /* 定义函数指针 maxp */
    maxp = max;                      /* 函数指针 maxp 指向 max 函数 */
    printf("Input 2 integers:\n");
    scanf(" % d % d",&a, &b);
    m = ( * maxp)(a,b);              /* 用函数指针 maxp 调用 max 函数 */
    printf("max = % d\n",m);
    return 0;
}
```

程序运行结果如图 6-32 所示。在 main 函数中定义指向函数的指针变量 maxp,通过赋值语句"maxp=max;"使其指向 max 函数,利用 maxp 即可调用函数 max 了。

使用函数指针时应注意以下几点。

图 6-32 用函数指针调用
max 函数求最大值

第 6 章

函　数

（1）函数指针不能进行算术运算。在 C 语言里，指针变量加 1 的含义是：指针变量当前所指向的地址加上其所指向地址的数据类型所需地址大小。函数指针指向的是函数，函数的空间大小不定，对函数指针进行加 1 操作没有意义。

（2）函数定义中"（＊变量名）"两边的括号不能缺失，其中，星号"＊"不应该理解为指针运算，在此处它只是一个符号。（＊变量名）（）表示所定义的变量是函数指针变量，用于保存函数的入口地址。

函数指针可以指向不同的函数，利用这一特点可以将函数指针作为函数的参数，以实现不同函数的调用。

【实例 6-22】　定义函数 max 求两个整数中的较大值；定义函数 min 求两个整数中的较小值；以函数指针作为参数，定义函数 fun。在 main 函数中输入两个整数，调用 fun 函数求出两个整数中的较大值和较小值并输出结果。

```c
/* 实例 6-22 */
# include < stdio. h >
int max( int x, int y)
{
    return x > y?x:y;
}
int min( int x, int y)
{
    return x < y?x:y;
}
int fun( int ( * funp)( int, int), int x, int y)
{
    int z;
    z = ( * funp)( x, y);                   /* 调用 funp 指向的函数 */
    return z;
}

int main()
{
    int a,b,m;
    printf("Input 2 integers:\n");
    scanf("% d % d", &a, &b);
    m = fun( max, a, b);                     /* 以函数 max 作实参,调用 fun 函数以求较大值 */
    printf("max = % d\n", m);
    m = fun( min, a, b);                     /* 以函数 min 作实参,调用 fun 函数以求较小值 */
    printf("min = % d\n", m);
    return 0;
}
```

图 6-33　用函数指针作参数，
求较大值与较小值

程序运行结果如图 6-33 所示。函数 fun 有三个参数，第一个参数 funp 是一个函数指针，语句"z =（＊funp）（x,y）;"表示调用 funp 所指向的函数，x 和 y 作为函数参数。

main 函数中语句"m＝fun（max,a,b）;"表示调用函数 fun，以 max 作为实参，将 max 函数的地址传递给函数指针 funp。在函数 fun 内,用函数指针 funp 调用 max 函数,求出 a 和 b 两个整数中的较大值。同理,语句"m＝fun(min,a,b);"调用函数 fun,以 min 作为实参,在 fun 函数内调用 min 函数,求出 a 和 b 两个整数的较小值。

6.8 main 函数的参数

C 语言程序最大的特点是所有的程序都由函数组成。main()称为主函数,是所有程序运行的入口。

在前面章节的实例中,main 函数都是不带参数的,因此 main 后的括号"()"都是空的。main 函数始终作为主调函数处理,即允许 main 调用其他函数并传递参数。事实上,main 函数本身也是可以有参数的,可以认为是 main 函数的形式参数。由于 main 函数不能被其他函数调用,因此不可能在程序内部取得实际值。那么,通过什么途径将实参值赋予 main 函数的形参呢?

C 语言规定 main 函数的参数只能有两个,习惯上这两个参数写为 argc 和 argv。C 语言还规定 argc(第一个形参)必须是整型变量,argv(第二个形参)必须是指向字符串的指针数组。加上形参的 main 函数形式如下:

```
int main(int argc,char *argv[ ])
{
    …
    return 0;
}
```

当一个 C 语言源程序经过编译、链接后,会生成扩展名为.exe 的可执行文件,此文件可以在操作系统下直接运行。实际上,main 函数的参数值是从操作系统命令行上获得的。当运行一个可执行文件时,在 DOS 提示符下键入文件名,再输入实际参数即可把这些实参传递给 main 函数的形参。

在操作系统环境下,一条完整的运行命令应包括两部分:命令与相应的参数。其格式为:

命令 参数 1 参数 2 … 参数 n

以上的运行命令称为命令行。命令行中的命令是可执行文件的文件名,其后的参数用空格分隔,是对命令的进一步补充,也是传递给 main 函数的参数。例如,命令行:

strcopy Hangzhou Jiaxing

其中,strcopy 为可执行文件的文件名,即一个由 strcopy.c 经编译、链接后生成的可执行文件 strcopy.exe,其后有两个参数 Hangzhou 和 Jiaxing。main 函数的参数 argc 记录了命令行中命令和参数的个数,共三个,指针数组的大小由参数 argc 的值决定,即 char *argv[3],指针数组的指向情况如图 6-34 所示。数组 argv 的各元素分别指向一个字符串。值得注意的是,指针数组元素 argv[0]始终指向

图 6-34　main 函数指针数组的指向情况

命令行中的命令,从 argv[1]开始其后的元素分别指向命令行中的各个参数。

以下用实例说明带参数的 main 函数的使用。

【实例 6-23】 显示命令行中输入的参数。

```
/* 实例 6-23 */
#include <stdio.h>
int main(int argc,char * argv[])
{
    int i = 0;
    while(argc > 1)
    {
        printf(" %s\n",argv[++i]);
        argc -- ;
    }
    return 0;
}
```

如果可执行文件名为 ex6_23.exe,存放在 D 盘根目录下,则输入的命令行为:

d:\ex6_23 Jiaxing   Zhejiang China

用命令行方式执行文件 ex6_23.exe,输出结果如图 6-35 所示。

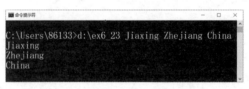

图 6-35　输出命令行中的参数

该命令行由 4 个字符串组成,执行 main 时,参数 argc 的初值为 4,指针数组 argv 的 4 个元素分别保存 4 个字符串的首地址。while 语句每循环一次,argc 的值减 1,当 argc 等于 1 时则停止循环,共循环 3 次,因此共输出 3 个参数。在 printf 函数中,由于输出项为 argv[++i],下标变量先加 1,再输出相应的数组元素,所以第一次输出的是 argv[1],其所指的字符串为 Jiaxing。

6.9　编译预处理

在 C 语言中,没有任何内在的机制来完成如下一些功能:在编译时定义宏、根据条件决定编译时是否包含某些代码、包含其他源文件。要完成这些工作,就需要使用预处理程序。尽管目前绝大多数编译器都包含预处理程序,但通常认为它们是独立于编译器的。预处理过程会读入源代码,检查包含预处理指令的语句和宏定义,并对源代码进行相应转换。预处理过程还会删除程序中的注释和多余的空白字符。

预处理指令是以#号开头的代码行。井号"#"必须是该行除了任何空白字符外的第一个字符。#号后是指令关键字,在关键字和#号之间允许存在任意个数的空白字符。一行只能书写一个预处理命令,该命令将在编译器进行编译之前对源代码做某些转换。

需要注意的是：预处理命令不是 C 语言的语句，该行末尾不加分号";"。

常用的 C 语言预处理指令如表 6-2 所示。

表 6-2　常用的 C 语言预处理指令

指　　令	用　　途
♯include	包含一个源代码文件
♯define	定义宏
♯undef	取消已定义的宏
♯if	如果给定条件为真，则编译下面代码
♯elif	如果前面的♯if指令的条件为假，当前条件为真，则编译下面代码
♯else	如果前面的♯if指令的条件不为真，编译其后面的代码
♯endif	结束一个♯if…♯else条件编译块
♯ifdef	如果宏已定义，则编译下面代码
♯ifndef	如果宏没有定义，则编译下面代码

6.9.1　宏定义

宏定义了一个代表特定内容的标识符。预处理过程会把源代码中出现的宏标识符替换成宏定义时的值。宏最常见的用法是定义代表某个值的全局符号。宏的第二种用法是定义带参数的宏，这样的宏可以像函数一样被调用，但它是在调用语句处展开宏，并用调用时的实际参数代替定义中的形式参数，与函数调用有本质的区别。

使用宏的好处有以下三点。

(1) 使用方便。例如，♯define PI 3.1415926。PI 显然比 3.1415926 写起来更方便。

(2) 定义的宏有一定意义，可读性强。例如，♯define MAX_NUM 10。见文知义，MAX_NUM 是最大数量的意思，比单纯使用数字 10 更具可读性。

(3) 便于修改。如果在程序的多次计算中使用到圆周率 PI，若原来圆周率的取值为 3.1415926，现要将其值修改为 3.14，只要修改宏定义为 ♯define PI 3.14 即可。

作为一种约定，宏标识符一般全部用大写字母表示，便于程序中把宏标识符和变量名从直观上区分。

1. 无参宏定义

无参宏定义的基本形式为：

```
♯define 标识符 字符串
```

功能：用字符串代替标识符。

【实例 6-24】 输入圆的半径，求圆的周长、面积和球的体积。

分析：根据题意，求圆的周长、面积和球的体积公式中都涉及圆周率 π。为了使程序更简洁且便于维护，在程序中定义一个能替换成圆周率的宏。

程序代码如下：

```
/ * 实例 6-24 * /
♯include < stdio. h >
♯define PI 3.1415926
```

```
int main()
{
    double l, s,r,v;
    printf("Input radius :");
    scanf("%lf",&r);
    l = 2.0 * r * PI;
    s = PI * r * r;
    v = 3.0/4 * PI * r * r * r;
    printf("l = %.4f\ns = %.4f\nv = %.4f\n",l,s,v);
    return 0;
}
```

程序运行结果如图 6-36 所示。程序中的宏标
识符 PI 即 3.1415926。

图 6-36　求圆的周长、面积和球的体积

2. 带参宏定义

带参宏定义的基本形式为：

#define　标识符(参数表)　字符串

功能：先对字符串中出现的参数作替换，再代替标识符。

【**实例 6-25**】　用带参的宏编程，输入长方形的长与宽，求长方形的面积。

分析：将求长方形的面积的表达式定义为一个带参的宏，有两个参数，分别是长方形的
长和宽。

程序代码如下：

```
/ * 实例 6-25 * /
#include < stdio.h >
#define AREA(x,y) (x) * (y)
int main()
{
    float length,width;
    printf("Input length&width:\n");
    scanf("%f%f",&length,&width);
    printf("AREA = %.2f\n",AREA(length,width));
    return 0;
}
```

程序运行结果如图 6-37 所示。

注意，实例 6-25 中，字符串中出现的参数均加
上了括号"()"。尽管并不是必需的，但出于参数完
整性的考虑，还是建议加上括号。

图 6-37　求长方形的面积

对于宏 AREA(length,width)，预处理过程会把它转换成(length) * (width)。如果没
有括号，则 AREA(length＋1,width＋2)转换成 length＋1 * width＋2，计算结果完全不
一样。

带参宏和有参函数是有区别的，主要的区别如下。

(1) 调用有参函数时，是先求出实参的值，然后传递给形参；而展开带参宏时，只是将
实参简单地置换形参。

（2）在有参函数中，形参是有类型的，所以要求实参的类型与其一致；而在带参宏定义中，形参是没有类型信息的，用于置换的实参什么类型都可以。

6.9.2　文件包含

采用头文件的目的主要是为了使某些定义便于多个不同的 C 语言源程序使用。有了头文件，在需要用到这些定义的 C 语言源程序中，只需加上一条♯include命令，包含相应的头文件，而不必再在此文件中将这些定义重复一遍。预处理程序将头文件中的定义全部加入到它所产生的输出文件中，以供编译程序进行处理。

♯include预处理指令的作用是在指令处展开被包含的文件。包含可以是多重的，即一个被包含的文件中还可以包含其他文件。预处理过程不检查在转换单元中是否已经包含某个文件并阻止对它的多次包含。

在程序中包含头文件有两种格式：

```
♯ include < stdio.h>
♯ include "myfile.h"
```

第一种方法是用尖括号<>把头文件括起来。这种格式告诉预处理程序在编译器自带或外部库的头文件中搜索被包含的头文件。在 Visual C++ 6.0 环境中可以设置编译器自带的头文件的搜索路径，在 IDE 环境中，选择菜单"工具"→"选项"，打开"选项"对话框，选择"目录"选项卡，即可查看、添加、修改和删除编译器自带的头文件的搜索路径，如图 6-38 所示。

图 6-38　设置编译器自带的头文件的搜索路径

第二种方法是用双引号"" ""把头文件括起来。这种格式告诉预处理程序在当前被编译的应用程序的源代码文件中搜索被包含的头文件，如果找不到，再搜索编译器自带的头文件。

采用两种不同包含格式的理由在于，编译器是安装在公共子目录下的，而被编译的应用程序是在私有子目录下的。一个应用程序既包含编译器提供的公共头文件，也包含自定义的私有头文件。采用两种不同的包含格式使得编译器能够在很多头文件中区别一组公共的头文件。

6.9.3 条件编译

为了避免只能包含一次的头文件被多次包含,后者同样的定义多次出现,可以在头文件中用条件编译来进行控制。条件编译指令将决定哪些代码被编译,哪些不被编译。可以根据表达式的值或某个特定的宏是否被定义来确定编译条件。

常见的条件编译指令如下。

1. #if 指令

#if 指令检测其后的常量表达式。如果表达式为真,则编译后面的代码,直到出现 #else、#elif 或 #endif 为止;否则不编译。

2. #endif 指令

用于终止 #if 预处理指令。例如:

```
# include < stdio. h >
# define DEBUG 0                    / * 第 2 行 * /
int main()
{
    # if DEBUG
        printf("Debugging\n");
    # endif
    printf("Running\n");
    return 0;
}
```

由于程序定义 DEBUG 宏代表 0,所以 #if 条件为假,不编译后面的代码直到 #endif,所以程序输出 Running。

若将程序第 2 行改为: #define DEBUG 1

宏标识符 DEBUG 代表 1,#if 指令的条件为真,编译其后的代码,程序执行后输出:

```
Debugging
Running
```

3. #ifdef 和 #ifndef

以是否已定义某个宏为条件,选择编译相关代码。

```
# include < stdio. h >
# define RUN                        / * 第 2 行 * /
int main()
{
    # ifdef RUN
        printf("YES\n");
    # endif
    # ifndef RUN
        printf("NO\n");
    # endif
    return 0;
}
```

程序中第 2 行定义了宏 RUN,所以编译 #ifdef 指令后的代码,程序输出 YES。若将程序中的第 2 行删除,因为程序中没有定义宏 RUN,所以编译♯ifndef 指令后的代码,程序执行后输出 NO。

在 C 语言程序中,为了避免头文件被多次包含而导致重复定义的问题,可以在头文件中用条件编译,常用以下格式对定义部分的内容进行控制。

```
/*   myfile.h   */
♯ifndef MYFILE_H
♯define MYFILE_H
    …   /*定义部分*/
♯endif
```

6.10   函数的应用实例

本节通过一个综合性实例进一步了解函数在实际编程中的应用。

【实例 6-26】   编写程序,该程序能实现以下功能。

(1) 输入:输入 5 个学生的学号、姓名和数学课程成绩。

(2) 显示:输出所有学生的信息。

(3) 排序:按成绩的降序排序,输出名次,并显示排序后的结果。

分析:

(1) 根据题意,程序有三个功能模块,分别是输入、显示和排序,如图 6-39 所示。

图 6-39   程序功能模块

(2) 学生的信息包括学号、姓名和数学成绩,所以需要定义三个一维数组,分别保存学号、姓名和数学成绩,为便于操作,将这三个数组定义为全局数组。

(3) 为便于用户操作,可以设计一个主菜单,包括菜单项:输入、显示、排序和退出。

(4) 根据程序功能模块,设计如下函数。

① main 函数。

功能:显示主菜单,根据用户的操作选择调用相关的函数。

② showMenu 函数。

功能:显示主菜单。

函数原型:void showMenu();

③ printHeader 函数。

功能:为了使数据显示更加直观和美观,打印一个表头。

函数原型:void printHeader();

④ input 函数。

功能:输入 5 个学生的信息,包括学号、姓名和数学成绩。

函数原型：void input();

⑤ disp 函数。

功能：显示 5 个学生的信息。

函数原型：void disp();

⑥ sort 函数。

功能：将学生的成绩进行降序排序，并显示排序后的结果。

函数原型：void sort();

源程序清单如下：

```
#include<stdio.h>
#include<stdlib.h>
#include<string.h>
#define N 5                              /*学生数不超过5*/
#define HEADER1 "----------- 学生成绩表 ---------\n"
#define HEADER2 "|学号         |姓名         |数学 |\n"
#define HEADER3 "|---------- |-------- |-------- |\n"
#define FORMAT "|%-10d|%-8s|%8d\n"
#define END "---------------------------- \n"
/*定义全局数组,用于保存学生信息*/
int num[N];
char name[N][16];
int math[N];
/*函数原型声明*/
void input();
void disp();
void sort();
/*定义函数 printHeader*/
void printHeader()
{
    printf(HEADER1);
    printf(HEADER2);
    printf(HEADER3);
}
/*定义函数 showMenu*/
void showMenu()
{
    system("cls");
    printf("           学生成绩管理\n");
    printf("*************** 菜单 ************** \n");
    printf("*              1 输入            *\n");
    printf("*              2 显示            *\n");
    printf("*              3 排序            *\n");
    printf("*              0 退出            *\n");
    printf("****************************** \n");
}
void showWrong()
{
    printf("\n***** Error:输入错误! ***\n请重新输入您的操作选择[0-3]:");
}
```

```c
int main()                          /* 主函数 */
{
    int sel;
    showMenu();
    printf("请输入您的操作选择[0-3]:");
    do{
            scanf("%d",&sel);
            if(sel==0)
                break;
            switch(sel)
            {
                case 1:input();break;
                case 2:disp();break;
                case 3:sort();break;
                default:showWrong();
            }
        } while(1);
    printf("操作结束,再见!\n");
    return 0;
}
void input()                        /* 输入 */
{
    int i,j;
    system("cls");
    for(i=0;i<N;i++)
    {
        printf("请输入第%d条记录数据:\n",i+1);
        printf("输入学号:");
        scanf("%d",&num[i]);
        for(j=0;j<i;j++)
            while(num[j]==num[i])
            {
                printf("学号已存在,请重新输入!\n");
                printf("输入学号:");
                scanf("%d",&num[i]);
            }
        printf("请输入姓名 :");
        scanf("%s",name[i]);
        printf("请输入数学成绩:");
        scanf("%d",&math[i]);
    }
    showMenu();
    printf("请输入您的操作选择[0-3]:");
}
void disp()                         /* 显示 */
{
    int i;
    showMenu();
    printHeader();
    for(i=0;i<N-1;i++)
    {
```

```
            printf(FORMAT,num[i],name[i],math[i]);
            printf(HEADER3);
        }
    printf(FORMAT,num[i],name[i],math[i]);
    printf(END);
    printf("请输入您的操作选择[0-3]:");
}
void sort()                      /*排序*/
{
    int i,j,temp;
    char str[16];
    for (i=1; i<N-1; i++)
        for(j=0;j<N-i;j++)
            if(math[j]<math[j+1])
            {
                /*交换学号*/
                temp=num[j];
                num[j]=num[j+1];
                num[j+1]=temp;
                /*交换姓名*/
                strcpy(str,name[j]);
                strcpy(name[j],name[j+1]);
                strcpy(name[j+1],str);
                /*交换数学成绩*/
                temp=math[j];
                math[j]=math[j+1];
                math[j+1]=temp;
            }
    disp();                          /*显示排序后的结果*/
}
```

对程序的操作流程可做如下设计:输入学生的信息→显示学生的信息→按成绩的降序排序→显示排序后的学生信息。

程序运行后显示主菜单,如图 6-40 所示。

选择"1",输入学生的信息,如图 6-41 所示。选择"2",显示学生的信息,如图 6-42 所示。选择"3",对学生的数学成绩进行降序排序,输出排序后的结果,如图 6-43 所示。选择"0",退出程序。

图 6-40 主菜单

图 6-41 输入学生的信息

图 6-42　显示学生的信息　　　　　图 6-43　排序后的结果

本 章 小 结

　　C 语言程序是由函数构成的。除了主函数之外,程序中可以使用标准函数以实现特定的功能,如输入输出函数、数学函数、字符串函数等,还可以使用自定义函数。自定义函数是模块化程序设计的基础。

　　本章介绍了函数的概念与作用,重点介绍了用户自定义函数的定义与使用。函数的参数与数据传递是难点。通过实际参数与形式参数的结合,实现主调函数与被调函数之间的数据传递。这些数据可能是某个值、变量的地址,也可能是某个数组的首地址。详细介绍了各种不同的参数传递形式。

　　本章引入了变量的作用域,将变量分为局部变量和全局变量。介绍了变量的存储属性分为动态存储和静态存储两类。这些概念的理解,对在程序中灵活使用变量有着重要的意义。

　　本章还简单介绍了返回指针的函数与指向函数的指针,并结合指针的概念介绍了主函数的参数,以及用命令行的方式执行程序的方法。

　　最后,本章介绍了三种编译预处理命令:宏替换、文件包含和条件编译。预编译功能有利于 C 程序的维护,增强可移植性,提高程序运行效率,在实际编程中被广泛使用。

习　　　题

　　1. 填空题。

　　(1) C 语言程序是由_____构成的。一个 C 源程序中至少应包含一个_____函数。

　　(2) C 程序中一个函数由_____和_____两部分组成。

　　(3) C 语言允许函数值类型缺省定义,此时该函数值隐含的类型是_____。

　　(4) 用数组元素作为实参调用函数时,与用普通变量作实参一样,是将其_____传递给被调函数。

（5）函数调用时，实际参数与形式参数在_____、_____和_____上要保持一致。

（6）在 C 语言程序中，若被调用函数的定义出现在主调函数的_____，其函数声明可以省略。

（7）从作用域角度考虑，形式参数属于_____变量。

（8）如果一个函数直接或间接地调用自身，这样的调用称为_____。

（9）引用 C 语言标准库函数，一般要用_____预处理命令包含其头文件。

（10）在 C 语言程序中，符号常量的定义要使用_____预处理命令。

2. 程序阅读题。

（1）指出下列程序的错误或不合理之处，并改正。该程序实现求 x 的 n 次方的值。

```c
#include<stdio.h>
int main()
{
    double s,x;
    int n;
    s = power(x,n);
    return 0;
}
power(y)
{
    int i,p = 1;
    for(i = 1;i <= n;i++)
        p = p * y;
}
```

（2）阅读程序，分析运行结果。

```c
#include<stdio.h>
int fun1(int n)
{ if(n == 1)return 1;
    else return f1(n - 1) + n;
}
int fun2(int n)
{   switch(n){
    case 1:
    case 2:return 1;
    default:return f2(n - 1) + f2(n - 2);
    }
}
void fun3(int n)
{   printf("%d",n % 10);
    if(n/10 != 0) f3(n/10);
}
void fun4(int n)
{   if(n/10 != 0) f4(n/10);
    printf("%d",n % 10);
}
int main()
```

```
{   printf(" % d\n",fun1(3));
    printf(" % d\n",fun2(3));
    fun3(123);
    printf("\n");
    fun4(123);
    printf("\n");
    return 0;
}
```

(3) 阅读程序,分析运行结果。

```
# include < stdio. h>
int main()
{   int i,x1,x2;
    int a[5] = {1,2,3,4,5};
    void fun1(int x, int y),fun2(int * x, int * y);
    x1 = x2 = 0;
    for(i = 0;i < 5;i++){
    if(a[i]> a[x1])
        x1 = i;
    if(a[i]< a[x2])
        x2 = i;
    }
    fun2(&a[x1],&a[0]);
    for(i = 0;i < 5;i++) printf(" % 2d", a[i]);
    printf("\n");
    fun1(a[x2],a[1]);
    for(i = 0;i < 5;i++) printf(" % 2d", a[i]);
    printf("\n");
    fun2(&a[x2],&a[4]);
    for(i = 0;i < 5;i++) printf(" % 2d", a[i]);
    printf("\n");
    fun1(a[x1],a[3]);
    for(i = 0;i < 5;i++) printf(" % 2d", a[i]);
    printf("\n");
    return 0;
}
void fun1(int x, int y)
{   int t;
    t = x;x = y;y = t;
}
void fun2(int * x, int * y)
{   int t;
    t = * x; * x = * y; * y = t;
}
```

3. 编程题。

(1) 对实数 x 和 y,编写比较两个数是否相等的函数 equal。若两个数相等,函数则返回值为 1,否则返回值为 0。

(2) 给定圆的半径。编写一个函数 area()计算圆的面积,函数 volume()计算球的体积,球的体积计算公式为 $v = \dfrac{4}{3} * \pi * R^3$。 编写 main()函数,输入圆的半径,然后调用函数

area()计算圆的面积,调用函数 volume()计算球的体积,并显示输出圆的半径、圆的面积和球的体积的值。

(3) 输入 n 个数,根据下式计算并输出 y 的值。

$$y=\begin{cases} x*x-\sin x & x<-2 \\ 2x+x & -2>=x>=2 \\ x+1+x*x & x>2 \end{cases}$$

具体要求如下。

① 定义函数 f(x),计算分段函数值 y,函数类型是 double。

② 定义 main()函数,输入 n 的值,然后输入 n 个数,调用函数 f(x)计算并输出 y 的值。

(4) 有 5 个人在一起问年龄,第 5 个人比第 4 个人大 2 岁,第 4 个人比第 3 个人大 2 岁…第 2 个人比第 1 个人大 2 岁,第 1 个人为 10 岁。编制程序,求得这 5 个人的年龄(提示:用递归程序实现)。

(5) 求 500 以内素数,每行输出 10 个数。要求定义和调用函数 prime(n)判断 n 是否为素数,当 n 为素数时则返回 1,否则返回 0。

(6) 编写程序,具体要求如下。

① 定义函数 fact(n),计算 n 的阶乘:n!=1*2*…*n,函数形参 n 的类型是 int,函数类型是 double。

② 定义函数 cal(x,e),计算下列算式的值,直到最后一项的绝对值小于 e,函数形参 x 和 e 的类型都是 double,函数类型是 double。要求调用自定义函数 fact(n)计算 n 的阶乘,调用库函数 pow(x,n)计算 x 的 n 次幂。

③ 定义函数 main(),输入两个浮点数 x 和 e,计算并输出下列算式的值,直到最后一项的绝对值小于精度 e。要求调用自定义函数 cal(x,e)计算下列算式的值。

$$s=X+\frac{X^2}{2!}+\frac{X^3}{3!}+\frac{X^4}{4!}+\cdots$$

(7) 从 n 个不同的元素中,每次取出 k 个不同的元素,不管其顺序合并成一组,称为组合。组合种数的计算公式如下:

$$C_n^k=\frac{n!}{(n-k)!\,k!}$$

① 定义函数 fact(n),计算 n 的阶乘 n!,函数返回值类型是 double。

② 定义函数 cal(k,n),计算组合数 C_n^k,函数返回值类型是 double,要求调用函数 fact(n)计算 n 的阶乘。

③ 定义函数 main(),输入正整数 n,输出 n 的所有组合数 C_n^k(1≤k≤n),要求调用函数 cal(k,n)计算组合数。

(8) 用指针作为参数,自定义函数 stringcat(char * ,char *),实现字符串的连接。

(9) 编写名为 sumpara 的程序,用于对命令行参数求和,假设参数都是整数(提示:用 atoi 函数把每个命令行参数从字符串格式转换为整数格式,然后求和)。

(10) 输入两个整数,求它们相除的余数。用带参的宏来编程实现。

第7章 结构体与共用体

主要知识点

◆ 结构体类型的概念

◆ 结构体变量的定义

◆ 结构体变量初始化与引用

◆ 结构体数组

◆ 结构体指针变量

◆ 链表

◆ 共用体类型

◆ 枚举类型

◆ 用户自定义类型

在前面的章节中介绍了基本类型的变量,如整型、实型或字符型变量等,也介绍了一种构造类型的数据——数组。本章将引入 C 语言中另外几种构造类型的数据——结构体、共用体和枚举类型,重点介绍结构体类型的定义和使用,以及在程序设计中的应用。

7.1 结构体类型的概念

数组是一组同类型的数据的集合,但是在日常应用中有时需要将不同类型的数据组合成一个有机的整体,以便引用,而这些数据在一个整体中是相互联系的。例如,一个学生的基本信息包括姓名、学号、年龄、性别、家庭住址等(见图 7.1),它们属于同一个学生的基本属性,但各属性属于不同数据类型。如果将其分别定义为互相独立的简单变量,将无法反映它们之间的联系;若定义成数组,数据类型又各不相同。

num	name	sex	age	address
10203	Li Hua	M	20	Shanghai

图 7-1　学生的基本属性

在介绍结构体类型之前,首先讨论如何用数组实现既要区分不同类型的数据,又要兼顾它们的一致性。

7.1.1 引例

【实例 7-1】　有两个学生,每个学生的信息包括学号、姓名和三门课程成绩。学生的信息如表 7-1 所示,输出平均分最高的学生信息。

表 7-1　学生信息表

学　　号	姓名	语文	数学	英语
10203	Zhang	78	88	98
10204	Wang	60	70	80

分析：考虑学号、姓名和课程成绩数据的属性各不相同,定义不同类型的数组如下。

(1) int num[2];　　　　　　　//保存学生学号。

(2) char name[2][10];　　　//保存学生姓名。

(3) int score[2][3];　　　　//保存学生三门课程成绩。

```c
/* 实例 7-1 */
# include < stdio. h >
int main()
{
    int num[2] = {10203,10204};                          /* 保存学生学号 */
    char name[2][10] = {"Zhang","Wang"};                 /* 保存学生姓名 */
    int score[2][3] = {{78,88,98},{60,70,80}};           /* 保存学生三门课程成绩 */
    int i, id = 0;
    float avg, maxAvg = 0;
    for(i = 0; i < 2; i++)
    {
        avg = (score[i][0] + score[i][1] + score[i][2])/3.0;
        if(maxAvg < avg)
        {
            maxAvg = avg;
            id = i;
        }
    }
    printf("平均分最高的学生信息(学号: % d,姓名: % s)\n",num[id],name[id]);
    return 0;
}
```

程序运行结果如图 7-2 所示。

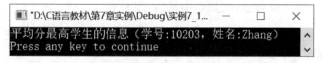

图 7-2　输出平均分最高的学生信息

以上程序的问题在于同一个学生的不同信息分散在不同的数组中,割裂了它们之间的内在联系。如果需要某个学生的全部信息,如例题中的输出学生的学号和姓名,必须分别从不同的数组中提取,而且如果要按平均分从高到低排序,则以上程序中所有的数组都需要修改,这样既不利于信息的表示,也不利于信息的存储和处理。

为了解决这个问题,C语言允许用户指定这样一种数据类型,它称为结构体,相当于其他高级语言中的"记录"。

7.1.2 结构体类型的定义

结构体数据类型适合于将同一对象的不同方面的信息有机地组合,与数组相比,它提供了一种将不同数据类型的数据组合在一起的手段。但是结构体在 C 语言系统中没有预先定义,用户需要根据 C 语言提供的格式,自行定义结构体数据类型。一旦定义,其用法与其他数据类型的用法相同。

结构体数据类型定义的一般形式为:

```
struct 结构体名
{
        类型名    成员名 1;
        类型名    成员名 2;
        …        …
        类型名    成员名 n;
};
```

说明:

(1) struct 是声明结构体类型的关键字,结构体名是一个合法的 C 语言标识符,struct 和结构体名共同组成结构体类型名,它和系统提供的标准类型(如 int、float 等)一样,都可以用来定义变量的类型。

(2) 花括号"{}"中是该结构体中的各个成员,其数量和类型可根据实际需要定义,类型可以是 C 语言提供的任意数据类型,包括结构体类型。

(3) 所有的成员必须写在花括号"{}"内,注意不要忽略最后的分号。例如:

```
struct   student
{   int   num;
    char   name[20];
    char   sex;
    int      age;
    float   score;
    char   addr[20];
};
```

上面程序定义了一个结构体类型,其类型名为 struct   student,其中有 6 个成员项。结构体类型定义之后,即可定义结构体变量。

7.2 结构体变量的定义

在 C 语言中数据类型是不能直接使用的,如 int 是一种数据类型,是不能单独使用的;而语句"int a;"先声明了一个整型的变量 a,之后才能对整型的变量 a 进行具体的操作。前面定义的 struct   student 是结构体类型名,和其他数据类型一样,是定义的抽象类型,不能使用,必须用 struct   student 定义具有 struct   student 类型的变量后才能使用。

结构体变量的定义有以下三种方法。

(1) 先声明类型,再定义变量名。例如:

```
struct   student
{   int   num;
    char   name[20];
    char   sex;
    int   age;
    float   score;
    char   addr[20];
};
struct   student   student1,student2;
```

定义了一个结构体类型 struct   student,并定义 student1 和 student2 为 struct   student 类型的变量。

在定义了结构体变量后,系统会为其分配一段地址连续的存储单元。理论上,其总长为结构体中各个成员项的数据长度之和。例如,student1 和 student2 在内存中共占 53 字节(4+20+1+4+4+20=53)。但是在实际应用中,结构体变量的内存分配采用内存对齐原则,不同的编译系统有不同的解释方式。在后面章节中涉及内存占用字节数的分析,都仅计算理论上所占用的字节数。

(2) 在声明类型的同时定义变量。例如:

```
struct   student
{   int   num;
    char   name[20];
    char   sex;
    int   age;
    float   score;
    char   addr[20];
} student1, student2 ;
```

功能和第一种方法相同,定义了两个 struct   student 类型的变量 student1、student2。

(3) 直接定义结构类型变量。例如:

```
struct
{   int   num;
    char   name[20];
    char   sex;
    int   age;
    float   score;
    char   addr[20];
} student1, student2 ;
```

这种方法和前两种方法的不同之处在于没有出现结构体名。

说明:

(1) 结构体中的成员可以单独使用,作用相当于普通变量。成员名可以和程序中的变量名相同,但互不相干,具体引用方法见 7.3 节。

(2) 成员也可以是一个结构体变量。例如:

```
struct   date                    /*声明一个结构体类型*/
{   int   month;
```

```
    int   day;
    int   year;
};
struct   student
{   int num;
    char name [20];
    struct   date   birthday;          /* birthday 是 struct   date 类型 */
    float scroe;
}student1, student2;
```

定义一个结构类型 struct   student，其中有成员项 birthday，而 birthday 是 struct date 类型的结构体变量，有 3 个成员项 month、day 和 year。同时定义了两个结构体类型变量 student1 和 student2，其中 student1 在内存中的存储形式如图 7-3 所示（student2 和 student1 相同）。

图 7-3   student1 在内存中的存储形式

7.3   结构体变量初始化与引用

与其他变量一样，结构体变量必须先定义，然后才能引用。

7.3.1   结构体变量的初始化

结构体变量的初始化是指在定义结构体变量的同时，对其各个成员指定初始值。例如：

```
struct   student
{   int   num;
    char   name[20];
    char   sex;
    int   age;
    float   score;
    char   addr[20];
} student1 = {10203,"Li Hua",'M',20,561,"Shanghai"};
```

初始化后变量 student1 的值如图 7-4 所示。

num	name	sex	age	score	address
10203	Li Hua	M	20	614	Shanghai

图 7-4   变量 student1 的值

注意：结构体类型变量的各成员的初始值按顺序放在花括号"{}"中，并用逗号分隔。

7.3.2   结构体变量的引用

在定义结构体变量以后，即可引用这个变量。结构体变量的引用可以分为对结构体变量中成员的引用和对整个结构体变量的引用,通常以结构体变量中成员的引用为主。

1. 对结构体变量中成员的引用

在数组中,如果要引用某个数组元素,是通过数组名和下标来表示的。和数组类似,组成结构体变量的所有成员除了自己的名称外还有一个共同的名称,即结构类型变量名。引用结构体变量中成员的方式为:

结构体变量名. 成员名

例如:student1. num 表示 student1 变量中的 num 成员。可以对结构体变量的成员赋值,例如:

student1.num = 10203;

".是成员运算符,在所有运算符中优先级别最高。因此上面赋值语句的作用是将10203 赋给 student1 变量中的成员 num。

因为只能对最低级的成员进行赋值、存取和运算,所以如果成员本身也属于一个结构体类型,则要一级一级地找到最低级的成员。例如,在 7.2 节中定义结构体变量 student1,可以这样表示各成员:

student1.name
student1. birthday. year

结构体变量的成员可以像普通变量一样进行各种运算。例如:

strcpy(student1.name, "Li Hua");   /* 给结构体变量 student1 的成员 name 赋值 */
student1.sex = 'M';
student1. birthday. year++;

由于".优先级别最高,student1. birthday. year++相当于(student1. birthday. year)++。

2. 对整个结构体变量的引用

ANSI C 标准允许相同类型的结构体变量相互赋值。例如:

struct   student student1,student2;
student1 = student2;

赋值语句的作用是将 student2 的全部内容赋给 student1,即 student1 和 student2 的每个成员具有相同的值。

虽然相同类型的结构体变量可以整体赋值,但不能将一个结构体变量作为一个整体进行输入输出。例如:

printf("%d,%s,%c,%d,%f,%s\n", student1);

而只能对结构体变量中的各个成员分别进行输入输出。例如:

printf("%d,%s,%c,%d \n", student1.num,student1.name,student1.sex,student1.age);

【实例 7-2】 已知两个学生的信息,其中包括学号、姓名、出生日期、成绩,将学生信息按成绩从低到高排序输出。

分析:类似于根据 a 和 b 两个数值的大小,对 a 和 b 的数值进行交换,用 a 存放数值小的数。在此根据成绩的高低进行排序，对结构体变量进行整体交换。

```c
/* 实例 7-2 */
# include < stdio.h >
int main()
{
    struct date
    {
        int month;
        int day;
        int year;
    };
    struct student
    {   int num;
        char name[20];
        struct date birthday;
        float score;
    };
    struct student student1 = {10203,"Li Hua",10,22,1988,614};
    struct student student2 = {10223,"Zhang Mei",12,18,1990,561};
    struct student temp;
    if(student1.score > student2.score)         /* 实现 2 个结构体变量的整体交换 */
    {
        temp = student1;
        student1 = student2;
        student2 = temp;
    }
    printf("学号\t 姓名\t 出生日期\t 成绩\n");
    printf("%d %10s %2d/%2d/%4d %6.2f\n",student1.num,student1.name,
        student1.birthday.month,student1.birthday.day,student1.birthday.year,
        student1.score);
    printf("%d %10s %2d/%2d/%4d %6.2f\n",student2.num,student2.name,
        student2.birthday.month,student2.birthday.day,student2.birthday.year,
        student2.score);
    return 0;
}
```

程序运行结果如图 7-5 所示。

图 7-5　结构体变量的引用

7.4　结构体数组

一个结构体变量中可以存放一个整体的数据（如一个学生的姓名、学号等数据），如果有多个学生的数据需要参加运算，则应该用数组，这就是结构体数组。结构体数组与数值型数

结构体与共用体

组类似,都是由同类型的数组元素组成,不同之处在于每个数组元素都是一个结构体类型的数据,它们都分别包含每个成员项。

7.4.1　结构体数组的定义

和定义结构体变量的方法类似,只须说明其为数组即可。例如:

```
struct   student          /*先定义结构体类型*/
{   int   num;
    char   name[20];
    char   sex;
    int   age;
    float   score;
    char   addr[20];
};
struct   student   stu[10];   /*再定义数组*/
```

或

```
struct   student          /*定义结构体类型的同时定义数组*/
{   int   num;
…
} stu[10];
```

或

```
struct                    /*直接定义结构体数组*/
{   int   num;
…
} stu[10];
```

结构体数组和数值型数组一样,在内存中占用一段连续的存储空间,如图 7-6 所示。

图 7-6　结构体数组的存储形式

7.4.2　结构体数组的初始化

和其他类型的数组一样,可以对结构体数组进行初始化。例如:

```
struct   student
{   int   num;
    char   name[20];
    char   sex;
    int   age;
    float   score;
    char   addr[20];
} stu[3] = {{10203,"Li Hua", 'M',20,614,"Shanghai"},
        {10223,"Zhang Mei", 'F',18,561,"Hangzhou"},
        {10235,"Zhou Ke", 'M',21,456,"Beijing"}};
```

当对全部数组元素赋初值时,可以省略数组长度,即可写成:

```
stu[] = {{ … },{ … },{ … }};
```

注意：如果在初始化的过程中，某个元素的某个成员暂不赋值，其分隔符逗号不能省略。

7.4.3 结构体数组的引用

结构体数组元素的引用和普通数组元素的引用类似。例如，stu[0]是结构体数组 stu 中下标为 0 的元素，它是一个结构体变量。因此可以像对普通结构体类型变量一样引用 stu[0]的成员。其引用的一般形式为：

结构体数组名[下标].成员项名

例如：

stu[0].name	表示下标为 0 的学生姓名
stu[1].score	表示下标为 1 的学生分数
stu[2].age	表示下标为 2 的学生年龄

【实例 7-3】 输入 4 个学生的姓名、学号和数学、英语、语文三门课程的成绩，计算每个学生的总分，并将学生的信息按总分从低到高排序输出。

分析：先定义一个结构体类型，包含 6 个成员，分别是姓名、学号、数学、英语、语文和总分。其中的总分是对输入的三门课程成绩进行求和操作。然后根据总分从高到低进行排序输出。

```
/* 实例 7-3 */
#include<stdio.h>
int main()
{
    struct student              /* 定义结构体类型 */
    {
        char name[20];
        int num;
        float math;             /* 数学成绩 */
        float eng;              /* 英语成绩 */
        float cuit;             /* 语文成绩 */
        float sum;              /* 总分 */
    }stu[4];
    struct student temp;
    int i,j;
    for(i=0;i<4;i++)            /* 输入结构体数组 */
    {
        printf("input %d name=",i);
        gets(stu[i].name);
        printf("input %d num,math,eng,cuit=",i);
        scanf("%d%f%f%f",&stu[i].num,&stu[i].math,
            &stu[i].eng,&stu[i].cuit);
        getchar();
        stu[i].sum=stu[i].math+stu[i].eng+stu[i].cuit;
    }
    for(i=0;i<3;i++)                /* 用冒泡法进行排序 */
    {
```

```
            for(j = 0;j < 3 - i;j++)
                if(stu[j].sum > stu[j + 1].sum)
                {
                    temp = stu[j];
                    stu[j] = stu[j + 1];
                    stu[j + 1] = temp;
                }
        }
        printf("姓名\t 学号\t 数学\t 英语\t 语文\t 总分\n");
        for(i = 0;i < 4;i++)                /* 输出结构体数组 */
        {
            printf(" % - 10s % d % 8.2f % 8.2f % 8.2f % 8.2f\n",
                stu[i].name,stu[i].num,stu[i].math,
                stu[i].eng,stu[i].cuit,stu[i].sum);
        }
        return 0;
    }
```

程序运行结果如图 7-7 所示。

图 7-7　结构体数组排序

7.5　结构体指针变量

和其他指针对象一样,C 语言允许指针指向结构体。一个结构体变量的指针是指该变量所占内存单元的起始地址。可以定义一个指针变量,用来指向一个结构体变量,该指针变量的值是结构体变量的起始地址。指针变量也可以用来指向结构体数组中的元素。

7.5.1　指向结构体变量的指针

结构体指针变量中的值是所指向的结构体变量的首地址,通过结构体指针可以访问该结构体变量。其说明的一般形式为:

struct 结构体名 ＊ 结构指针变量名

例如:

```
struct student student1, * p;        /* p 为指向结构体的指针,student1 为结构体变量 */
p = &student1;                       /* 将结构体变量 student1 的首地址赋给 p */
```

注意：结构体变量的首地址实际指的是结构体变量的第一个成员的地址,将 student1 的起始地址赋给指针变量 p,也就是使 p 指向 student1(见图 7-8)。

图 7-8　指向结构体变量的指针示意

在 7.3 节中已经了解,引用结构体变量中的成员,须使用结构成员运算符".",其使用形式为：结构体变量名.成员项名。通过结构体指针访问结构中的成员可使用以下两种方法。

(1)通过指针运算符"﹡"。例如：

```
(﹡p).num = 10203;
```

(﹡p)表示 p 所指向的结构体变量,(﹡p).num 是 p 指向的结构体变量中成员 num。注意：﹡p 两侧的括号不能省略。因为成员运算符"."的优先级别高于"﹡"运算符,所以 ﹡p.num 等价于 ﹡(p.num)。

(2)通过指向运算符"->"。例如：

```
p->num = 10203;
```

使用指向运算符表示 p 所指向的结构体变量中的 num 成员,非常形象、直观。也就是说,以下三种形式是等价的：

```
结构体变量名.成员项名
(﹡结构指针名).成员项名
结构指针名->成员项名
```

【实例 7-4】　利用结构体指针求一个学生的三门课程的平均成绩。

```c
/﹡实例 7-4﹡/
# include< stdio. h>
int main()
{
    struct student
    {
        char name[20];
        int num;
        float math;
        float eng;
        float cuit;
        float aver;
    };
    struct student student1, ﹡p;              /﹡定义结构体指针﹡/
    p = &student1;                           /﹡语句 1,将 p 指向结构体变量 student1﹡/
    printf("input name = ");
    gets(p->name);
    printf("input num, math, eng, cuit = ");
    scanf("%d%f%f%f",&p->num,&p->math,&p->eng,&p->cuit);
    p->aver = (p->math + p->eng + p->cuit)/3;
    printf("姓名\t 学号\t 数学\t 英语\t 语文\t 平均分\n");
    printf("%-10s%d%8.2f%8.2f%8.2f%8.2f\n",p->name,p->num,p->math,
```

结构体与共用体

```
        p -> eng,p -> cuit,p -> aver);
    return 0;
}
```

程序运行结果如图 7-9 所示。

图 7-9　结构体指针的应用

说明：结构体指针和普通的指针一样，在使用前一定要有初始值，即固定的指向。如果使用结构体指针来引用结构体成员，则先需要将该结构体指针指向普通的结构体变量，即以上代码中的语句 1 不能漏。

7.5.2　指向结构体数组的指针

前面已经介绍了结构体数组在内存中占用一段连续的存储空间，如果有同类型的指针指向结构体数组中的元素，就可以通过指针的移动来访问结构体数组中的所有元素，进而获取结构体中的成员。

【实例 7-5】　输入 4 个学生的姓名、学号和数学、英语、语文三门课程的成绩，计算每个学生的平均成绩。要求用结构体的指针实现。

```
/ * 实例 7-5 * /
# include < stdio. h>
int main()
{
    struct student
    {
        char name[20];
        int num;
        float math;
        float eng;
        float cuit;
        float aver;
    };
    struct student stu[4], * p;
    for(p = stu;p < stu + 4;p++)
    {
        printf("input name = ");
        gets(p -> name);
        printf("input num,math,eng,cuit = ");
        scanf(" % d % f % f % f",&p -> num,&p -> math,&p -> eng,&p -> cuit);
        getchar();
        p -> aver = (p -> math + p -> eng + p -> cuit)/3;
    }
    printf("姓名\t  学号\t  数学\t  英语\t  语文\t  平均分\n");
```

```
    for(p = stu;p < stu + 4;p++)
        printf("% − 10s % d % 8.2f % 8.2f % 8.2f % 8.2f\n",p−>name,p−>num,p−>math,
                p−>eng,p−>cuit,p−>aver);
    return 0;
}
```

程序运行结果如图 7-10 所示。

图 7-10　结构体指针在结构体数组中的应用

说明：在实例 7-5 的程序代码中，定义了结构体数组 stu[4] 和结构体指针 p，在循环中先使指针 p 指向结构体数组的首地址（p＝stu）。接着通过 p++ 使指针 p 指向结构数组的下一个元素的地址，从而获取结构体数组中各个元素的各个成员项的值，具体过程如图 7-11 所示。

注意：结构体指针加 1，其移动的字节数为整个结构体类型所占的字节数。在实例 7-5 中，p++ 从理论上分析其移动的字节数为 20＋4＋4＋4＋4＋4＝40 个（实际上移动的字节数根据编译系统的不同会有不同的计算方法）。

图 7-11　指针 p 移动示意图

7.6　结构体与函数

和普通变量一样，结构体变量和指针也可以作为函数的参数，将一个结构体变量的值传递给另一个函数一般有下列三种方法。

7.6.1　结构体变量的成员作函数参数

例如，用 stu[0]. name 或 stu[1]. name 作函数实参，将实参的值传递给形参。用法和用普通变量作实参一样，属于"单向值传递"方式。注意：实参与形参的类型保持一致。

【实例 7-6】　已知两个学生的信息，其中包括学号、姓名、出生日期、成绩，将学生信息按成绩从低到高排序输出。要求用子函数实现两个学生成绩的比较。

分析：将两个学生的信息根据成绩的高低进行排序，子函数用来比较两个数的大小，将学生信息中成绩项当作实参传递给形参。

```c
/* 实例 7-6 */
#include<stdio.h>
int large(float x,float y)
{
    int flag;
    if(x>y) flag=1;
    else flag=0;
    return flag;
}
int main()
{
    int i;
    struct date
    {
        int month;
        int day;
        int year;
    };
    struct student
    {   int num;
        char name[20];
        struct date birthday;
        float score;
    }stu[2]={{10203,"Li Hua",10,22,1988,614}, {10223,"Zhang Mei",12,10,1990,561}};
    struct student temp;
    if(large(stu[0].score,stu[1].score))       /* 结构体成员作函数实参 */
    {
        temp=stu[0];
        stu[0]=stu[1];
        stu[1]=temp;
    }
    printf("学号\t 姓名\t 出生日期\t 总分\n");
    for(i=0;i<2;i++)
    printf("%d %10s %2d/%d/%4d %6.2f\n",stu[i].num,stu[i].name,
        stu[i].birthday.month,stu[i].birthday.day,stu[i].birthday.year,stu[i].score);
    return 0;
}
```

程序运行结果如图 7-12 所示。

图 7-12 结构体变量的成员作函数参数

7.6.2 结构体变量作函数参数

用结构体变量作函数参数时,形参和实参必须是同类型的结构体变量。采用"单向值传递"的方式,将实参结构体变量各成员项的值全部顺序传递给形参结构体变量的各成员项。

因为实参和形参分别占用不同的存储单元,所以当结构体的规模很大时,这种传递方式在空间和时间上开销很大。加上是"单向值传递"方式,如果在执行被调用函数期间改变了形参的值,该值是不能返回主调函数的,所以一般较少使用这种方法。

【实例 7-7】 已知一个学生的信息,内含学生学号、姓名、数学、英语和语文成绩。要求在主函数中赋值,在子函数中实现数据的输出。

分析:实参 stu 和形参 ss 均定义为结构体类型,采用"单向值传递"的方式,将实参 stu 各成员项的值全部顺序传递给形参 ss。

```c
/* 实例 7-7 */
# include < stdio.h >
struct student                              /* 函数体外定义结构体类型 */
{
    char name[20];
    int num;
    float math;
    float eng;
    float cuit;
    float aver;
};
void print(struct student);                 /* 函数原型声明 */
int main()
{
    struct student stu;
    printf("input name = ");
    gets(stu.name);
    printf("input num,math,eng,cuit = ");
    scanf("%d%f%f%f",&stu.num,&stu.math,&stu.eng,&stu.cuit);
    stu.aver = (stu.math + stu.eng + stu.cuit)/3;
    print(stu);                             /* 结构体变量作函数参数 */
    return 0;
}
void print(struct student ss)               /* 形参也为相同的结构体类型 */
{
    printf("姓名\t  学号\t   数学\t  英语\t  语文\t  平均分\n");
    printf("%-10s%d%8.2f%8.2f%8.2f%8.2f\n",
        ss.name,ss.num,ss.math,ss.eng,ss.cuit,ss.aver);
}
```

程序运行结果如图 7-13 所示。

图 7-13　结构体变量作函数参数

实例 7-7 在函数体外定义结构体类型,从而使得各个函数均可使用 struct student 这种结构体类型。在 main 函数中定义结构体变量 stu,并将 stu 作为函数实参传递给 print 函数中的参数 ss。形参 ss 和实参 stu 同属于 struct student 类型。由子函数 print 将结构体变量中的各成员的值输出。

7.6.3 指向结构体变量的指针作函数参数

用指向结构体变量(或数组)的指针作函数参数时,采用"地址传递"的方式,即将结构体变量(或数组)的地址传给形参,通过共享的方式实现数据的传递。用指针作函数参数比较好,能提高运行效率。

【实例 7-8】 输入 3 个学生的信息,包括学生的学号、姓名、数学、英语和语文成绩。要求分别在子函数中实现数据的输入输出。

分析:实参 p 和形参 t 均定义为指向结构体数组的指针类型,采用"地址传递"的方式,将结构体数组 stu 的地址传给形参 t。

```
/* 实例 7-8 */
# include < stdio. h>
struct student                          /* 函数体外定义结构体类型 */
{
    char name[20];
    int num;
    float math;
    float eng;
    float cuit;
    float aver;
};
void print(struct student * );          /* 函数原型声明 */
void entry(struct student * t);
# define LEN 3
int main()
{
    struct student stu[LEN], * p;       /* 定义结构体指针 */
    int i;
    for(i = 0; i < LEN; i++)
    {
        p = &stu[i];                    /* 将 p 指向结构体变量 stu */
        entry(p);
    }
    for(i = 0; i < LEN; i++)
    {
        print(stu + i);
    }
    return 0;
}
void entry(struct student * t)
{
    char tmp[5];
    printf("input name = ");
    gets(t -> name);
    printf("input num, math, eng, cuit = ?");
    scanf(" % d % f % f % f", &t -> num, &t -> math, &t -> eng, &t -> cuit);
```

```
    gets(tmp);
    t->aver = (t->math + t->eng + t->cuit)/3;
}
void print(struct student * t)                    /* 形参 t 也为相同类型 */
{
    printf(" % - 10s % d % 8.2f % 8.2f % 8.2f % 8.2f\n",
    t->name, t->num, t->math, t->eng, t->cuit, t->aver);
}
```

程序运行结果如图 7-14 所示。

图 7-14　结构体变量指针作函数参数

在实例 7-8 中,将 main 函数中的结构指针 p 传递给子函数 entry 的结构指针 t,p 和 t 实际指向同一个内存单元,从而实现数据的传递。

7.7　链　　表

链表是一种重要的数据结构,它是动态进行存储分配的一种结构。在前面的介绍中得知,用数组存放数据时,必须事先定义好数组的长度(即数组中元素的个数),即数组的长度是固定的。但在日常应用中有些长度是事先难以确定的。例如,有些班级的人数是 100 人,有些班级的人数只有 50 人。如果要用同一个数组先后存放不同班级的学生数据,则必须定义长度为 100 的数组。如果要存放全校所有班级的学生数据,而事先又难以确定每个班的最多人数,则必须把数组长度定义得足够大,以便能存放任何班级的学生数据。这样做会造成内存空间的浪费,而且数组在内存中占用一段连续的存储空间,如果要进行插入或删除操作,需要移动大量的元素。采用链表可以解决这些问题,因为链表根据需要而开辟内存空间。图 7-15 表示最简单的一种链表(单链表)的结构。

图 7-15　单链表

链表有一个"头指针"变量,图中以 head 表示,里面存放的是该链表中第一个元素存放的地址。链表中的每一个元素称为"结点",它包括两个域:其中存放数据元素信息的域称为"数据域";存储下一个结点地址的域称为"指针域"。结

图 7-16　结点的结构示意

结构体与共用体

点的结构如图 7-16 所示。

从图 7-15 可以看出,链表中各个元素在内存中可以不是连续存放的。整个链表的存取必须从头指针开始进行,头指针 head 指示链表中第一个结点的存储位置。同时,由于最后一个数据元素不再需要指向其他元素,则链表中最后一个结点的指针域为"空"(NULL),表示链表到此结束。如果要找某个元素,必须先找到它的前一个元素,以此类推,必须找到头指针。打个通俗的比方:老师带领学生出来散步,老师牵着第一个学生的手,第一个学生的另一只手牵着第二个学生的手……这样就构成了一个"链表",最后一个学生有一只手是空着的。老师是这个"链表"的头,要找到这个队伍,必须先找到老师,再顺序找到每一个学生。

由上述可见,链表可由头指针唯一确定,在 C 语言中用"结构指针"来描述。例如,用链表处理学生信息,数据信息中包括学生的学号和成绩 2 个数据项,可定义这样一个结构体类型:

```
struct    student
{
    int num;
    float score;
    struct student * next;
};
struct    student * head;                    /* 定义 head 为链表的头指针 */
```

每个结点包含 3 个信息,其中 2 个表示数据信息,num 表示学生的学号,score 表示学生的成绩。next 是指针类型的成员,指向 struct   student 类型数据,即存放的是下一个结点的地址。设计者可以不必知道各结点的具体地址,只要保证将下一个结点的地址放到前一个结点的 next 成员中即可。用这种方法就可以建立链表。

定义 head 为链表的头指针,它指向链表中的第一个结点。若 head 为"空"(head ==NULL),则表示为"空"表,其长度为"0"。有时,为了操作方便,在链表的第一个结点之前增加一个结点,称之为头结点。头结点的数据域可以不存储任何信息,也可以存储一些附加信息(如链表长度等)。头结点的指针域存储指向第一个结点的指针(即第一个结点的存储位置),如图 7-17 所示,此时,链表的头指针 head 指向头结点。下面章节如不加特别说明,链表均指附设头结点的链表。

图 7-17   建立带头结点的学生信息链表

如果链表为空,则头结点的指针域为"空"(head—>next==NULL),如图 7-18 所示。

图 7-18   空链表

7.7.1   静态链表

先通过一个例子来说明如何建立和输出一个静态链表。

【实例 7-9】   建立一个如图 7-17 所示的链表,它由 3 个学生数据的结点组成。输出各结点中的数据。

分析：先定义 3 个结构体类型的变量 a、b 和 c，其数据域中分别存放 3 个学生的数据，a 的指针域里存放 b 的地址，b 的指针域里存放 c 的地址，c 的指针域为空。

```
/* 实例 7-9 */
#include<stdio.h>
#define NULL 0
struct student
{
    int num;
    float score;
    struct student * next;
    };
int main()
{
    struct student n,a,b,c, * head, * p;
    a.num = 10203;a.score = 80;          /* 对三个结点 a、b、c 的 num 和 score 成员赋值 */
    b.num = 10205;b.score = 94;
    c.num = 10207;c.score = 85;
    head = &n;                           /* 使头指针 head 指向头结点 n */
    n.next = &a;                         /* 将 a 结点的起始地址赋给头结点 n 的 next 成员 */
    a.next = &b;                         /* 将 b 结点的起始地址赋给 a 结点的 next 成员 */
    b.next = &c;                         /* 将 c 结点的起始地址赋给 b 结点的 next 成员 */
    c.next = NULL;                       /* c 为最后一个结点,next 成员赋值为 NULL */
    p = head -> next;                    /* 使 p 指向 a 结点 */
    printf("学号\t 成绩\n");
    while(p)
    {
        printf(" % - 10d % 6.2f\n",p-> num,p-> score);   /* 输出指针 p 所指向结点的数据 */
        p = p -> next;                   /* 使 p 指向下一个结点 */
    }
    return 0;
}
```

程序运行结果如图 7-19 所示。

在本例中，所有结点都是在程序中定义的，不是临时动态分配的，也不能用完后释放，这种链表称为"静态链表"。如果链表中的结点是在程序运行过程中通过动态分配存储空间建立的，则称为"动态链表"。动态链表更为实用。在讲动态链表之前，先介绍一下 C 语言中处理动态链表所需的函数。

图 7-19　静态链表

7.7.2　动态内存函数

前面介绍过各种数据类型（如整型、实型、数组、指针等）的变量一经声明，系统会为其开辟相应字节的存储空间，用以存放此变量的值。在变量生存期结束后，系统回收相应的存储空间。在这种方式中内存的分配和回收是系统自动进行的，用户无权干涉。而链表是动态分配存储空间的，即在需要的时候才开辟一个结点的存储空间。在 C 语言中提供了以下有关的函数来实现动态内存的分配和回收。这些函数包含在库函数 stdlib. h 或 malloc. h 中。如果程序需要使用动态内存的分配和释放函数,应包含相应的头文件:

```
# include < stdlib. h>
```

或

```
# include < malloc. h>
```

1. malloc 函数

malloc 函数原型为:

```
void * malloc(unsigned int size);
```

功能:向系统申请长度为 size 字节的存储空间。如果申请成功,则返回所申请的存储空间的首地址(返回值为空类型 void);若申请不成功(如内存空间不足),则返回空指针(NULL)。

注意:因为返回值是空类型的指针,若要利用这段空间存储其他类型的数据,必须将其强制转换成其他类型的指针。例如:

```
struct student * pd;
pd = (struct student * )malloc(5 * sizeof(struct student));
       / * 申请 5 个存放 struct student 结构体变量的存储空间 * /
if(pd == NULL) printf("error\n");          / * 申请未成功 * /
```

2. calloc 函数

calloc 函数原型为:

```
void * calloc(unsigned int n, unsigned int size);
```

功能:向系统申请 n 个长度为 size 字节的存储空间。如果申请成功,则返回所申请的存储空间的首地址(返回值为空类型 void);若申请不成功(如内存空间不足),则返回空指针(NULL)。

注意:因为返回值是空类型的指针,若要利用这段空间存储其他类型的数据,必须将其强制转换成其他类型的指针。

3. free 函数

free 函数原型为:

```
void free(void * p);
```

功能:释放由 p 指向的存储空间,函数无返回值。

注意:指针变量 p 是最近一次调用 malloc 或 calloc 函数时返回的值,不能是任意的地址。

有了本节所介绍的知识,即可对链表进行操作(包括链表的遍历、查找、插入、删除或生成等)。以下各节中所提的链表都是指动态链表。

7.7.3 链表的基本操作

1. 链表的遍历

所谓遍历指如何按某条搜索路径巡访链表中每一个结点,使得每个结点均被访问一次,而且仅被访问一次。"访问"的含义很广,可以是对结点做各种处理。在此,遍历指的是输出链表中每个结点的数据信息,具体步骤如下。

(1) 因为头结点的信息是不用输出的,所以工作指针 p 应从链表头结点的后继结点开始。

p = head－＞next;

(2) 如果后续结点存在(p!＝NULL),则输出此结点的数据信息。然后工作指针 p 后移(p＝p—＞next),指向下一个结点,流程转入步骤(2)。

(3) 如果后续结点不存在(p＝＝NULL),则结束循环,输出结束。

具体代码如下(用子函数实现):

```
void print(struct student *head)
/* 输出带头结点的链表 head 中的各结点的数据元素 */
{
    struct student *p;
    p = head－＞next;                    /* p 指向链表中第一个结点 */
    while(p)
    {
        printf("% -10d % 6.2f\n",p－＞num,p－＞score);
        p = p－＞next;
    }
}
```

2. 链表的查找

在链表中如果要查找某个数据信息必须从头指针出发寻找,具体步骤如下。

(1) 得到待查找的数据信息,如学生的学号。

(2) 工作指针 p 从链表头结点的后继结点开始(p＝head—＞next)。

(3) 如果当前工作指针 p 指向的结点的数据信息与待查找的信息不相同,并且此结点存在后续结点,则工作指针 p 后移(p＝p—＞next),指向下一个结点,继续查找。

(4) 循环结束后,如果找到,则输出相关信息; 若没有找到,则输出"not found!"。

具体代码如下(用子函数实现):

```
void getelem(struct student *head,int n)
/* 在带头结点的链表 head 中查找学号等于 n 的学生信息 */
{
    struct student *p;
    p = head－＞next;
    while(p&&p－＞num!= n)
        p = p－＞next;
    if(p)
        printf("% -10d % 6.2f\n",p－＞num,p－＞score);
    else
        printf("not found!\n");
}
```

3. 链表的插入

若已存在一个学生链表,各结点是按其成员项 num(学号)的值由小到大顺序排列的,

第 7 章

结构体与共用体

现要插入一个新生的结点,要求按学号的顺序插入。

要实现顺序插入,需要解决两个问题:①怎样找到插入的位置? ②怎样实现插入? 具体步骤如下。

(1) 得到待插入的数据信息,如学号和成绩,生成一个新的结点 s,其数据域存放的是待插入的数据信息。

(2) 工作指针 p 从链表的头结点开始(p=head)。

(3) 如果当前工作指针 p 指向的结点有后续结点,并且此结点的后续结点 num 的值小于待插入结点 num 的值,则工作指针 p 后移(p=p—>next),指向下一个结点,继续查找。

(4) 循环结束,工作指针 p 指向的结点 num 的值小于待插入结点 num 的值,而此结点的后续结点(p—>next)的数据信息大于待插入结点的数据信息,新结点 s 应插在结点 p 和结点 p—>next 之间。

(5) 将新结点 s 插入链表指定位置,插入过程如图 7-20 所示,注意语句的顺序。

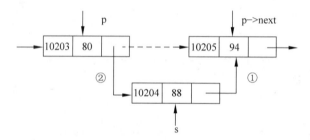

图 7-20 在结点 p 之后插入结点 s 的过程

具体代码如下(用子函数实现):

```
struct student * insertlink (struct student * head, int no, float sc)
/* 在带头结点的链表 head 中插入一个新结点 */
{
    struct student * p, * s;
    s = (struct student * )malloc(sizeof(struct student));      /* 生成新结点 s */
    s—>num = no;
    s—>score = sc;
    p = head;
    while(p—>next&&p—>next—>num<no)
    /* 找插入前一位置并使 p 指向它 */
        p = p—>next;
    s—>next = p—>next;                                          /* 语句 1 */
    p—>next = s;                                                /* 语句 2 */
    return head;
}
```

说明:

(1) 语句 1 和语句 2 完成将新结点 s 插入 p 指针所指向的结点之后的操作,语句 1 对应图 7-20 中的①,语句 2 对应图 7-20 中的②,两条语句的顺序不能颠倒。

(2) 函数类型是指针类型,返回值是链表的起始地址 head。

4. 链表的删除

链表的删除和链表的插入类似,删除结点也需要确定位置,删除过程如图 7-21 所示。

图 7-21　单链表删除结点 p 的过程

从图 7-21 中可以看出,如果要删除结点 p,需要找到其前一个结点 q,将结点 q 的指针域改为 p 的后续结点的地址即可(q—>next=p—>next)。

具体代码如下(用子函数实现):

```c
struct student * deletelink(struct student * head, int no)
/* 在带头结点的链表 head 中删除学号为 no 的学生的信息 */
{
    struct student * p, * q;
    q = head;
    p = q->next;
    while(p && p->num!= no)
/* 寻找要删除的位置 */
    {q = p; p = p->next;}
    if (p)
    {                                    /* 找到删除位置,并使 p 指向它 */
        q->next = p->next;
        free(p);                         /* 释放 p 结点的空间 */
    }
    else
        printf("not found!\n");
    return head;
}
```

注意:删除后必须及时释放被删除结点的空间。

5. 链表的生成

前面讲的几个算法都是在已有一个链表的前提下进行的。因为链表是一个动态的结构,它不需要预分配空间,因此生成链表的过程是一个结点"逐个插入"的过程。根据插入的位置不同可将链表生成的算法分为头插法和尾插法。

(1) 头插法的具体生成过程如下。

① 建立一个"空"链表,如图 7-22(a)所示。

② 输入数据元素 a_n,建立结点并插入在表头,如图 7-22(b)所示。

③ 输入数据元素 a_{n-1},建立结点并插入在表头,如图 7-22(c)所示。

④ 依次类推,直至输入 a_1 为止。

注意:所谓头插法指的是建立的新结点插入在表头位置,即插入点在头结点的后面。因此如果要建立一个顺序为 $a_1, a_2, \cdots, a_{n-1}, a_n$ 的序列,需要逆序输入 n 个数据元素的值。如果不能确定 n 值的大小,则以某个结束标志(如当输入值为 0 时)为止。

图 7-22　头插法

具体代码如下(用子函数实现):

```c
struct student * headcreatlist(struct student * head)
/* 用头插法建立一个带头结点的链表 head */
{
    struct student * p;
    head = (struct student * )malloc(sizeof(struct student));
    head -> next = NULL;
    p = (struct student * )malloc(sizeof(struct student));
    printf("input num and score:\n");
    scanf("% d % f",&p -> num,&p -> score);
    while(p -> num!= 0)                        /* 当输入 0 时循环结束 */
        {
            p -> next = head -> next;
            head -> next = p;
            printf("input num and score:\n");
            p = (struct student * )malloc(sizeof(struct student));
            scanf("% d % f",&p -> num,&p -> score);
        }
    return head;
}
```

(2) 尾插法的具体生成过程如下。

① 建立一个"空"链表,如图 7-23(a)所示。

② 输入数据元素 a_1,建立结点并插入在表尾,如图 7-23(b)所示。

③ 输入数据元素 a_2,建立结点并插入在表尾,如图 7-23(c)所示。

④ 依次类推,直至输入 a_n 为止。

⑤ 循环结束,将 a_n 结点的指针域置空,如图 7-23(d)所示。

具体代码如下(用子函数实现):

```c
struct student * tailcreatlist(struct student * head)
/* 用尾插法建立一个带头结点的链表 head */
{
    struct student * p, * q;
    head = (struct student * )malloc(sizeof(struct student));
```

```
head -> next = NULL;
q = head;                                   /* q为尾指针,始终指向表尾结点 */
p = (struct student * )malloc(sizeof(struct student));
printf("input num and score:\n");
scanf(" % d % f",&p -> num,&p -> score);
while(p -> num!= 0)                         /* 当输入 0 时循环结束 */
    {
        q -> next = p;
        q = p;                              /* q指向新的表尾结点 */
        printf("input num and score:\n");
        p = (struct student * )malloc(sizeof(struct student));
        scanf(" % d % f",&p -> num,&p -> score);
    }
    q -> next = NULL;                       /* 最后一个结点的指针域置空 */
    return head;
}
```

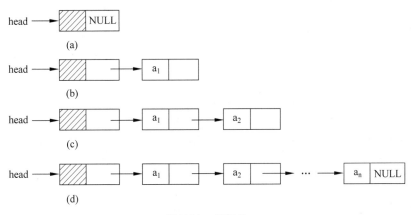

图 7-23　尾插法

注意：所谓尾插法,指的是始终在链表的尾部插入,因此引用尾指针的概念。程序中 q 即为尾指针,它始终指向当前链表中最后一个结点的位置。在循环结束后要将最后一个结点的指针域赋值为"空"(q-> next＝NULL)。从图 7-23 可以看出,如果要建立一个顺序为 $a_1,a_2,\cdots,a_{n-1},a_n$ 的序列,顺序输入 n 个数据元素的值即可。如果不能确定 n 值的大小,则以某个结束标志(如当输入值为 0 时)为止。

6. 链表综合操作

【实例 7-10】　上面介绍了链表的几个常用的操作,现采用 main 函数将它们合理地组合,共同实现对链表的综合操作,采用尾插法建立一个链表,对链表进行插入、删除和查找的操作。

分析：利用以上链表的基本操作,创建一个学生信息表,按学号的升序顺序插入新的记录以及删除指定的记录。

```
/* 实例 7-10 */
# include < stdio. h >
# include < malloc. h >
# define NULL 0
```

224

```
struct student
{
        int num;
        float score;
        struct student * next;
};
struct student * tailcreatlist(struct student * head);        /* 函数原型声明 */
void print(struct student * head);
void getelem(struct student * head,int n);
struct student * insertlink(struct student * head,int no,float sc);
struct student * deletelink(struct student * head,int no);
int main()
{
    struct student * head,stu;
    int del_num,sea_num;
    head = tailcreatlist(head);
    printf("The LinkList is:\n");
    print(head);
    printf("\ninput the inserted record:");
    scanf("%d%f",&stu.num,&stu.score);
    head = insertlink(head,stu.num,stu.score);
    printf("After insert:\n");
    print(head);
    printf("\ninput the deleted record:");
    scanf("%d",&del_num);
    head = deletelink(head,del_num);
    printf("After delete:\n");
    print(head);
    printf("\ninput the searched record:");
    scanf("%d",&sea_num);
    printf("The record is:");
    getelem(head,sea_num);
return 0;
}
struct student * tailcreatlist (struct student * head){…}
void print(struct student * head){…}
void getelem(struct student * head,int n){…}
struct student * insertlink(struct student * head,int no,float sc){…}
struct student * deletelink(struct student * head,int no){…}
```

以上程序中的 tailcreatlist、print、getelem、insertlink 和 deletelink 函数详细算法描述参考链表的生成(尾插法)、遍历、查找、插入和删除。

程序运行结果如图 7-24 所示。

思考:若改成先输入需要创建的单链表长度,再根据长度输入各个数据项,头插法和尾插法对应的算法该如何修改?

图 7-24　链表的常用操作

7.8　共　用　体

7.8.1　共用体的概念

有时需要将几种不同类型的变量存放在同一段内存单元中,在实际问题中有很多这样的例子,如学校的教师和学生填写如图 7-25 所示的表格。

姓名	年龄	性别	职业	所属部门

图 7-25　教师和学生信息表示意

其中"所属部门"一项,学生应填入班级编号,教师应填入院系教研室。班级编号可以用整型量来表示,院系教研室只能用字符类型。要求把这两种不同类型的数据都填入"所属部门"变量中,就必须把"所属部门"定义为包含整型和字符型数组这两种类型的共用体。

"共用体"也是一种构造类型,它是使几个不同类型的成员共用同一段内存空间的数据类型。这几个成员放在同一个地址开始的内存单元中,使用覆盖技术使得在任一时间段只有一个成员起作用。如前面介绍的"所属部门"变量,定义一个可填入"班级编号"和"院系教研室"的共用体后,就可以赋予整型值或字符串,但不能把两者同时赋给它。

定义共用体类型变量的一般形式为:

```
union 共用体名
{
    成员表列
}变量表列;
```

例如:

```
union data
```

```
{    int a;
     float b;
     char c;
}x,y;
```

也可以将类型声明和变量定义分开,即先声明一个 union data 类型,再将 x,y 定义为 union data 类型,例如:

```
union data
{    int a;
     float b;
     char c;
};
union data   x,y;
```

也可以直接定义共用体变量,例如:

```
union
{    int a;
     float b;
     char c;
}x,y;
```

从上面定义可以看出,共用体和结构体的定义形式类似。但它们的含义是不同的。

结构体变量的每个成员占用独立的内存空间,所以结构体变量所占内存长度是各成员占用内存长度之和。

共用体变量的所有成员共用一段内存,所以共用体变量所占内存长度是占用字节数最多的成员的长度。例如,上面定义的共用体变量 x,y 各占 4 字节,而不是各占 4+4+1=9 字节。

7.8.2　共用体变量的引用

共用体变量只有先定义才能引用,而且不能使用共用体变量,只能引用共用体变量中的成员。引用共用体类型变量成员的一般形式为:

共用体类型变量名. 成员名

例如,前面定义了 x,y 为共用体变量,下面的引用方式是正确的:

x.a　(引用共用体变量 x 中的整型变量 a)
y.b　(引用共用体变量 y 中的实型变量 b)

不能直接引用共用体变量,例如,下面的引用方式是错误的:

printf("%d",x);

因为 x 的存储区有三种类型,分别占用不同长度的存储区,只写共用体变量名 x,系统难以确定究竟输出哪一个成员的值。应写成 printf("%d",x. a)或 printf("%f",x. b)等。

7.8.3　共用体类型数据的说明

共用体类型数据在使用时要注意以下几点。

（1）几种不同类型的成员可以放在同一内存段中，但是在同一时刻只能存放其中的一种，即这些成员不会同时存在和同时起作用，而是在不同的时刻拥有不同的成员。

（2）共用体变量中起作用的是最后一次存放的成员，在存入一个新的成员之后，原来的成员则失去作用。例如，有以下赋值语句：

```
x.a = 12;
x.b = 12.3
x.c = 'a';
printf("%d",x.a);
```

在执行完以上三条赋值语句后，只有最后的 x.c 有效，x.a 和 x.b 已经没有意义了。此时执行语句"printf("%d",x.a)"得不到结果 12，且编译时不会报错。因此在引用共用体变量时应该特别注意当前有效的是哪个成员。

（3）共用体变量的地址和它各成员的地址是相同的。如 &x、&x.a、&x.b、&x.c 都是同一地址值。

（4）共用体变量不能整体赋值，也不能对共用体变量进行初始化处理。例如，以下语句都是错误的：

```
union data
{    int a;
     float b;
     char c;
}x = {12,12.3,'a'};(不能对共用体变量进行初始化)
x = 12;(不能整体赋值)
i = x;(不能引用共用体变量来得到一个值)
```

（5）共用体变量不能作函数参数传递，也不能使函数返回一个共用体类型的数据，但可以使用指向共用体变量的指针。

【实例 7-11】 设有若干人员的记录，其中包括教师和学生。教师记录包括姓名、年龄、职业、系别四项。学生记录包括姓名、年龄、职业、班级四项。要求编程输入人员数据，再以表格形式输出。

分析：教师和学生的信息中的姓名、年龄、职业可以定义成相同的数据类型，但是第四项，教师是系别，学生是班级名称，类型不一致。但同一时间段内，只能是两种情况中的某一种存在，因此，可以采用共用体类型的方式存放。

```
/* 实例 7-11 */
#include<stdio.h>
#define NUM 2
int main()
{
    struct
    {
        char name[10];
        int age;
        char job;
        union
        {
```

```
            int classid;
            char dept[20];
        }category;
    }person[NUM];
    int i;
    for(i = 0;i < NUM;i++)
    {
        printf("please input name,age,job and category\n");
        scanf("%s %d %c",person[i].name,&person[i].age,&person[i].job);
        if(person[i].job == 's') /* job 为 s 说明是学生,应输入班级编号 */
            scanf("%d",&person[i].category.classid);
        else
            scanf("%s",person[i].category.dept);        /* 为教师,应输入系别 */
    }
    printf("name\tage job class/dept\n");
    for(i = 0;i < NUM;i++)
    {
        if(person[i].job == 's')
            printf("%s\t%3d %3c %8d\n",person[i].name,person[i].age,
            person[i].job,person[i].category.classid);
        else
            printf("%s\t%3d %3c\t        %s\n",person[i].name,person[i].age,
            person[i].job,person[i].category.dept);
    }
    return 0;
}
```

程序运行结果如图 7-26 所示。

图 7-26 共用体变量的基本应用

本程序中用一个结构体数组 person 来存放人员数据,该结构体中又包含共用体类型 category,在这个共用体中成员为 classid 和 dept,前者为整型表示班级编号,后者为字符数组表示系别。

7.9 枚 举 类 型

在前面的章节中已经介绍过 C 语言中常用的几种基本数据类型,如整型、实型、字符型。这些数据类型的取值范围各不相同,例如:整型数据的范围是 $-32768 \sim 32767$,实型数据的取值范围更大。但是在实际应用中也存在着另一种数据,它的取值范围有限,只能在少数几个固定的数据中取值,例如:性别信息只能在"男"和"女"中取一个值;星期信息只能在星期一到星期日中取一个值；月份信息只能在一月到十二月中取一个值。为了提高程序描述问题的直观性，ANSI C 标准增加了枚举类型。

所谓"枚举"是指将变量的值一一列举，变量的值只限于列举的值的范围内。注意：枚举类型是一种基本数据类型，而不是构造类型，因为它不能再分解为任何基本类型。

1. 枚举类型的定义和枚举变量的说明

枚举类型的定义与结构体的定义十分相似，用关键字 enum 表示枚举，它的一般格式为：

enum 枚举名{枚举值表};

在枚举值表中应列出所有可用的值。这些值也称为枚举元素或枚举常量。例如：

enum colorname{red,yellow,blue,white,black};

声明了一个枚举类型 enum colorname，可以用此类型来定义变量。设有变量 color 被说明为上述的 colorname 类型，可采用下述任意一种方式：

```
enum colorname{red,yellow,blue,white,black};     /* 先声明一个枚举类型 enum colorname */
enum colorname  color;                           /* 再定义枚举变量 */
```

或

```
enum colorname{red,yellow,blue,white,black}color;     /* 声明枚举类型的同时定义枚举变量 */
```

或

```
enum {red,yellow,blue,white,black} color;     /* 直接定义枚举变量 */
```

2. 枚举类型变量的赋值和使用

枚举类型在使用时有以下规定。

（1）在 C 编译中，对枚举值按常量处理，不是变量，不能使用赋值语句对它们赋值。例如，对枚举类型 colorname 的元素再做以下赋值是错误的。

red = 8; yellow = 9;

（2）枚举值作为常量，它们是有值的，C 编译系统按定义时的顺序使它们的值为 0,1,2……。

在上面定义的枚举类型 colorname 中，red 的值为 0，yellow 的值为 1……black 的值为 4。这些值由系统自动赋值，可以输出。例如：

printf(" % d",black);

也可以用来给其他变量赋值。例如：

color_num = yellow;   /* 相当于将 color_num 变量的值赋为 1 */

也可以改变枚举元素的值，在定义时由程序员指定。例如：

enum colorname{red = 4,yellow,blue,white = 9,black}color;

定义 red 的值为 4，以后顺序加 1，则 yellow 的值为 5，blue 的值为 6，white 的值被指定为 9,以后在此基础上顺序加 1,black 的值为 10。

(3) 枚举值可以进行比较。例如:

```
if(color == blue) printf("blue!");
if(color > white) printf("it is black!");
```

枚举值是按其定义时的顺序号进行比较的。如果定义时未人为指定,则第一个枚举元素的值为 0,因此 yellow > red,black > white。

(4) 整数不能直接赋给枚举变量。例如:

```
color = 2;
```

是错误的。因为它们属于不同的数据类型。应先强制类型转换才能赋值。例如:

```
color = (enum colorname)2
```

它相当于将顺序号为 2 的枚举元素赋给 color,等价于:

```
color = blue;
```

【实例 7-12】 口袋中有红、黄、蓝、白、黑五种颜色的球若干。每次从口袋中取出三个球,问得到三种不同颜色的球的所有可能取法,并输出每种排列的情况。

分析:实际上是一个无序的排列组合的问题,用循环控制将所有的情况一一枚举并输出。

```c
/* 实例 7-12 */
#include<stdio.h>
int main()
{
    enum color {red,yellow,blue,white,black};
    enum color i,j,k,flag;
    int m,n = 0;
    for(i = red;i <= black;i = (enum color)(i + 1))
        for(j = red;j <= black;j = (enum color)(j + 1)) /* 强制类型转换 */
            if(i!= j)
            {for(k = red;k <= black;k = (enum color)(k + 1))
                if((k!= i)&&(k!= j))
                {
                    n = n + 1;
                    printf("% - 6d",n);
                    for(m = 1;m <= 3;m++)            /* 循环 3 次分别输出枚举变量 i、j、k */
                    {
                        switch(m)
                        {
                        case 1: flag = i;break;
                        case 2: flag = j;break;
                        case 3: flag = k;break;
                        default:break;
                        }
                        switch(flag)
                        {
```

```
                    case red:printf(" % - 8s","red");break;
                    case yellow:printf(" % - 8s","yellow");break;
                    case blue:printf(" % - 8s","blue");break;
                    case white:printf(" % - 8s","white");break;
                    case black:printf(" % - 8s","black");break;
                    default:break;
                    }
                }
                printf("\n");
            }
        }
                printf("Total = % 4d\n",n);
    return 0;
}
```

程序运行结果如图 7-27 所示。

图 7-27　三种颜色的排列情况

7.10　用户自定义类型

　　至此为止,我们可以直接使用 C 语言提供的各种标准类型名(如 int、float、char 等)和用户自己声明的结构体、共用体、指针、枚举类型等。除了这些数据类型以外,C 语言还提供了用户自定义类型,允许用户用关键字 typedef 声明新的类型名来代替已有的数据类型名,主要有以下几种用法。

　　(1)说明一个等价的数据类型。例如:

```
typedef  int  elemtype;
elemtype i,j,k;(等同于 int i,j,k;)
```

　　以上语句将 int 数据类型定义成 elemtype,这两者等价,在程序中可以用 elemtype 定义整型变量。

（2）定义一个新的类型名代表一个结构体类型。例如：

```
typedef struct
{
    int num;
    char name[20];
    float score;
}STUDENT;
```

将一个结构体类型定义为 STUDENT，在程序中可以用它来定义结构体变量。

```
STUDENT student1, * p;
```

以上语句定义了一个结构体变量 student1 和一个指向该结构体类型的指针变量 p。同样可以用于共用体和枚举类型。

（3）定义数组类型。例如：

```
typedef  char  STRING[20];
STRING  s1,s2;
```

定义一个可含有 20 个字符的字符数组名 STRING，并用 STRING 定义了 2 个字符数组 s1 和 s2。

7.11　结构体的应用实例

在本节中，将通过一个综合性实例进一步讲解结构体在实际编程中的应用。

【实例 7-13】　编写一个应用程序，用于管理学生成绩，该程序能实现以下功能。

（1）输入：实现学生的学号、姓名以及数学、英语、语文三门课程成绩的输入，要求计算学生的总成绩和平均分。输入过程中检查学号是否重复，同时保证记录按学号的升序排列。

（2）显示：显示所有学生的信息。

（3）添加：输入需要插入的新的学生记录，并按学号升序的顺序插入到恰当的位置。

（4）删除：输入学号，删除指定的学生记录。

分析：

（1）根据题意，程序有四个功能模块，分别是输入、显示、添加和删除，如图 7-28 所示。

图 7-28　程序功能模块

（2）学生的信息包括学号、姓名以及数学、英语、语文三门课程成绩，以及总分、平均分，所以构造结构体类型如下：

```
typedef struct                          /* 定义结构体类型,用于存放学生记录 */
{
    char name[20];
    int num;
    float math;
    float eng;
    float cuit;
    float aver;
    float total;
}STU;
```

为了后面程序代码的简化,有如下定义:

```
typedef STU ElemType;    /* ElemType 等价于 STU */
```

(3) 用带头结点的单链表实现,其存储结构声明如下:

```
typedef struct LNode
{
    ElemType data;                   /* 数据域 */
    struct LNode * next;             /* 指针域 */
}LNode, * LinkList;                   /* LNode 为结点类型,LinkList 为指向 LNode 的指针类型 */
```

根据系统功能模块,可以设计如下函数。

① main 函数。

功能:显示主菜单,根据用户的操作选择调用相关的函数。

② Menu 函数。

功能:显示主菜单。

函数原型: void Menu();

③ InitList 函数。

功能:初始化一个空链表。

函数原型: LinkList InitList(LinkList);

④ CreateList 函数。

功能:根据输入指定的记录数,依次输入学生成绩记录中的各项数据。

函数原型: LinkList CreateList(LinkList);

⑤ DisPlay 函数。

功能:显示当前所有学生的记录。

函数原型: void DisPlay(SqList);

⑥ InsertList 函数。

功能:按学号升序的顺序将输入的学生记录插入到恰当的位置。

函数原型: LinkList InsertList(LinkList);

⑦ DeleteList 函数。

功能:根据输入的学号,删除指定的学生记录。

函数原型: LinkList DeleteList(LinkList,int);

⑧ Position 函数。

结构体与共用体

功能：根据指定的学号，查找是否有相同学号的记录。

函数原型：int Position(LinkList,int);

源程序清单如下：

```c
#include<stdio.h>
#include<stdlib.h>
#include<malloc.h>
#define MAXSIZE 100
typedef struct                          /*定义结构体类型,用于存放学生记录*/
{
    char name[20];
    int num;
    float math;
    float eng;
    float cuit;
    float aver;
    float total;
}STU;
typedef STU ElemType;
typedef struct LNode
{
    ElemType data;                      /*数据域*/
    struct LNode * next;                /*指针域*/
}LNode, * LinkList;
void Menu();
LinkList InitList(LinkList);            /*初始化一个空的记录表*/
LinkList CreateList(LinkList);          /*输入指定长度的记录*/
void DisPlay(LinkList);                 /*输出*/
LinkList InsertList(LinkList);          /*添加*/
LinkList DeleteList(LinkList,int);      /*删除指定学号的学生记录*/
int Position(LinkList,int);             /*查找是否有跟当前指定学号相同的学生记录*/
void Menu()
{
    system("cls");
    printf("\t\t********** 学生成绩管理系统 ********* \n");
    printf("\t\t *              1 输入               * \n");
    printf("\t\t *              2 显示               * \n");
    printf("\t\t *              3 添加               * \n");
    printf("\t\t *              4 删除               * \n");
    printf("\t\t *              0 退出               * \n");
    printf("\t\t******************************** \n");
}
int main()
{
    LinkList L;
    ElemType e;
    int sel,num;
    Menu();
    L = InitList(L);
    printf("请输入您的操作选择[0-4]:");
```

```
        do
        {
            scanf(" % d",&sel);
            if(sel == 0)
                break;
            switch(sel)
            {
                case 1:
                    L = CreateList(L);
                    break;
                case 2:
                    DisPlay(L);
                    break;
                case 3:
                    L = InsertList(L);
                    break;
                case 4:
                    if(L - > next == NULL)
                    {
                        printf("当前记录为空\n");
                        printf("请输入您的操作选择[0 - 4]:");
                    }
                    else
                    {
                        printf("请输入需要删除的学生的学号:");
                        scanf(" % d",&num);
                        L = DeleteList(L,num);
                    }
                    break;
                default: printf("\n输入错误!请重新输入您的操作选择[0 - 4]:");
            }
        }while(1);
        printf("操作结束,再见!\n");
        return 0;
}
LinkList InitList(LinkList L)
{
    L = (LinkList)malloc(sizeof(LNode));          / * 分配头结点 * /
    if(!L)                                        / * 若分配不成功 * /
        printf("存储空间分配失败!\n");
    L - > next = NULL;
    return L;
}
LinkList CreateList(LinkList L)
{
    int i,j,num,count;
    LinkList p,q = L,s;
    int flag = 0;
    system("cls");
    printf("请输入要录入的记录数:");              / * 输入相关信息 * /
    scanf(" % d",&count);
```

结构体与共用体

```
        for(i = 1;i < = count;i++)
        {
            p = (LinkList)malloc(sizeof(LNode));
            p - > next = NULL;
            p - > data. total = 0;
            printf("请输入第 % d 条记录数据:\n",i);
            printf("输入学号:");
            scanf(" % d",&num);
            while(Position(L,num))
            {
                printf("学号已存在,请重新输入!\n");
                printf("输入学号:");
                scanf(" % d",&num);
            }
            p - > data. num = num;
            getchar();
            printf("输入姓名:");
            gets(p - > data. name);
            printf("输入数学成绩:");
            scanf(" % f",&p - > data. math);
            p - > data. total +=  p - > data. math;
            printf("输入英语成绩:");
            scanf(" % f",&p - > data. eng);
            p - > data. total +=  p - > data. eng;
            printf("输入语文成绩:");
            scanf(" % f",&p - > data. cuit);
            p - > data. total +=  p - > data. cuit;
            p - > data. aver =  p - > data. total/3;
            q - > next = p;
            q = p;
        }
        Menu();
        printf("请输入您的操作选择[0 - 4]:");
        return L;
    }
    void DisPlay(LinkList L)
    {
        int i;
        Menu();
        LinkList p;
        if(L - > next == NULL)
        {
            printf("当前记录为空!\n");
            printf("请输入您的操作选择[0 - 4]:");
            return;
        }
        else
        {
            p = L - > next;
            printf("| 学号 | 姓名 | 数学 | 英语 | 语文 | 总分 | 平均分 |\n");
            while(p)
```

```
        {
            printf("| % - 10d| % - 8s| % 8.1f| % 8.1f| % 8.1f| % 8.1f| % 8.2f\n"
                ,p - > data. num, p - > data. name, p - > data. math, p - > data. eng,
                p - > data. cuit, p - > data. total, p - > data. aver);
                p = p - > next;
        }
        printf("请输入您的操作选择[0 - 4]:");
    }
}
LinkList InsertList(LinkList L)
{
    LinkList p = L, s;
    int i, j, num;
    s = (LinkList)malloc(sizeof(LNode));
    s - > data. total = 0;
    system("cls");
    printf("请输入要插入的学生的记录:\n");
    printf("输入学号:");
    scanf(" % d", &num);
    while(Position(L, num))
    {
        printf("学号已存在,请重新输入!\n");
        printf("输入学号:");
        scanf(" % d", &num);
    }
    s - > data. num = num;
    getchar();
    printf("输入姓名:");
    gets(s - > data. name);
    printf("输入数学成绩:");
    scanf(" % f", &s - > data. math);
    s - > data. total += s - > data. math;
    printf("输入英语成绩:");
    scanf(" % f", &s - > data. eng);
    s - > data. total += s - > data. eng;
    printf("输入语文成绩:");
    scanf(" % f", &s - > data. cuit);
    s - > data. total += s - > data. cuit;
    s - > data. aver = s - > data. total/3;
    while(p - > next&&p - > next - > data. num < s - > data. num)
    / * 寻找插入位置,并使 p 指向它 * /
        p = p - > next;
    s - > next = p - > next;              / * 将新结点 s 插入到 p 指针所指向的结点之后 * /
    p - > next = s;
    Menu();
    printf("请输入您的操作选择[0 - 4]:");
    return L;
}
LinkList DeleteList(LinkList L, int num)
{
    int i, j;
```

第7章

结构体与共用体

```
    LinkList p,q = L;
    Menu();
    if(Position(L,num) == 0)                    /* 无当前输入学号的学生记录 */
        printf("无学号为 % d 的学生记录\n",num);
    else
    {
        p = q -> next;
        while(p&&p -> data.num!= num)           /* 找到删除位置,并使 p 指向它 */
        {
            q = p;
            p = p -> next;
        }
        q -> next = p -> next;
        free(p);
    }
    printf("请输入您的操作选择[0 - 4]:");
    return L;
}
int Position(LinkList L, int num)
/* 查找是否有与 num 相同的学生记录,若有返回 1,否则返回 0 */
{
    LinkList p = L -> next;
    int flag = 0;
    while(p&&! flag)
    {
        if(p -> data. num == num)
            flag = 1;
        p = p -> next;
    }
    return flag;
}
```

　　上述实现方法对程序操作流程做如下设计: 输入学生的信息→显示学生的信息→插入新的记录→显示当前所有记录→删除指定学生的记录→显示剩余的所有学生记录。

　　由于篇幅所限,在此仅给出程序运行的部分结果截图。程序运行后显示主菜单如图 7-29 所示。首先选择"1",输入学生的信息,如图 7-30 所示;然后选择"2",显示所有学生的信息,如图 7-31 所示;接着选择"3",输入新的学生记录,如图 7-32 所示,再显示当前所有学生的信息,如图 7-33 所示;接着选择"4",输入要删除的学生的学号,如图 7-34 所示,再显示删除操作后所有学生的信息,如图 7-35 所示;最后选择"0",退出程序。

　　思考: 采用结构体数组的形式实现,同时空间采用动态分配,其存储结构如下:

```
# define MAXSIZE 100                            /* 预分配 100 个连续的存储空间 */
typedef struct{
    ElemType * elem;                            /* 指向分配的存储空间的首地址 */
    int length;                                 /* 存放当前实际记录数 */
}SqList;
```

图 7-29　主菜单

图 7-30　输入学生的信息

图 7-31　输入操作后显示所有学生的信息

图 7-32　输入新的学生信息

根据系统功能模块，设计如下函数。代码编写请自行完成。

① main 函数。

功能：显示主菜单，根据用户的操作选择调用相关的函数。

② Menu 函数。

功能：显示主菜单。

239

结构体与共用体

图 7-33　插入操作后显示所有学生的信息

图 7-34　输入要删除学生的学号

图 7-35　删除操作后显示所有学生的信息

函数原型：void Menu();

③ InitList 函数。

功能：初始化一个空表,预分配存储空间。

函数原型：int InitList(SqList *);

④ CreateList 函数。

功能：根据输入指定的记录数,依次输入学生成绩记录中的各项数据。

函数原型：void CreateList(SqList *);

⑤ DisPlay 函数。

功能：显示当前所有的学生记录。

函数原型：void DisPlay(SqList);

⑥ InsertList 函数。

功能：按学号升序的顺序将输入的学生记录插入到恰当的位置。

函数原型：int InsertList(SqList *);

⑦ DeleteList 函数。

功能：根据输入的学号，删除指定的学生记录。

函数原型：void DeleteList(SqList * ,int);

⑧ Position 函数。

功能：根据指定的学号，查找是否有相同学号的记录。

函数原型：int Position(SqList * ,int);

本 章 小 结

　　结构体和共用体是两种构造数据类型，它们都由成员组成。成员可以具有不同的数据类型。成员引用的方法相同，均需要使用成员运算符"."或"−>"。其使用的基本步骤相同：先定义相应的数据类型，再利用定义的数据类型定义变量，接着使用定义的变量进行某些操作。

　　结构体和共用体不同之处在于，在结构体中，各个成员占有独立的存储单元；结构体变量所占内存长度是所有成员所需字节数的总和。而在共用体中，各个成员不能同时存在，所有成员共用一段内存，所以共用体变量所占内存长度是最长的成员的长度。

　　链表是一种重要的数据结构，用来实现内存的动态分配。本章主要介绍了链表的常用操作，如建立、插入、删除、查找等。

　　利用枚举将几个特定的数据组合，构成枚举类型，使得某些数据的表示更加直观。

　　用关键字 typedef 给已定义的类型取个别名，增强程序的可读性。

习　　题

　　1. 编写一个 print 函数，输出一个学生的成绩数组，该数组中有 5 个学生的数据记录，每个记录包括 num、name、score[3]，用主函数输入这些记录，调用 print 函数输出这些记录。

　　2. 设有一组学生的成绩数据已经放在结构体数组 boy 中，编写程序，实现以下功能。

　　(1) 计算不及格的人数。

　　要求：使用结构指针变量作为函数参数编程。

```
struct stu
{    int num;
     char name[20];
     char sex;
     float score;
}boy[6] = {{101,"li ping ",'m',45},
          {102,"zhang ping",'m',62.5},
          {103,"he fang",'m',92.5},
          {104,"cheng ling",'f',87},
          {106,"wang ming",'m',58},};
```

（2）在学生 wang ming 之前添加一条记录"105，ma li，f，20"，并输出所有学生的信息。

（3）学生 cheng ling 已转学，请将其记录从数组中删除，并输出所有学生的信息。

3. 从键盘输入 10 个职工的数据记录，每个记录包括工作证号、姓名、年龄、工作时间、文化程度和工资，要求输出单位职工的平均年龄、平均工龄和平均工资，各年龄段职工人数。

4. 纸牌游戏内容的具体描述是：有编号为 1～52 的 52 张纸牌按编号顺序摆放，而且都是正面向上。现从第 2 张开始，以 2 为基数，对编号是 2 的倍数的纸牌翻一次，直到最后一张纸牌；然后，又从第 3 张开始，以 3 为基数，对编号是 3 的倍数的纸牌翻一次，直到最后一张纸牌；接着，再从第 4 张开始，以 4 为基数，对编号是 4 的倍数的纸牌翻一次，直到最后一张纸牌；依次类推，再依次以 5,6,7,…,52 为基数，进行翻纸牌，最后输出正面向上的纸牌有哪些。编程模拟这个游戏过程，并输出最后正面向上的所有纸牌编号和纸牌的张数。

5. 编写程序，实现随机生成若干元素的链表(尾插法或头插法均可)，快速查找链表中间结点并将其值输出。要求：只能遍历一次链表。

6. 编写程序，实现单链表的冒泡排序。

7. 编写程序，给定两个升序链表，输出两个升序链表的公共部分。例如：第一个链表的结点值分别为"1 2 3 4"，第二个链表的结点值分别为"1 2 3 5 6"，则程序输出"1 2 3"。

8. 编写程序，给定一个链表，再给定一个整数 pivot，将链表调整为左部分都是值小于 pivot 的节点，中间部分都是值等于 pivot 的节点，右边部分都是大于 pivot 的节点。

除此之外，对调整后的节点顺序没有更多要求。

第8章 文 件

主要知识点

◆ 文件的概念

◆ 文件的打开与关闭

◆ 文件的读写

◆ 文件的定位

◆ 文件的检测

在 C 语言中,程序需要处理的数据可以来自于文件,程序运行产生的中间数据或结果数据也可以永久保存在文件中。不仅如此,使用数据文件的好处有:使程序与数据分离,文件中的数据可以反复使用;同一个数据文件中的数据可以被不同的程序使用,达到数据共享的目的。

C 语言中,对文件进行的所有操作通过 C 编译系统提供的标准函数完成。对文件的处理过程就是面向文件输入和输出的过程。文件的输入即从文件中读出信息,使用读函数。文件的输出即向文件中写入信息,使用写函数。本章将介绍文件的打开、关闭和读写等操作。

8.1 文 件 概 述

前面章节中介绍的程序,数据一般是运行程序以后从键盘键入,计算结果从显示器中输出显示。每运行一次程序,就需要从键盘将数据重新输入一遍,增加了数据输入的负担,同时也不利于结果的保存。那么,如何让程序反复使用一组数据而不需要重复输入? 如何将程序的运行结果永久保存,而不是在显示屏幕上只显示一次呢? 我们看下面的一个例子。

【实例 8-1】 已知 20 个学生两门课程的成绩(保存在文件 stud_score.dat 中),分别计算两门课程的最高分,并将计算结果保存到文件 stud_maxscore.dat 中。

```c
/* 实例 8-1 */
# include < stdio. h >
# include < stdlib. h >                    /* 使用函数 exit() */
int max( int score[ ], int n);
int main( )
{
    int score[20], i, maxscore1, maxscore2;
    FILE * fp1, * fp2;
    /* 打开文件 */
    if((fp1 = fopen("stud_score.dat","r")) == NULL)
```

244

```
    {
        printf("File stud_score.dat open error!\n!");
        exit(1);
    }
    if((fp2 = fopen("stud_maxscore.dat","w")) == NULL)
    {
        printf("File stud_maxscore.dat open error!\n!");
        exit(1);
    }
    /* 从文件中读取数据 */
    for(i = 0;i < 20;i++)
        fscanf(fp1," % d",&score[i]);
    maxscore1 = max(score,20);                    /* 求最大值 */
    /* 从文件中读取数据 */
    for(i = 0;i < 20;i++)
        fscanf(fp1," % d",&score[i]);
    maxscore2 = max(score,20);                    /* 求最大值 */
    /* 将计算结果输出到文件 */
    fprintf(fp2, "maxscore1 = % d,maxscore2 = % d\n",maxscore1,maxscore2);
    printf("maxscore1 = % d,maxscore2 = % d\n",maxscore1,maxscore2);
    fclose(fp1);
    fclose(fp2);
    return 0;
}
int max(int score[ ],int n)                    /* 定义 max 函数 */
{
    int i,maxscore;
    maxscore = score[0];
    for(i = 1;i < n;i++)
        if(maxscore < score[i]) maxscore = score[i];
    return maxscore;
}
```

程序运行结果如图 8-1 所示。文件 stud_score. dat 和文件 stud_maxscore. dat 的内容如图 8-2 所示。此题的解题思路与实例 6-2 类似,但与实例 6-2 有两个不同点。

图 8-1　求两门课程的最高分

图 8-2　两个数据文件的内容

（1）实例 6-2 的源程序每运行一次，就要从键盘将学生的成绩逐个输入一遍，而实例 8-1 的源程序所需数据来自一个数据文件 stud_score.dat，数据只要一次输入并保存到文件中，即可反复使用。

（2）实例 6-2 的程序运行结果只在显示器上输出一次，而实例 8-1 的程序运行结果不仅在显示器上输出显示，而且还保存到数据文件 stud_maxscore.dat 中。打开文件随时可以查看程序的计算结果。

文件是存储在外部设备上的一组相关数据的有序集合。这个数据集有一个名称，称为文件名。

8.1.1　文件分类

文件可以分为多种类型，可以从不同的角度对文件进行分类。

（1）从存储介质的角度，文件可分为普通文件和设备文件两种。

普通文件是指驻留在外部介质（磁盘、U 盘等）上的一个有序数据集，可以是源程序文件、文档文件、可执行程序文件，也可以是一组待输入处理的原始数据，或是一组计算结果的数据文件等。

设备文件是指与主机相连接的各种外部设备，如键盘、显示器和打印机等。在操作系统中，把外部设备也作为文件来进行管理，把对它们的输入和输出等同于对磁盘文件的读和写。通常键盘为标准输入文件，显示器为标准输出文件。一般情况下，从键盘上输入数据就是从标准输入文件输入数据，如 scanf() 函数就是从标准输入文件上输入数据；在显示屏幕上显示有关信息就是向标准输出文件输出，如 printf() 函数就是向标准输出文件输出。

（2）按文件编码的方式，文件可分为文本文件和二进制文件。

文本文件又称为 ASCII 文件，每一字节中存放一个 ASCII 代码，代表一个字符。例如，一个整数 1253，若用 ASCII 文件存放，占 4 字节的存储单元，1、2、5、3 各用一字节存储。而数字字符'1'、'2'、'5'、'3'的 ASCII 码分别为 49、50、53、51，故 1253 用 ASCII 文件存放时，存放形式为 00110001001100100011010100110011。

ASCII 码：　　00110001 00110010 00110101 00110011

十进制码：　　　　49　　　　50　　　53　　　　51

二进制文件是直接用数据的二进制形式存放。例如，对整数 1253，二进制为 0000010011100101，用二进制文件存放，需 2 字节，存放形式为 0000010011100101。

使用 ASCII 文件，一字节代表一个字符，便于对字符一一处理和输出，但占用较多的存储空间，并且要花费转换时间（ASCII 码与二进制之间的转换）。使用二进制文件，在内存中的数据形式与输出到外部文件中的数据形式完全一致，可以克服 ASCII 文件的缺点，但不直观，一字节并不对应一个字符或一个数，不能直接输出字符形式，所以，二进制文件虽然也可在屏幕上显示，但通常显示为乱码，其内容无法读懂。一般中间数据用二进制文件保存，输入输出则使用 ASCII 文件。

C 语言在处理文件时，并不区分类型，将文件看成是一个字符流（文本文件），或一个二进制流（二进制文件）。文件的存取以字符（字节）为单位。输入输出数据流的开始和结束只由程序控制而不受物理符号（如回车符）的控制，这种文件称为"流式文件"。

8.1.2 缓冲文件系统与非缓冲文件系统

目前C语言所使用的磁盘文件系统有两大类：一类称为缓冲文件系统，又称为标准文件系统；另一类称为非缓冲文件系统。

缓冲文件系统的特点是：系统自动在内存为每一个正在使用的文件开辟一个“缓冲区”。当执行读文件的操作时，先将数据从磁盘文件读入内存“缓冲区”，再从内存“缓冲区”依次读入指定的变量中；执行写文件的操作时，先将数据放入内存“缓冲区”，待内存“缓冲区”装满后再写入文件。由此可以看出，内存“缓冲区”的大小，影响着实际读写磁盘的次数，内存“缓冲区”越大，则读写磁盘的次数就少，执行速度快，效率高。“缓冲区”的大小由系统决定。

非缓冲文件系统不由系统自动设置缓冲区，而由用户自己根据需要设置。非缓冲文件系统依赖于操作系统，通过操作系统的功能对文件进行读写，是系统级的输入输出，只能读写二进制文件，但效率高、速度快。在传统的UNIX系统下，用缓冲文件系统处理文本文件，用非缓冲文件系统处理二进制文件。

ANSI C标准只采用缓冲文件系统，并对其进行扩展，既可以处理文本文件，也可以处理二进制文件。缓冲文件系统是借助文件结构体指针来对文件进行管理，通过文件指针对文件进行访问。

8.1.3 文件指针

C语言中有一个FILE结构体类型，其定义包含在stdio.h头文件中。结构体类型FILE的定义如下：

```
struct _iobuf {
        char * _ptr;
        int _cnt;
        char * _base;
        int _flag;
        int _file;
        int _charbuf;
        int _bufsiz;
        char * _tmpfname;
        };
typedef struct _iobuf FILE;
```

该结构体中含有文件名、文件状态和文件当前位置等信息。系统通过建立FILE结构体变量存放文件相关信息，而程序则利用文件指针对指定文件进行操作。文件指针的一般说明形式为：

```
FILE   *指针变量名;
```

其中，FILE应为大写。例如："FILE * fp;"表示fp是FILE结构体类型的指针变量，通过fp即可获得某个文件的信息，实施对文件的访问。在编写源程序时不必关心FILE结构体的细节。

8.2 文件的打开与关闭

文件在进行读写操作之前要先打开,使用完毕要关闭。

文件打开时,系统建立文件结构体,并返回指向该文件的文件指针,程序利用文件指针获得文件信息,对文件进行读写等操作。

关闭文件则是断开指针与文件之间的联系,释放文件结构体。

8.2.1 文件的打开

fopen 函数用来打开一个文件,其调用的一般形式为:

文件指针变量名 = fopen(文件名,使用文件的方式);

其中,"文件指针变量名"必须是被说明为 FILE 类型的指针变量;"文件名"是指将被打开文件的文件名,可以是一个字符串常量、字符数组名或指向字符串的指针变量;"使用文件的方式"是指文件的类型和操作要求。例如:

```
FILE *fp;
fp = fopen ("file1.dat","w");
```

表示在当前目录下打开或建立一个文件 file1.dat,对该文件只允许写操作,并使文件指针变量 fp 指向该文件。

又例如:

```
FILE *p;
p = fopen ("d:\\file2.dat ","r");
```

其意义是打开 D 盘根目录下的文件 file2.dat,对该文件只允许读操作。注意:两个反斜线"\\"是转义字符,表示一个反斜杠字符"\"。文件 file2.dat 的完整标识为 d:\file2.dat,那么在 C 语言中就表示为"d:\\ file2.dat"。

在 C 语言中,文件的使用方式如表 8-1 所示。

表 8-1　文件的使用方式

控 制 符	文件类型	使 用 方 式
"r"	文本	打开一个文本文件,只允许读数据
"w"		打开或建立一个文本文件,只允许写数据
"a"		打开一个文本文件,并在文件末尾追加数据
"rb"	二进制	打开一个二进制文件,只允许读数据
"wb"		打开或建立一个二进制文件,只允许写数据
"ab"		打开一个二进制文件,并在文件末尾追加数据
"r+"	文本	打开一个文本文件,允许读和写数据
"w+"		打开或建立一个文本文件,允许读和写数据
"a+"		打开一个文本文件,允许读数据,或在文件末追加数据
"rb+"	二进制	打开一个二进制文件,允许读和写数据
"wb+"		打开或建立一个二进制文件,允许读和写数据
"ab+"		打开一个二进制文件,允许读数据,或在文件末追加数据

文件的使用方式说明如下。

(1) 文件使用方式由"r"、"w"、"a"、"b"和"＋"共 5 个字符组成,各字符的含义如表 8-2 所示。

表 8-2 文件使用方式中各字符的含义

字 符	含 义	字 符	含 义
r	读文件(read)	b	二进制文件(binary)
w	写文件(write)	＋	打开后可同时读写数据
a	在文件尾部追加数据(append)		

(2) 用"r"方式打开一个文件时,该文件必须已经存在,且只能从该文件读出数据。

(3) 用"w"方式打开的文件只能向该文件写入数据。若打开的文件不存在,则以指定的文件名新建一个文件;若打开的文件已经存在,则先将该文件删除,再重新建立一个新文件,即将原有文件覆盖。

(4) 用"a"方式打开文件可以向一个文件末尾添加新的数据,但此时该文件必须是存在的,否则将会出错。

(5) 在打开一个文件时,如果出错,函数 fopen()将返回一个空指针值 NULL,所以,在程序中可以用函数 fopen()的返回值来判别是否完成打开文件的工作,并作相应的处理。当文件打开错误时,程序不应继续执行,一般以如下方式打开文件:

```
if((fp = fopen("design.dat","w") == NULL)
{
    printf(" File open error!\n");
    exit(1);
}
```

这段程序的含义是,如果 fopen()函数返回值为空指针 NULL,表示不能打开当前目录中的文件 design.dat,给出提示信息"File open error!"。函数 exit()的作用是退出程序。一般 exit(0)表示程序正常退出;exit(1)表示程序异常退出。程序中使用函数 exit(),需要包含系统头文件 stdlib.h。

(6) 程序开始运行时,系统会自动打开 3 个标准终端文件:标准输入(键盘)、标准输出(显示器)和标准错误输出。系统自动定义 3 个文件指针 stdin、stdout 和 stderr,分别指向以上 3 个标准终端文件,可以直接使用。如果程序中向 stdout 所指的文件输出数据,则数据从显示器显示。

8.2.2　文件的关闭

文件使用完毕后,应使用关闭文件函数 fclose()关闭文件,既可以保证数据不丢失,又可以避免对该文件进行误操作而造成不必要的损失。

函数 fclose()用来关闭一个文件,其调用的一般形式为:

fclose(文件指针变量名);

例如: fclose(fp);

当文件正常关闭,函数 fclose()返回值为 0;否则返回非 0 值。

8.3　文件的读写

对文件的读和写是最常用的文件操作。在 C 语言中提供了多种文件读写的函数。

- 格式化读写函数：fscanf 和 fprinf。
- 字符读写函数：fgetc 和 fputc。
- 字符串读写函数：fgets 和 fputs。
- 数据块读写函数：freed 和 fwrite。

下面分别予以介绍。使用以上函数都要求包含系统头文件 stdio. h。

8.3.1　格式化读写函数

文件的格式化输入输出函数 fscanf() 和 fprintf() 与标准输入输出函数 scanf() 和 prinf() 的作用和使用方式类似。这两个函数的一般调用形式如下：

```
fscanf(fp, format, &arg1, &arg2, …, &argn);
fprintf(fp, format, arg1, …,argn);
```

其中：

- fp 为文件指针变量。
- format 为格式说明字符串,由双引号括起来的一串符号,与 scanf 函数和 prinf 函数中的格式字符串相同。
- &arg1,…,&argn 为接收输入变量的地址列表。
- arg1,…,argn 为输出项表列。

例如：

```
char   s[80];
int   a;
```

语句"fscanf(fp, "%s %d", s,&a);"表示从 fp 所指的文件中输入(读出)一个字符串保存在字符数组 s 中,输入(读出)一个整数保存到变量 a 中。

语句"fscanf(stdin,format,&arg1,&arg2,…,&argn);"的功能与函数 scanf() 一致,表示从键盘输入。

语句"fprintf(fp, "%d%c",123,'c');"表示把一个整数 123 和一个字符'c'输出(写入)到 fp 所指的文件中。

语句"fprintf(stdout,format,arg1,…,argn);"的功能与函数 prinf() 一致,表示从显示器屏幕上输出。

【实例 8-2】　编写函数 JSprime(),读取文件 d:\source. txt 中的整数数据,计算其中素数的个数 cnt 和素数之和 sum。编写 main() 函数,调用函数 JSprime(),将计算结果保存到 "d:\result. txt"文件中,并从屏幕中显示。

分析：

(1) 在函数 JSprime() 中以读的方式打开文件 d:\source. txt,用函数 fscanf() 读数据,并判断该数是否为素数,若是,则用变量 cnt 计数,用变量 sum 求和。

（2）在 main()函数中以写的方式打开文件 d:\result.txt,将计算结果写入文件,然后关闭文件。

（3）考虑到计数变量 cnt 和求和变量 sum 在函数 JSprime()中计算求值,在 main()函数中输出,所以将它们定义为全局变量。

程序代码如下：

```c
/* 实例 8-2 */
# include < stdio.h>
# include < math.h>
int cnt,sum;
void JSprime()
{
    int i,k,n;
    FILE * fp;
    if((fp = fopen("d:\\source.txt","r")) == NULL)
    {
        printf(" File source.txt open error!\n");
        exit(1);
    }
    cnt = sum = 0;
/* feof 函数用于判断文件是否结束,返回值为非 0 表示文件结束,0 表示文件未结束 */
    while(!feof(fp))
    {
        fscanf(fp," % d",&n);
        k = sqrt(n);
        for(i = 2;i <= k;i++)
            if(n % i == 0)break;
        if(i > k)
        {
            cnt++;
            sum += n;
        }
    }/* while */
    fclose(fp);
}

int main()
{
    FILE * fp;
    if((fp = fopen("d:\\result.txt","w")) == NULL)
    {
        printf(" File result.txt open error!\n");
        exit(1);
    }
    JSprime();
    fprintf(fp,"cnt = % d,sum = % d",cnt,sum);       /* 将数据输出到文件 */
    printf("cnt = % d,sum = % d",cnt,sum);           /* 显示结果 */
    fclose(fp);
    return 0;
}
```

文件 d:\source. txt 和文件 d:\ result. txt 中的数据如图 8-3 所示。

(a) 源文件的内容　　　　　　　　　(b) 目标文件的内容

图 8-3　计算素数个数和素数之和

8.3.2　字符读写函数

字符读写函数是以字符(字节)为单位的读写函数。每次可从文件读出或向文件写入一个字符。字符读写函数的一般调用形式如下：

```
ch = fgetc(fp);                    /* 读字符 */
fputc (c, fp);                     /* 写字符 */
```

其中：
- fp 为文件指针变量。
- ch 为字符型变量。
- c 为字符型变量或字符常量。

文件中有一个位置指针，用来指向文件的当前读写位置。在文件打开时，该指针指向文件的起始位置。使用函数 fputc()或函数 fgetc()顺序读写完一个字符后，该位置指针将自动向后移动 1 字节，指向下一个字符的位置。

点拨：文件指针和文件内部的位置指针是两个概念。文件指针是指向整个文件结构体的，须在程序中定义，只要不重新赋值，文件指针的值不变。文件内部的位置指针用以指示文件内部的当前读写位置，无须在程序中定义，它是由系统自动设置的，每读写一次，该指针均向后移动。

【实例 8-3】　将磁盘文件 d:\file. txt 中的内容复制到另一个文件 d:\filecpy. txt 中，并把该文件内容在屏幕中显示出来。

分析：

(1) 将文件 d:\file. txt 以读的方式打开，文件 d:\filecpy. txt 以写的方式打开。

(2) 用函数 fgetc()从文件 d:\file. txt 中逐个读字符，用函数 fputc()将读出的字符写入文件 d:\filecpy. txt 中。

(3) 读写文件结束后，将文件关闭。

程序代码如下：

```
/* 实例 8-3 */
# include < stdio. h >
# include < stdlib. h >
int main()
{
    FILE * in, * out;
```

```
    char ch;
    if ((in = fopen ("d:\\file.txt", "r")) == NULL)
    {
        printf("File file.txt open error!\n ");
        exit(1);
    }
    if ((out = fopen ("d:\\filecpy.txt", "w")) == NULL)
    {
        printf("File filecpy.txt open error!\n ");
        exit(1);
    }
    while((ch = fgetc(in))!= EOF)              /* EOF 为文件结束标记 */
    {
            fputc(ch, out);
            putchar(ch);
    }
    putchar('\n');                            /* 输出换行 */
    fclose(in);
    fclose(out);
    return 0;
}
```

程序运行结果如图 8-4 所示。文件 d:\file.txt 和 d:\filecpy.txt 中的内容如图 8-5 所示。

图 8-4　文件内容的复制

(a) 源文件的内容　　　　　　　　　　　(b) 目标文件的内容

图 8-5　实例 8-3 中源文件和目标文件的内容

【实例 8-4】　用命令行方式执行文件,实现文件的复制操作。命令行参数中的前一个文件名为源文件名,后一个文件名是目标文件名;若命令行中只有一个文件名,则把该文件的内容在屏幕中显示出来。

分析:

(1) 使用带参数的函数 main(),参数 argc 记录命令行中命令和参数的个数,指针数组参数 argv 的元素 argv[0]指向命令行中的命令(即程序文件名),argv[1]和 argv[2]分别指向源文件名和目标文件名。

（2）根据题意，假设源程序文件名为 fcopy.c，编译、连接后生成可执行文件 fcopy.exe，存放在 D 盘根目录下，若命令行格式为"d:\fcopy d:\source.txt d:\dest.txt"则将文件 source.txt 的内容复制到文件 dest.txt 中；若命令行格式为"d:\fcopy source.txt"则将文件 source.txt 的内容显示输出。

（3）可以参照实例 8-3 的方法实现文件的复制操作。

程序代码如下：

```c
/* 实例 8-4 */
# include < stdio.h>
# include < stdlib.h>
int main( int argc, char  * argv[ ])
{
    FILE  * fp1, * fp2;
    char ch;
    if(argc == 1)
    {
        printf("No file name!\n");
        exit(1);
    }
    if((fp1 = fopen(argv[1],"r")) == NULL)
    {
        printf("File % s open error!\n",argv[1]);
        exit(1);
    }
    if(argc == 3)                       /* 命令行中有两个文件名 */
    {
        if((fp2 = fopen(argv[2],"w + ")) == NULL)
        {
            printf("File % s open error!\n",argv[2]);
            exit(1);
        }
        while((ch = fgetc(fp1))!= EOF)
            fputc(ch,fp2);
        fclose(fp2);
    }
    if(argc == 2)                       /* 命令行中只有一个文件名 */
    {
        while((ch = fgetc(fp1))!= EOF)
            putchar(ch);
        /* 增加下面语句的目的是显示输出窗口,否则运行程序后显示屏幕一闪而过 */
        getchar();
    }
    fclose(fp1);
    return 0;
}
```

程序执行命令如图 8-6 所示。文件 d:\source.txt 和 d:\dest.txt 中的内容如图 8-7 所示。

253

第 8 章

文　件

图 8-6　文件复制程序执行命令

(a) 源文件的内容　　　　　　　　(b) 目标文件的内容

图 8-7　实例 8-4 中源文件和目标文件的内容

8.3.3　字符串读写函数

字符串读写函数 fgets()和 fputs()是以字符串(多字节)为单位的读写函数。每次可从文件读出或向文件写入一个字符串。字符串读写函数的一般调用形式如下：

```
fgets(str, n, fp);                    /* 读字符串 */
fputs(str, fp);                       /* 写字符串 */
```

其中：
- fp 为文件指针变量。
- str 为字符数组或字符指针变量。
- n 为整型变量或整型常量。

【实例 8-5】　从当前目录下的文件 stud_app. txt 中读入一个字符串(20 个字符)，并将它添加到实例 8-3 中创建的文件 d:\filecpy. txt 中。

分析：

(1) 以只读的方式打开文件 stud_app. txt，用 fgets()函数读取字符串。

(2) 以追加方式打开文件 d:\filecpy. txt，用函数 fputs()将字符串写入文件。

(3) 读写文件结束后，将文件关闭。

程序代码如下：

```
# include < stdio. h>
# include < stdlib. h>
int main()
{
    FILE  * in,  * out;
    char str[30];
    if((in = fopen("stud_app. txt","r")) == NULL)
    {
        printf("File stud_app. txt open error!\n!");
        exit(1);
    }
    if((out = fopen("d:\\filecpy. txt","a")) == NULL)    /* 以追加方式打开文件 */
```

```
    {
        printf("File filecpy.txt open error!\n!");
        exit(1);
    }
    fgets(str,21,in);
    fputs(str,out);
    puts(str);
    fclose(in);
    fclose(out);
    return 0;
}
```

程序运行结果如图 8-8 所示。程序运行后,文件 d:\filecpy.txt 的内容如图 8-9 所示。

图 8-8　将字符串添加到文件中

图 8-9　读出字符串并输出显示

8.3.4　数据块读写函数

有时候需要将一组数据(如一个结构体变量的值)一次性从文件中读出或写入文件,C语言提供用于读写一个数据块的函数 fread() 和 fwrite()。其一般调用形式如下:

```
fread(buffer,size,count,fp);          /*读数据块*/
fwrite(buffer,size,count,fp);         /*写数据块*/
```

其中:

- buffer 是一个指针,它表示存放输入输出数据的首地址。
- size 为数据块的大小,以字节为单位。
- count 表示要读写的数据块的数量。
- fp 表示文件指针。

例如:

```
float   score[5];
fread(score,4,5,fp);
```

函数 fread() 从 fp 所指的文件中,读 5 个数据存储到数组 score 中,每个数据占 4 字节。

【实例 8-6】　从键盘输入 3 个学生的数据信息(包括学号、姓名和性别),写入一个文件中,再从该文件中读出这 3 个学生的信息并显示在屏幕上。

分析:

(1)定义结构体数组,用于保存学生的数据信息。

(2)每个学生的数据信息存储在结构体数组元素中,所以要一次性读写某个学生的数据,需要使用函数 fread() 和 fwrite()。

（3）输入 3 个学生的数据并写入文件后，考虑到位置指针已经移到文件末尾。在读学生数据前需要把文件内部位置指针移到文件起始位置。

程序代码如下：

```c
/* 实例 8-6 */
#include<stdio.h>
#include<stdlib.h>
struct stu
{
    int num;
    char name[10];
    char sex;
}stud_in[3], stud_out[3], *p, *q;
int main()
{
    FILE *fp;
    int i;
    p = stud_in;
    if((fp = fopen("stu_info.dat","wb+")) == NULL)    /* 打开二进制文件,允许读或写 */
    {
        printf("File open error!");
        exit(1);
    }
    printf("\nInput data of student\n");
    for(i = 0;i < 3;i++,p++)
    {
        printf("NO.: ");
        scanf("%d",&p->num);
        getchar();                                    /* 读取输入学号后按下的回车键 */
        printf("name:");
        gets(p->name);
        printf("sex:");
        p->sex = getchar();
    }
    fwrite(stud_in,sizeof(struct stu),3,fp);          /* 将数据写入文件 */
    rewind(fp);                                       /* 把文件位置指针移到文件起始位置 */
    q = stud_out;
    fread(q,sizeof(struct stu),3,fp);                 /* 从文件中读数据 */
    printf("\nnumber\t name \tsex\n");
    for(i = 0;i < 3;i++,q++)
        printf("%d\t%s\t%c \n", q->num, q->name ,q->sex);
    fclose(fp);
    return 0;
}
```

程序运行结果如图 8-10 所示。

图 8-10　数据块的读写操作

8.4　文件的其他操作

文件在读写的过程中,文件指针会自动向后移动,若要使文件指针定位到指定位置,可以使用定位函数。C 语言提供了一些函数用于检查读写函数调用中的错误。本节主要介绍定位函数和错误检测函数的使用。

8.4.1　文件的定位

C 语言中提供了控制位置指针,使其定位到文件中指定位置的函数。

1. 函数 rewind()

在实例 8-6 的程序中使用了函数 rewind(),该函数的作用是将文件内部的位置指针定位到文件的起始位置。函数 rewind() 的调用形式为:

```
rewind(fp);
```

其中 fp 为文件指针变量。

【实例 8-7】　将磁盘文件 d:\file.txt 中的内容输出到显示器上,并且显示两遍。

分析:

(1) 将文件 d:\file.txt 以读的方式打开,文件内容如图 8-11 所示。

(2) 用函数 fgetc() 从文件 d:\file.txt 中逐个读字符,用函数 putchar() 将读出的字符输出到显示器。

(3) 文件输出一遍后,用函数 rewind() 使文件指针定位到文件的起始位置,用同样的方法再输出一遍,结果如图 8-12 所示。

图 8-11　file.txt 文件的内容

图 8-12　文件内容输出两遍

257

第 8 章

文　件

（4）读文件结束后，将文件关闭。

程序代码如下：

```
/ * 实例 8-7 * /
# include < stdio. h >
# include < stdlib. h >
int main( )
{
    FILE * fp;
    char ch;
    if ((fp = fopen ("d:\\file.txt" , "r")) == NULL)
    {
        printf ("File open error!\n ");
        exit(1);
    }
    while (!feof(fp))
    {
        ch = fgetc(fp);
        putchar(ch);
    }
    putchar('\n');
    rewind(fp);        / * 文件位置指针重新定位到文件开头 * /
    while(!feof (fp))
    {
        ch = fgetc(fp);
        putchar(ch);
    }
    putchar('\n');
    fclose(fp);
    return 0;
}
```

2. 函数 fseek( )

对流式文件可以进行顺序读写，也可以进行随机读写。如果文件的位置指针是按字节顺序向后移动的，则是顺序读写；如果位置指针按需要定位到指定位置，则可以对文件进行随机读写。用函数 fseek( )可以实现文件位置指针的定位。函数 fseek( )的调用形式为：

fseek(fp,n,start);

其中：

- fp 为文件指针变量。
- start 为起始点，用数字 0,1,2 表示。0 代表文件开始，1 代表当前位置，2 代表文件末尾。
- n 为偏移量，表示位置指针相对于 start 移动的字节数，n 为正，向前移动；反之，向后移动。n 要求是 long 型数据。

例如：

语句"fseek(fp,20L,0);"表示将位置指针移到离文件开始位置 20 字节处。

语句"fseek(fp,−5L,1);"表示将位置指针定位到从当前位置向后移动 5 字节处。

函数 fseek() 一般用于二进制文件的读写定位。

【实例 8-8】 将实例 8-6 中建立的文件 stu_info.dat 中保存的第 1 个和第 3 个学生的信息输出到显示器。

分析：

（1）以"rb"方式打开文件 stu_info.dat。

（2）用函数 fread() 将第 1 个学生的信息以数据块方式读取出来，存储到结构体变量中，并输出。

（3）用函数 fseek() 将文件位置指针定位到第 3 个学生信息的起始位置，用同样的方法读取信息并输出。

（4）关闭文件。

若有更多学生的信息需要读取并输出，可以考虑使用结构体数组。

程序代码如下：

```
/ * 实例 8-8 * /
# include < stdio.h >
# include < stdlib.h >
struct stu
{
    int num;
    char name[10];
    char sex;
}stud, * p;
int main()
{
    FILE * fp;
    if((fp = fopen("stu_info.dat","rb")) == NULL)
    {
        printf("File open error!");
        exit(1);
    }
    p = &stud;
    fread(p, sizeof(struct stu),1,fp);
    printf("\nnumber\t name \tsex\n");
    printf(" % d\t % s\t % c \n", p -> num, p -> name ,p -> sex);
    fseek(fp,(long)2 * sizeof(struct stu),0);
    fread(p, sizeof(struct stu),1,fp);
    printf(" % d\t % s\t % c \n", p -> num, p -> name ,p -> sex);
    fclose(fp);
    return 0;
}
```

程序运行结果如图 8-13 所示。

3. 函数 ftell()

函数 ftell() 用于得到文件位置指针当前位置相

图 8-13 文件的随机读写

对于文件首的位移字节数。在随机方式存取文件时，由于文件位置频繁地前后移动，程序不容易确定文件的当前位置。调用函数 ftell() 可以非常容易地确定文件的当前位置。

利用函数 fseek() 和函数 ftell() 能方便地知道一个文件的长度。例如以下语句：

```
fseek(fp, 0L,SEEK_END);
len = ftell(fp);
```

首先将文件的当前位置移到文件的末尾,然后调用函数 ftell() 获得当前位置相对于文件首的位移,该位移值即文件所含字节数。

8.4.2 文件的检测

C 语言提供了一些文件检测函数,常用的检测函数如下。

1. 函数 feof()

函数 feof() 用于判断文件位置指针是否处于文件结束位置。若文件结束,则函数返回非 0 值,否则返回 0。函数 feof() 的一般调用形式为：

```
feof(fp);
```

其中,fp 为文件指针变量。

2. 函数 ferror()

函数 ferror() 的作用是检查文件在用各种输入输出函数进行读写时是否出错。如果函数 ferror() 的返回值为 0,则表示未出错;否则,表示有错。函数 ferror() 的一般调用形式为：

```
ferror(fp);
```

其中,fp 为文件指针变量。

3. 函数 clearerr()

函数 clearerr() 用于清除出错标志和文件结束标志,使它们的值为 0。函数 clearerr() 的一般调用形式为：

```
clearerr(fp);
```

其中,fp 为文件指针变量。

执行语句"clearerr(fp);"后,ferror(fp) 的函数值为 0。

8.5 文件的应用实例

在第 10 章的综合实例中,程序有将数据保存到磁盘文件的功能,可以将所有学生的信息保存到一个磁盘文件 stud_info.dat 中。要实现此功能,程序中必须要有文件操作。第 10 章综合实例程序中的函数 save() 实现保存的功能。其程序源代码如下：

```c
void save(STU * p)
{
    FILE * fp;
    if((fp = fopen("stud_info.dat","wb + ")) == NULL)          /* 打开文件 */
    {
        printf("File open error!\n");
```

```
        exit(1);
    }
    fwrite(p,sizeof(STU),stud_num,fp);              /*将数据写入文件*/
    printf("保存成功!\n");
    fclose(fp);                                     /*关闭文件*/
    printf("请输入您的操作选择[0-8]:");
}
```

说明：

(1) 根据题意，函数 save() 为一个无返回值的函数，函数返回值类型为 void。综合实例中用一个结构体数组保存学生的信息，且该数组在 main() 函数中定义，程序代码如下：

```
typedef struct Student
{
    int num;
    char name[16];
    int score[3];
    int total;
    float ave;
    int rank;
} STU;
STU stud[N];                                        /*在 main()函数中定义*/
```

(2) 因为要调用函数 save() 将多个学生的信息保存到磁盘文件中，所以主调函数中必须将结构体数组的首地址传递给函数 save()，函数的形参自然就是结构体类型指针 STU *。

(3) 文件操作有三个步骤：打开文件、读或写文件和关闭文件。函数 save() 中用 fwrite 函数将数据输出到磁盘文件中，所以用函数 fopen() 打开文件时，文件的打开方式选择"wb+"（也可以是"wb"，参见表 8-1）。语句"fwrite(p,sizeof(STU),stud_num,fp);"的含义是从 p 所在位置开始，将 stud_num 个长度为 sizeof(STU) 的数据块写入 fp 所指的文件中。

(4) 为了验证数据保存到文件的操作是否成功，可以在函数 save() 中定义一个结构体数组：STU student[N];，接着在语句"fclose(fp);"之前增加一个程序段，从文件 stud_info.dat 中将数据输入到一个结构体数组中，然后显示该数组中的数据。

程序代码如下：

```
rewind(fp);                                         /*将文件的位置指针定位到文件的开头*/
fread(student,sizeof(STU),stud_num,fp);             /*将数据从文件中读出*/
disp(student);                                      /*调用函数 disp 显示数据*/
```

(5) 在 C 语言中文件的读写函数有很多，也可以用函数 fprintf() 将数据输出到文件中。可以将函数 save() 定义为如下形式。

```
void save(STU * p)
{
    FILE * fp;
    int i;
    if((fp = fopen("stud_info.dat","w")) == NULL)   /*打开文件*/
    {
```

```
        printf("File open error!\n");
        exit(1);
    }
    /* 将学生的信息逐个写入文件 */
    for(i = 0;i < stud_num;i++)
    {
        fprintf(fp, "% - 10d% - 8s% 8d% 8d% 8d% 5d% 7.2f% 5d\n",DATA);
        p++;
    }
    printf("保存成功!\n");
    fclose(fp);                                    /* 关闭文件 */
    printf("请输入您的操作选择[0 - 8]:");
}
```

此函数中,磁盘文件 stud_info. dat 的打开方式为"w",即打开或建立一个文本文件,只允许写数据。调用函数 save()后,读者可以用记事本打开文件 stud_info. dat,查看此文件的内容,以便验证函数 save()是否将数据正确地保存到文件中。

本 章 小 结

本章首先从数据反复使用与程序运行结果永久保存入手,提出解决这些问题的方法是使用文件。从不同的角度可对文件进行的分类,如:普通文件和设备文件、文本文件和二进制文件、缓冲文件和非缓冲文件等。

文件的使用一般分为三个步骤:打开文件、读写文件、关闭文件。打开文件的方式很多,用户可以根据需要选择不同的打开方式。为方便用户使用文件,C 语言提供了各种文件读写函数,如格式化读写函数、字符读写函数、字符串读写函数和数据块读写函数等。需要强调的是,对文件的任何读写操作均离不开文件指针,在 C 语言中,一个文件指针唯一对应一个文件。

文件的操作很重要,许多实际应用的 C 程序都包含文件的处理。本章只介绍了一些最基本的概念和文件的基本操作函数。由于篇幅有限,本书不再作更详细、深入的介绍。希望读者能在具体实践中掌握文件的使用。

习 题

1. 填空题。

(1) C 程序中调用_____函数打开文件,_____函数关闭文件。

(2) 函数 feof()用来判断文件是否结束。若 fp 是指向某文件的指针,且已读到此文件末尾,则函数 feof(fp)的返回值是_____。

(3) 若有语句"fp=fopen("design. dat","r");",文件 design. dat 属于_____文件,该文件的使用方式为_____。

(4) 已知函数的调用形式:"fread(buffer, size, count, fp);"其中 size 代表的是_____。

（5）以"只写"的方式打开文本文件 d:\test. dat，fp 为文件指针，fopen 函数调用语句为_____。

（6）fgets(str,n,fp)函数从文件中读入一个字符串，其中 str 表示_____。

（7）要将一个单精度类型变量 x 的值以保留两位小数的格式保存到文件指针 fp 所指的文件中，fprintf 函数的调用语句写为_____。

（8）fgetc 函数的作用是从指定文件读入一个字符，该文件的打开方式只能为_____。

（9）rewind 函数的作用是_____。

（10）若执行 fopen 函数时发生错误，则函数的返回值是_____。

2. 编程题。

（1）对 x=0,1,2,3,4,5,6,7,8,9 求函数 $f(x)=10-\sqrt{x+1}+5\sin x$ 的最大值，并以%.3f 格式输出到文件 d:\result\design. dat 中。

（2）文本文件 d:\file1. dat 中存有 10 个实数，现将它们按从小到大的顺序进行排序，结果存入文件 d:\file2. dat 中，并在屏幕上显示。

（3）有两个文本文件 A. txt 和 B. txt，各存放有一行字母，要求将两个文件中的字母统一排序并写到一个新文件 test. txt 中。

（4）从键盘输入一个字符串，将其中的大写字母全部转换成小写字母，然后输出到一个磁盘文件 uppstring. dat 中保存。

（5）有五个学生，每个学生的信息包括学号、姓名、三门课程成绩和总成绩。从键盘输入每个学生的学号、姓名和三门课程成绩，计算每个学生的总成绩，并按总成绩降序将学生的信息(包括学号、姓名和总成绩)输出到文件 studinfo. txt 中。

第9章　位　运　算

主要知识点

◆ 计算机中的数据表示

◆ 位运算符

◆ 位段

　　C 语言是一种既有高级语言特点，又有低级语言功能的程序设计语言。不仅支持高级语言中包含的相应功能，还提供数据的位运算等操作，这也是 C 语言能像汇编语言一样用于开发系统程序的原因之一。

　　本章主要对 C 语言的位运算进行介绍。

9.1　计算机中的数据表示

　　C 语言中一般的运算都是以字节为基本单位进行的，如算术运算：加、减、乘、除等，但在如检测、控制等领域，常需要对数据进行以二进制位为单位的运算，即位运算。C 语言是一种支持位运算的程序设计语言。为了更加清晰地介绍位运算，有必要先回顾一下常用的十进制数如何表示为计算机中的二进制。

　　一个数在计算机中的二进制表示又称为这个数的机器数，当原始数据是有符号的数据时，对应的机器数也是有符号的，机器数中通常最高位用于存放数据的正负号，0 表示正数，1 表示负数。如在 8 位二进制表示一个整数时，3 对应的机器码为 00000011，而 −3 对应的机器码为 10000011，其中第 1 位二进制表示符号；当原始数据为无符号的整数时，则不必考虑符号位，所有的二进制位均用于表示数据的值。

　　在计算机中表示数据，总是以该数据的补码形式进行，而补码的计算又与数据的原码和反码有关。

　　原码即用第 1 位表示符号，其余位表示数据大小的二进制表示形式，如以 8 位二进制数表示的整数为例：

$$[+1]_原 = 0000\ 0001$$

$$[-1]_原 = 1000\ 0001$$

　　反码的计算与数据本身的符号相关：正数的反码就是其原码；负数的反码是在其原码的基础上，符号位不变，其余各位取反。例如：

$$[+1] = [00000001]_原 = [00000001]_反$$

$$[-1] = [10000001]_原 = [11111110]_反$$

补码的计算也与数据本身的符号相关：正数的补码就是其原码；负数的补码是在其反码的基础上再＋1后得到的二进制数。例如：

$$[+1]=[00000001]_原=[00000001]_反=[00000001]_补$$
$$[-1]=[10000001]_原=[11111110]_反=[11111111]_补$$

9.2 位运算符

在了解数据表示为计算机中二进制的过程后，即可对这些二进制数进行位运算，C语言中包含的位运算符分为逻辑运算符和移位运算符，具体如表9-1所示。

表 9-1 位运算符列表

符　号	含　义	符　号	含　义
&	按位与	～	取反
|	按位或	<<	左移
∧	按位异或	>>	右移

下面分别介绍各运算符。

1. 与运算符

与运算符(&)是双目运算符，功能为将参与运算的两个数据中各对应二进制位相与，即只有两个对应的二进制位均为1时，结果位才为1，否则结果位为0，其真值表如表9-2所示，其中参与运算的数均以补码的形式表示。

表 9-2 按位与运算真值表

二进制位(a)	二进制位(b)	结果位(a&b)
0	0	0
0	1	0
1	0	0
1	1	1

可以看出，与运算中只要a或b中有一个为0，结果即为0。

例如，以8位二进制数表示操作数，求十进制数表达式36&58的值，运算过程如下：

```
        36                          00100100
     &  58        等价于         &  00111010
    ———————                      ——————————
        32                          00100000
```

即 36 & 58＝32。

基于按位与运算的特点，该运算通常被用于清0或保留一个数中的某些位等。

（1）全部清0。

```
       AA48                    1010 1010 0100 1000
    &  0000      等价于      &  0000 0000 0000 0000
   ————————                 ————————————————————————
       0000                    0000 0000 0000 0000
```

即 0xAA48 & 0=0

（2）部分清0。

<pre>
        AA48   1010 1010 0100 1000
    &   00FF   等价于   &   0000 0000 1111 1111
        0048   0000 0000 0100 1000
</pre>

即 0xAA48 & 0x00FF=0x0048

（3）取某些位。

若想取十六进制数 AA48 的 0,3,7,15 位,则运算如下:

<pre>
        AA48   1010 1010 0100 1000
    &   8089   等价于   &   1000 0000 1000 1001
        0048   1000 0000 0000 1000
</pre>

即 0xAA48 & 0x8089=0x8008。

2. 或运算符

或运算符(|)是双目运算符,功能为将参与运算的两个数据中各对应二进制位相或,即只要两个对应的二进制位中有一个为1,结果位就为1,只有两个位均为0时,结果位才为0,其真值表如表 9-3 所示,其中参与运算的数均以补码的形式表示。

表 9-3　按位或运算真值表

二进制位(a)	二进制位(b)	结果位(a|b)
0	0	0
0	1	1
1	0	1
1	1	1

可以看出,无论当前位的值是什么,将其与1相或则结果为1,与0相或则结果为其本身。利用这个性质,或运算符常被用于将运算数据的某些位置1,某些位保持不变的场合。例如,以 8 位二进制数表示操作数,求十进制数表达式 36|58 的值,运算过程如下:

<pre>
        36   0010 0100
    | 58   等价于 | 0011 1010
        62   0011 1110
</pre>

即 36|58=62。

3. 异或运算符

或运算符(∧)是双目运算符,其运算规则为若两个数据中对应的二进制位相同,则结果为 0,相异则结果为1,其真值表如表 9-4 所示,其中参与运算的数均以补码的形式表示。

表 9-4　按位异或运算真值表

二进制位(a)	二进制位(b)	结果位(a∧b)
0	0	0
0	1	1
1	0	1
1	1	0

例如,以 8 位二进制数表示操作数,求十进制数表达式 36∧58 的值,运算过程如下:

$$
\begin{array}{rr}
36 & 0010\ 0100 \\
\underline{\wedge\ 58} \qquad 等价于 \qquad \underline{\wedge\ 0011\ 1010} \\
30 & 0011\ 1110
\end{array}
$$

即 36∧58＝30。

按位异或运算也有其自身的特点,通常被用于完成一些特殊的操作。

(1) 清 0。

$$
\begin{array}{rr}
48 & 0011\ 0000 \\
\underline{\wedge\ 48} \qquad 等价于 \qquad \underline{\wedge\ 0011\ 0000} \\
00 & 0000\ 0000
\end{array}
$$

即十进制数 48^48＝0,起到了将 48 进行清 0 的效果。

(2) 取反某些位,保留某些位。

$$
\begin{array}{rr}
48 & 0011\ 0000 \\
\underline{\wedge\ 27} \qquad 等价于 \qquad \underline{\wedge\ 0001\ 1011} \\
43 & 0010\ 1011
\end{array}
$$

即十进制数 48^27＝43,起到了将 48 中第 0,1,3,5 位进行取反,而 2,4 位保持不变的效果。

(3) 数 1 连续两次异或数 2,结果仍为数 1。

在此用 8 位二进制数表示操作数,求十进制数表达式 48^ 27^ 27 的值,运算过程如下:

$$
\begin{array}{rr}
48 & 0011\ 0000 \\
\underline{\wedge\ 27} & \underline{\wedge\ 0001\ 1011} \\
43 \qquad 等价于 & 0010\ 1011 \\
\underline{\wedge\ 27} & \underline{\wedge\ 0001\ 1011} \\
48 & 0011\ 0000
\end{array}
$$

可以看出计算结果的值等于 48,即 48 两次异或 27 后的值为 48 本身。

4. 非运算符

按位进行运算的非运算符(～)用于将操作数对应的二进制数逐位取反,即原始位为 1 时,结果为 0,否则结果为 1。这也是位运算符中的唯一一个单目运算符。它的优先级在位运算符中是最高的,为了和前面的实例对比,以下以 16 位二进制数表示操作数为例。

$$
\begin{array}{rr}
\underline{～36} \qquad 等价于 \qquad \underline{～0000\ 0000\ 0010\ 0100} \\
65499 & 1111\ 1111\ 1101\ 1011
\end{array}
$$

即,～36＝65499。

5. 移位运算符

移位运算符(<<和>>)是双目运算符,通常被用于通过移位实现乘 2 或除 2 运算,主要有两种移位运算符。

(1) 左移运算(<<)。

左移运算符的使用形式为:

运算数 <<n;

其中运算数为要进行移位操作的操作数,n 则为要移动的位数,如 a << 2 即表示将数值 a 左

移 2 位,在移位过程中,高位丢失,末位补 0,使得每移一位相当将整个操作数乘以 2。

如 int a=36;则 a<<1 的值为 72,运算过程如下:

00100100 << 1,将所有数位向左移一位,且高位丢失,末位补 0 后得到 01001000,即十进制的 72。

(2) 右移运算(>>)。

右移运算符的使用形式为:

运算数>> n;

其中相同部分的意义与左移运算类似,只是右移运算中移位操作的方向是向右进行的,与左移运算的方向相反。如 a≫2 即表示将数值 a 右移 2 位,在移位过程中,末位丢失,高位补 0 或 1(区别于数据的有符号和无符号,以及编译系统)。使得每移一位相当将整个数据的除 2 运算。

如 int a=36;则 a>>1 的值为 18,运算过程如下:

00100100 >> 1,将所有数位向右移一位,且末位丢失,高位补 0 后得到 00010010,即十进制的 18。

在了解 6 种位运算符的基本用法后,还需要注意以下几点。

(1) 和算术运算符类似,位运算符中的双目运算符也可以和赋值运算符相结合构成复合赋值运算符,且用法和算术运算符类似,具体含义见表 9-5。

表 9-5 位运算复合赋值运算符

复合赋值运算符	含　义	举　　例
&=	位与赋值	a &=b 等价于 a=a&b
|=	位或赋值	a |=b 等价于 a=a|b
∧=	位异或赋值	a∧=b 等价于 a=a∧b
<<=	左移赋值	a<<=b 等价于 a=a<<b
>>=	右移赋值	a>>=b 等价于 a=a>>b

(2) 在对不同长度的数据进行位运算时,通常系统会将这些数据进行右对齐,若较短的数据是无符号数,则高位扩展位用 0 补齐;若较短数据为有符号数据,则高位较短的数据通过扩展其符号位来进行补齐,一般正数补 0,负数补 1。

例如:0x34A1 ∧ 0x7B 等价于 0x34A1 ∧ 0x007B,而 0x34A1 ∧ 0x9B 则等价于 0x34A1 ∧ 0xFF9B,因为 0x7B 和 0x9B 中,后者的符号位为 1,而前者的符号位为 0。

(3) 同一个表达式中出现多个位操作符时,需要根据这些操作符的优先级进行运算,位操作符的优先级分别为:取反运算符(～)优先级最高,且其优先级高于 C 语言中的其他运算符;移位运算符(<<和>>)优先级低于算术运算符,高于关系运算;按位与(&)、或(|)、异或(∧)运算符的优先级低于关系运算符,高于逻辑运算符;位运算复合赋值运算符的优先级与算术运算符的优先级相同。

提示:运算符 & 和 &&、| 和 ||,以及～和! 是不同的,前面的三个运算符是针对二进制位而进行的位操作符,而后面的三个运算符则为对一般表达式进行计算的逻辑运算符。

【实例 9-1】 使用位操作符参与简单运算。

```c
/* 实例 9-1 */
#include <stdio.h>
int main()
{
    unsigned short m = 36, n = 58, k = 0xAA48, a, b, c, d, e, f, g;
    a = m & n;
    b = m | n;
    c = m ^ n;
    d = m ^ n ^ n;
    e = ~m;
    f = m << 1;
    g = m >> 1;
    printf("m = %d, %x, %o\n", m, m, m);
    printf("n = %d, %x, %o\n", n, n, n);
    printf("a = %d, %x, %o\n", a, a, a);
    printf("b = %d, %x, %o\n", b, b, b);
    printf("c = %d, %x, %o\n", c, c, c);
    printf("d = %d, %x, %o\n", d, d, d);
    printf("e = %d, %x, %o\n", e, e, e);
    printf("f = %d, %x, %o\n", f, f, f);
    printf("g = %d, %x, %o\n", g, g, g);
    return 0;
}
```

说明：程序中的 printf 函数通过不同的输出格式字符串%d、%x、%o，分别用于验证不同的运算及对应结果。

程序运行结果如图 9-1 所示。

图 9-1　简单位操作实例

【实例 9-2】 取整数 n 二进制形式下的 2～5 位数字(最右端为第 1 位)。

分析：可以先对 n 的其他位进行清 0，只保留 2～5 位，再通过平移操作移去第 1 位，使得原来的 2～5 位移到结果数据的 1～4 位，即可直接输出结果数据。具体程序代码如下：

```c
/* 实例 9-2 */
#include <stdio.h>
int main()
{
    unsigned n;
```

```
printf("Please input n: \n");
scanf(" % u", &n);
printf("Before: n =  % d,  % x,  % o\n", n, n, n);
n & = 0x1E;
n >> = 1;
printf("After: n =  % d,  % x,  % o\n", n, n, n);
return 0;
}
```

说明：程序中变量 n 的类型为 unsigned，表示无符号数的位运算，对应的 scanf 输入语句中采用%u 形式的格式字符串。

程序运行结果如图 9-2 所示。

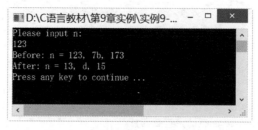

图 9-2　取二进制位中的某个区间

【**实例 9-3**】　将十六进制无符号短整型数据以二进制的形式输出。

分析：在计算机中数据以二进制表示，而 unsigned short 对应的是 2 字节的二进制位，即 16 位，如此可以循环的方式每次只取其中的一位并输出，可知在 16 次循环结束时的输出结果，即为要求的解，另由于输出时总是从左往右输出，因此取每一位的顺序也应该为从左往右，具体程序代码如下：

```
/ * 实例 9-3 * /
# include < stdio. h>
int main()
{
    unsigned short m = 0x8000;
    unsigned short n, bit, i;
    printf("Please input n: \n");
    scanf(" % x", &n);
    for(i = 0; i < 16; ++i)
    {
        bit = (m & n) ? 1 : 0;              //通过判断,直接推出当前位的值
        printf(" % d", bit);
        m >> = 1;
    }
    printf("\n");
    return 0;
}
```

说明：程序中变量赋值语句"unsigned short m＝0x8000;"中采用十六进制赋值方式，前面要添加前缀 0x，但在 scanf("%x", &n);输入时无须输入前缀 0x。

程序运行结果如图 9-3 所示。

图 9-3　进制转换实例

9.3　位　　段

有了位运算后,也可以将平时比较简单的运算通过位运算来代替,特别是在对内存空间要求较严格、运算过程较简单的程序中,如只用一位二进制位即可存放一个表示逻辑性质的量,因为其只有"真"和"假"两种状态。为了支持这种情况的处理并使得处理简单,C 语言中又提供了一种专门的数据结构,称为位段(又称为位域)。

位段(bit field)就是对 1 字节中的二进制位进行划分后得到的几个不同的二进制位区域,通过指定每个区域的位数、名称等,将这些区域当作一个特殊的量来进行操作,起到用 1 字节同时表示几个不同对象的值的效果。

1. 位段的定义

C 语言中位段是一个特殊的结构,它以位为单位进行定义,通常需要指明每个位段的长度和名称,一般的定义形式如下:

```
struct 位段结构名称
{
    类型说明 1  位段名称 1 : 位段长度 1;
    类型说明 2  位段名称 2 : 位段长度 2;
    类型说明 3  位段名称 3 : 位段长度 3;
    …
};
```

上述结构体中的每一行表示一个位段,整个位段结构体的使用与一般结构体类似,不过每个位段的类型只能是 unsigned short 或 int。通过使用位段的名称来访问所需要的二进制位。例如:

```
struct Test
{
    unsigned short a : 2;
    unsigned short b : 2;
    unsigned short c : 2;
    unsigned short d : 2;
}data;
```

其中 data 为 Test 类型的结构体变量,共占 1 字节。其中位段 a、b、c、d 各占 2 个二进制位。

2. 位段说明

在使用位段进行程序设计时,需要注意以下几点说明。

（1）一个位段不能跨越两个"存储单元"，当一个"存储单元"所剩空间不够存放下一个位段时，应从下一个"存储单元"开始存放该位域，在此的"存储单元"视编译系统而异，可能为 1 字节，也可能 2 字节。1 字节时的情况如下：

```
struct Test1
{
    unsigned short a : 6;
    unsigned short b : 8;
}data1;
```

其中 data1 所占的字节数为 2 字节，其中第 1 字节中后 2 位以 0 填充，表示不使用，而 b 从第 2 字节开始。

（2）由于位段不允许跨越两个单元，因此位域的长度不能大于单元的长度，另位段定义中的第一个位段长度也不能为 0。

（3）位段总是无符号量，不能对位段使用指针，也不能定义位段数组。

（4）位段可以无位段名称，这时它只是用作填充或调整位置，无名称的位段是不能使用的。

因此，可以看出，位段在本质上就是一种结构类型，不过其成员是按二进位分配的，在使用位段时和使用一般的结构体成员相同，且位段的输出允许使用各种格式，使用位段的一般形式为：

位段结构名称. 位段名称;

【实例 9-4】 使用位段编程方式定义某电子终端设备的数据结构体，并对其进行初始化，具体结构体要求如下。

① 设备是否启用，要求用 1 个二进制位表示。

② 设备的状态，要求用 4 个二进制位表示。

③ 设备的属性，要求用 3 个二进制位表示。

④ 设备的实时运行数据，要求用 1 个实型数据表示。

分析：根据上述要求可知，需要通过 1 字节的位段来存储前 3 部分数据，其中该字节中的第 1 个二进制位来表示设备是否启用，第 2～5 位（共 4 位）表示设备的状态，第 6～8 位（共 3 位）表示设备的属性，同时，再定义一个实型（在此用双精度 double 定义）变量，以表示具体的实时运行数据值。具体程序代码如下：

```
/ * 实例 9-4 * /
# include < stdio. h >
struct Data
{
    unsigned short uON : 1;              //设备是否启用
    unsigned short uState: 4;            //设备的状态
    unsigned short uProp : 3;            //设备的属性
    double fValue;
};
int main()
{
    struct Data data;
```

```
    data.uON = 0;
    data.uState = 5;
    data.uProp = 3;
    data. fValue = 121.68;
    printf("%d, %d, %d, %lf\n", data.uON, data.uState, data.uProp, data. fValue);
    return 0;
}
```

说明：在进行位段定义时，每个位段的类型只能是 unsigned short 或 int。

可见，位段支持对 1 字节进行二进制位划分，并基于划分后的几个二进制位区域，分别进行数据运算，在内存空间要求较严格、运算过程较简单的小型终端等设备应用中有相应的实用价值。程序运行结果如图 9-4 所示。

图 9-4　位段操作实例

9.4　位运算的应用实例

位运算在高效数据处理，特别是在基于二进制位的数据操作中有很重要的应用，本节通过简单实例对此进行示范。

【实例 9-5】 输入两个正整数 m 和 n，使用位运算完成如下操作。

（1）求两个数的最大值。

（2）交换两个数的值。

分析：通过搭建相应的菜单，选择并进入相应的子功能，再对每一个子功能以位操作的方式实现。

具体程序代码如下：

```
/* 实例 9-5 */
# include < stdio. h >
void B_Swap(unsigned short * x, unsigned short * y)        //通过位运算交换两个数的值
{
    * x = * x ^ * y;
    * y = * x ^ * y;
    * x = * x ^ * y;
}
int B_Max(unsigned short x, unsigned short y)              //通过位运算求两个数的最大值
{
    return x ^((x ^ y) & - (x < y));
}
int main()
{
    unsigned short m = 33, n = 24;
```

```
        int nSel;
        while(1)
        {
            printf(" ***************** 菜单 ***************** \n");
            printf(" *        1.输入要运算的两个正整数         * \n");
            printf(" *        2.求两个数的最大值               * \n");
            printf(" *        3.交换两个数的值                 * \n");
            printf(" *        0.退出                          * \n");
            printf(" ************************************** \n");
            printf("请输入您的操作选择[0 - 3]:");
            scanf(" % d", &nSel);
            if(nSel == 0)
            {
                printf("程序即将退出,谢谢使用!\n");
                return 0;
            }
            switch(nSel)
            {
            case 1:
                printf("请用逗号隔开两个数:");
                scanf(" % u, % u", &m, &n);
                break;
            case 2:
                printf("最大值为 % d\n", B_Max(m, n));
                break;
            case 3:
                printf("交换前的两个数为:m =  % d, n =  % d\n", m, n);
                B_Swap(&m, &n);
                printf("交换后的两个数为:m =  % d, n =  % d\n", m, n);
                break;
            default:
                printf("输入有误,请重新输入\n");
                break;
            }
        }
        return 0;
    }
```

说明：赋值语句"unsigned short m=33，n=24；"中给数据直接进行了初始化,防止在未选择菜单1的情况下,直接运行菜单2和菜单4而引起的逻辑异常。

程序部分运行结果如图9-5所示。

图9-5　应用实例运行结果

本 章 小 结

位运算是 C 语言中的一种特殊运算,主要有逻辑运算和移位运算两种,并以二进制位为单位进行运算。通过位运算可以完成汇编语言中的某些功能,如置位、位清零、移位等,且与其他运算符类似,位运算符可与赋值运算符组成复合赋值运算符,如^=,|=,>>=,&=,<<=等。

位段(又称为位域)是一种特殊的结构(struct),该结构以位为单位进行定义,通常需要指明每个位段的长度和名称。而具体的定义、说明和使用方式都与一般结构相同。

位段中的成员按二进制位分配内存,更小的数据操作单位使得其可用于数据压缩等过程,节省存储空间。

习　　题

1. 输入任意一个无符号整数,取出后 4 位二进制数对应的值。

2. 输入任意一个无符号整数,将高字节偶数位取反,低字节只保留后 2 位,最后输出得到的结果值。

3. 借助移位运算符,实现简单的整数乘 2 和除 2 的操作。

4. 输入一个无符号整数(小于 2000),并输出该二进制数中的奇数位。

5. 编写函数,求取一个无符号整数对应的十六进制数的位数,并在主函数中调用,计算并输出输入的无符号整数的十六进制数的位数。

第 10 章　综 合 实 例

前面介绍了 C 语言程序设计的基本概念和基本知识。如何将本课程的知识点融会贯通,加深实践与理解,以便提高综合运用所学知识的能力呢? 本章将通过一个综合案例,利用所学的基本知识解决一个实际问题,目的在于加深对 C 语言程序设计基本理论和基本知识的理解,通过对问题需求的分析、程序算法的设计、程序调试及其测试分析,使读者掌握 C 语言应用程序开发的一般流程和基本的分析问题、解决问题的能力。

10.1　应用程序的开发流程

应用程序的开发流程即程序设计思路和方法的一般过程,包括设计应用程序的功能和实现的算法、程序的总体结构设计和模块设计、编程和调试、程序联调和测试以及提交程序等。

从软件工程的角度,一个应用程序的开发流程可以分为需求分析、概要设计、详细设计、编写代码、程序测试和文档编制等阶段。

1. 需求分析

需求分析是指深入了解和分析用户的需求,确定系统必须完成哪些工作,对目标系统提出完整、准确、清晰、具体的要求。要求清楚地列出系统大致的大功能模块,大功能模块有哪些小功能模块。

2. 概要设计

概要设计包括应用程序的基本处理流程、组织结构、模块划分、功能分配、接口设计、运行设计、数据结构设计和出错处理等,为软件的详细设计提供基础。

3. 详细设计

详细设计描述实现具体模块所涉及的主要算法、数据结构、主要函数及调用关系,即给出解决问题的具体方法和步骤,以便进行编码和测试。

4. 编写代码

根据详细设计中对数据结构、算法分析和模块实现等方面的设计要求,开始具体的编写程序工作,分别实现各模块的功能,从而实现对目标系统的功能、性能、界面等方面的要求。在编码阶段,不同模块之间的进度协调和协作很关键,相互沟通尤为重要。

5. 程序测试

程序测试同样是应用程序开发过程中一个相当重要的步骤。通过程序测试环节尽可能将程序中的错误和缺陷检查出来,以便对程序做进一步完善。每个应用程序都会有不可预料的问题存在,即便是已经交付使用的软件也免不了升级、修补等工作。

6. 文档编制

文档是应用程序开发使用和维护过程中的必备资料,是提高开发效率、保证应用程序质量的关键。文档在软件的使用过程中有指导、帮助、解惑的作用,尤其在维护工作中,文档是不可或缺的资料。文档可以分为开发文档和产品文档两大类。开发文档包括需求分析、系统分析和界面文档等。产品文档包括产品简介、测评报告和使用手册等。

10.2 综合应用程序实例

编写一个应用程序,用于管理学生成绩,该程序能实现以下功能。

(1) 输入:学生的学号、姓名以及三门课程成绩的输入,要求计算学生的总成绩和平均分。

(2) 显示:显示所有学生的信息。

(3) 修改:对学生的学号、姓名以及三门课程成绩进行修改。

(4) 添加:增加新的学生记录。

(5) 删除:输入学号或姓名,删除指定的学生记录。

(6) 查询:根据给定的姓名或学号,查询某个学生的信息。

(7) 排序:根据要求,能按学生的学号升序排序,或按总成绩降序排序,给出名次,并显示排序的结果。

(8) 保存:将所有学生的信息保存到一个磁盘文件 stud_info.dat 中。

1. 系统功能模块

根据题意,综合应用程序的功能模块如图 10-1 所示。

图 10-1 学生成绩管理系统功能模块

2. 系统解析

(1) 数据结构。

根据题意,学生的信息包括学号、姓名、三门课程成绩,以及总分、平均分和名次,所以构造结构体类型如下:

```
typedef struct Student
{
    int num;              //学号
    char name[16];        //姓名
    int score[3];         //三门课程成绩
    int total;            //总分
    float ave;            //平均分
```

```
        int rank;                         //名次
    } STU;
```

用 typedef 将该结构体类型命名为 STU。

(2) 根据系统功能模块,可以设计如下函数。

① main 函数。

功能:显示主菜单,根据用户的操作选择调用相关的函数。

② showMenu 函数。

功能:显示主菜单。

函数原型: void showMenu();

③ printHeader 函数。

功能:为了使数据显示更加直观和美观,打印一个表头。

函数原型: void printHeader();

④ input 函数。

功能:输入学生的信息,包括学号、姓名和三门课程成绩。根据三门课程的成绩计算总分和平均分,将名次初始化为 0。

函数原型: voidinput(STU *);

⑤ disp 函数。

功能:显示所有学生的信息。

函数原型: void disp(STU *);

⑥ app 函数。

功能:增加新的学生记录。

函数原型: void app(STU *);

⑦ del 函数。

功能:输入学号或姓名,删除指定的学生记录。

函数原型: void del(STU *);

⑧ modify 函数。

功能:输入需要修改记录的学号,找到该记录,对学生的学号、姓名以及三门课程成绩进行修改。

函数原型: void modify(STU *);

⑨ qur 函数。

功能:根据给定的姓名或学号,查询某个学生的信息。

函数原型: void qur(STU *);

⑩ sort 函数。

功能:按学生的学号升序排序,或按总成绩降序排序,给出名次,并显示排序后的结果。

函数原型: void sort(STU *);

⑪ save 函数。

功能:将所有学生的信息保存到一个磁盘文件 stud_info.dat 中。

函数原型: void save(STU *);

3. 主要功能介绍

为便于用户操作,结合系统主要功能,设计主界面如图 10-2 所示。

(1)输入数据。键盘输入数字 1 后进入如图 10-3 所示的数据输入界面,依次输入学生的学号、姓名和三门课程成绩。

图 10-2　主界面

图 10-3　数据输入界面

(2)数据输入结束,返回主界面,选择"显示"功能,即可将输入的信息及其每个学生的总分和平均分显示出来,如图 10-4 所示。

图 10-4　显示记录

(3)输入 3,选择"添加"功能,进入如图 10-5 所示的添加新记录的界面。允许连续输入多条记录。

(4)添加新记录后,选择"显示"功能,查看添加后的结果,如图 10-6 所示。

图 10-5　添加新记录

(5)输入 5,选择"修改"功能,要求进一步输入需要修改记录的学号,找到该记录,对相关信息进行修改,如图 10-7 和图 10-8 所示。

图 10-6　添加新记录后的结果

图 10-7　修改记录

图 10-8　修改记录后的结果

（6）输入 6，选择"查询"功能，要求选择按学号查询还是按姓名查询。按学号查询的结果如图 10-9 所示。

图 10-9　按学号查询记录

（7）输入 7，选择"排序"功能，要求选择按学号排序还是按总分排序。按总分排序的结果如图 10-10 所示。

图 10-10　按总分排序后的结果

（8）输入 4，选择"删除"功能，要求选择根据学号删除还是根据姓名删除，根据输入的学号找到并删除相应的记录，如图 10-11 和图 10-12 所示。

图 10-11　删除记录

图 10-12　记录删除后的结果

（9）输入 7，对记录进行重新排序后，输入 8，选择"保存"功能，将所有学生的信息保存到磁盘文件中，并且显示"保存成功！"，如图 10-13 所示。

图 10-13　保存数据

综合实例

（10）输入 0，选择"退出"功能，显示"操作结束，再见!"，结束应用程序，如图 10-14 所示。

图 10-14　退出应用程序

4. 源程序清单

```c
# include < stdio. h >
# include < stdlib. h >
# include < string. h >

# define N 1000                        / * 学生数不超过 1000 * /
# define HEADER1 " -------------------- 学生成绩表 ------------------------- \n"
# define HEADER2 "| 学号 | 姓名 | 计算机 | 数学 | 英语 | 总分|平均分 |名次 |\n"
# define HEADER3 "| ---------- | -------- | -------- | --------- | --------- | ----- |
------- | ----- |\n"
# define FORMAT "| % - 10d| % - 8s| % 8d| % 8d| % 8d| % 5d| % 7.2f| % 5d|\n"
# define DATA p - > num, p - > name, p - > score[0], p - > score[1], p - > score[2], p - > total, p - >
ave, p - > rank
# define END " ------------------------------------------------------- \n"
typedef struct Student
{
    int num;
    char name[16];
    int score[3];
    int total;
    float ave;
    int rank;
} STU;
int stud_num = 0;                        / * 变量 stud_num 用于保存总记录数 * /

void input(STU * );
void disp(STU * );
void app(STU * );
void del(STU * );
void modify(STU * );
void qur(STU * );
void sort(STU * );
void save(STU * );

void printHeader()
{
    printf(HEADER1);
    printf(HEADER2);
    printf(HEADER3);
```

```
}
void showMenu()
{
    system("cls");
    printf("            学生成绩管理系统 \n");
    printf(" *************** 菜单 *************** \n");
    printf(" *                1 输入                * \n");
    printf(" *                2 显示                * \n");
    printf(" *                3 添加                * \n");
    printf(" *                4 删除                * \n");
    printf(" *                5 修改                * \n");
    printf(" *                6 查询                * \n");
    printf(" *                7 排序                * \n");
    printf(" *                8 保存                * \n");
    printf(" *                0 退出                * \n");
    printf(" ********************************** \n");
}
void showWrong()
{
    printf("\n ***** Error:输入错误! *** \n请重新输入您的操作选择[0-8]:");
}

int main()                       /* 主函数 */
{
    STU stud[N];                 /* 结构体数组 stud 用于保存学生的信息 */
    int sel;
    showMenu();
    printf("请输入您的操作选择[0-8]:");
    do{
            scanf(" % d",&sel);
            if(sel == 0)
                break;
            switch(sel)
            {
                case 1:input(stud);break;
                case 2:disp(stud);break;
                case 3:app(stud);break;
                case 4:del(stud);break;
                case 5:modify(stud);break;
                case 6:qur(stud);break;
                case 7:sort(stud);break;
                case 8:save(stud);break;
                default:showWrong();
            }
        } while(1);
    printf("操作结束,再见!\n");
    return 0;
}

void input(STU * s)              /* 输入 */
{
```

```c
    int i,j,num,count;
    STU * pstu;
    system("cls");
    printf("请输入要录入的记录数:");
    scanf("%d",&count);
    for(i = 0;i < count;i++)
    {
        printf("请输入第%d条记录数据:\n",i + 1);
        printf("输入学号:");
        scanf("%d",&num);
        for(j = 0;j < stud_num;j++)
            while(s[j].num == num)
            {
                printf("学号已存在,请重新输入!\n");
                printf("输入学号:");
                scanf("%d",&num);
            }
        pstu = s + stud_num;          /* 让结构体指针变量 pstu 指向 s[stud_num] */
        pstu -> num = num;
        printf("请输入姓名 :");
        scanf("%s",pstu -> name);
        printf("请输入计算机成绩:");
        scanf("%d",&pstu -> score[0]);
        printf("请输入数学成绩:");
        scanf("%d",&pstu -> score[1]);
        printf("请输入英语成绩:");
        scanf("%d",&pstu -> score[2]);
        pstu -> total = 0;
        for(j = 0;j < 3;j++)
            pstu -> total += pstu -> score[j];
        pstu -> ave = (float)(pstu -> total)/3;
        pstu -> rank = 0;
        stud_num++;
    }
    showMenu();
    printf("请输入您的操作选择[0 - 8]:");
}
void disp(STU * p)                  /* 显示 */
{
    int i;
    showMenu();
    if(stud_num == 0)
    {
        printf(" 无此学生!");
        printf("\n请输入您的操作选择[0 - 8]:");
        return;
    }
    printHeader();
    for(i = 0;i < stud_num;i++)
    {
        printf(FORMAT,DATA);
```

```
            printf(HEADER3);
            p++;
        }
    printf("请输入您的操作选择[0-8]:");
}
void app(STU * s)                    /* 添加 */
{
    int num,n = 1,i;
    STU * pstu;
    do
    {
        system("cls");
        printf("输入学号:");
        scanf(" % d",&num);
        for(i = 0;i < stud_num;i++)
            while(s[i].num == num)
            {
                printf("学号已存在,请重新输入!\n");
                printf("输入学号:");
                scanf(" % d",&num);
            }
        pstu = s + stud_num;        /* 让结构体指针变量 pstu 指向 s[stud_num] */
        pstu -> num = num;
        printf("请输入姓名 :");
        scanf(" % s",pstu -> name);
        printf("请输入计算机成绩:");
        scanf(" % d",&pstu -> score[0]);
        printf("请输入数学成绩:");
        scanf(" % d",&pstu -> score[1]);
        printf("请输入英语成绩:");
        scanf(" % d",&pstu -> score[2]);
        pstu -> total = 0;
        for(i = 0;i < 3;i++)
            pstu -> total += pstu -> score[i];
        pstu -> ave = (float)(pstu -> total)/3;
        pstu -> rank = 0;
        stud_num++;
        printf("输入 0 退出,输入其他数字继续!");
        scanf(" % d",&n);
        if(n == 0)
        {
            showMenu();
            printf("请输入您的操作选择[0-8]:");
            break;
        }
    }while(1);
}
void del(STU * p)                    /* 删除模块 */
{
    int sel,i,j,num;
    char name[16];
```

综合实例

```
STU * s = p;                       /* 指针变量 s 用于保存结构体数组的首地址 */
showMenu();
printf("1 ----------------------- 根据学号删除\n");
printf("2 ----------------------- 根据姓名删除\n");
printf("请输入您的操作选择:[1 or 2]?");
scanf(" % d",&sel);
getchar();                         /* 读取输入操作数字后按下的回车键 */
if(sel == 1)                       /* 根据学号删除模块 */
{
    printf("请输入您要删除的记录的学号:");
    scanf(" % d",&num);
    for(i = 1; i <= stud_num; i++)
    {
        if(num == p -> num) break;
        p++;
    }
    if(i > stud_num)
    {
        printf("无此记录!\n");
        return;
    }
    else if(i == stud_num){
        stud_num -- ;
        printf("删除成功!\n");
    }
    else{
        for(j = i - 1; j < stud_num - 1; j++)
            s[j] = s[j + 1];
        stud_num -- ;
        printf("删除成功!\n");
    }
}
else if(sel == 2)                  /* 根据姓名删除模块 */
{
    printf("请输入您要删除的记录的姓名:");
    gets(name);
    for(i = 1; i <= stud_num; i++)
    {
        if(!strcmp(name, p -> name)) break;
        p++;
    }
    if(i > stud_num)
        printf("无此记录!\n");
    else if(i == stud_num){
        stud_num -- ;
        printf("删除成功!\n");
    }
    else{
        for(j = i - 1; j < stud_num - 1; j++)
            s[j] = s[j + 1];
        stud_num -- ;
```

```c
                printf("删除成功!\n");
            }
        }
        printf("请输入您的操作选择[0-8]:");
    }
    void modify(STU * p)                        /* 修改 */
    {
        int num, i;
        STU * s = p;
        printf("请输入您要修改的记录的学号:");
        scanf("%d", &num);
        for(i = 1; i <= stud_num; i++)
        {
            if(num == p -> num) break;
            p++;
        }
        if(i > stud_num)
            printf("无此记录!\n");
        else
        {
            printf("请输入学号:(输入 0 退出修改)");
            scanf("%d", &num);
            if(num!= 0)
            {
            p -> num = num;
            printf("请输入姓名:");
            scanf("%s", p -> name);
            printf("请输入计算机成绩:");
            scanf("%d", &p -> score[0]);
            printf("请输入数学成绩:");
            scanf("%d", &p -> score[1]);
            printf("请输入英语成绩:");
            scanf("%d", &p -> score[2]);
            p -> total = 0;                     /* 计算总分 */
                for(i = 0; i < 3; i++)
                    p -> total += p -> score[i];
            p -> ave = (float)p -> total/3;   /* 计算平均分 */
                p -> rank = 0;
            }
        }
        disp(s);
    }
    void qur(STU * p)                           /* 查询 */
    {
        int sel, i, num;
        char name[15];
        showMenu();
        printf("1--------------- 根据学号查询\n");
        printf("2--------------- 根据姓名查询\n");
        printf("请输入您的操作选择:[1 or 2]?");
        scanf("%d", &sel);
```

```
        getchar();                          /* 读取输入操作数字后按下的回车键 */
        if(sel!= 1 && sel!= 2)
        {
            showMenu();
            printf("请输入您的操作选择[0-8]:");
            return;
        }
        if(sel == 1)
        {
            printf("请输入您要查询的记录的学号:");
            scanf(" % d",&num);
            for(i = 1;i < = stud_num;i++)
            {
                if(num == p - > num) break;
                p++;
            }
            if(i > stud_num)
            {
                printf("无此记录!\n");
                return;
            }
            else
            {
                printHeader();
                printf(FORMAT,DATA);
                printf(END);
            }
        }
        else if(sel == 2)
        {
            printf("请输入您要查询的记录的姓名:");
            gets(name);
            for(i = 1;i < = stud_num;i++)
            {
                if(!strcmp(name,p - > name)) break;
                p++;
            }
            if(i > stud_num)
            {
                printf("无此记录!\n");
                return;
            }
            else
            {
                printHeader();
                printf(FORMAT,DATA);
                printf(END);
            }
        }
        printf("请输入您的操作选择[0-8]:");
    }
```

```
void sort(STU * p)   /* 排序 */
{
    int i,j;
    int sel;
    STU temp, * s;
    s = p;
    printf("1 -------------------- 根据学号排序\n");
    printf("2 -------------------- 根据总成绩排序\n");
    printf("请输入您的操作选择:[1 or 2]?");
    scanf(" % d",&sel);
    getchar();                              /* 读取输入操作数字后按下的回车键 */
    if(sel == 1)
    {
        for(i = 1;i < = stud_num - 1;i++)
            for(j = 1;j < = stud_num - i;j++,p++)
                if(p - > num >(p + 1) - > num)
                {
                    temp = * p;
                    * p = * (p + 1);
                    * (p + 1) = temp;
                }
    }
    else if(sel == 2)
    {

        for (i = 1; i < = stud_num - 1; i++)
            for(j = 1;j < = stud_num - i;j++,p++)
                if(p - > total <(p + 1) - > total)
                {
                    temp = * p;
                    * p = * (p + 1);
                    * (p + 1) = temp;
                }
        p = s;
        for(i = 1;i < = stud_num;i++)
        {
            p - > rank = i;
            p++;
        }

    }
    disp(s);                                /* 显示排序的结果 */
}
void save(STU * p)                          /* 保存 */
{
    FILE * fp;
    if((fp = fopen("stud_info. dat","wb + ")) == NULL) /* 打开文件 */
    {
        printf("File open error!\n");
        exit(1);
    }
```

```
        fwrite(p,sizeof(STU),stud_num,fp);              /* 将数据写入文件 */
        printf("保存成功!\n");
        fclose(fp);                                     /* 关闭文件 */
        printf("请输入您的操作选择[0-8]:");
    }
```

本 章 小 结

　　本章介绍了一个应用程序的开发流程,分为需求分析、概要设计、详细设计、编写代码、程序测试和文档编制等阶段。

　　本章通过一个简单的学生成绩管理系统的实现,综合运用了 C 语言中的基本数据类型、控制结构、数组、函数、结构体和文件等主要知识点,帮助读者加深理解 C 语言应用程序开发的一般流程,掌握基本的分析问题和解决问题的能力,提高综合运用所学知识的能力。

　　想要设计和实现一个符合实际需求的应用程序,不仅要求编程人员具备扎实的程序设计语言基础,还需要学习更多的专业知识,如数据结构、软件工程等。

附录 A 　运算符的优先级与结合性

优　先　级	运　算　符	含　　义	运算对象的个数	结　合　性
1	（　）	圆括号		左结合
	[]	下标运算符		
	－>	指向结构体成员运算符		
	·	结构体成员运算符		
2	!	逻辑非运算符	1	右结合
	~	按位取反运算符		
	++　－－	自增、自减运算符		
	－	负号运算符		
	（类型名）	强制类型转换运算符		
	*	指针运算符		
	&	取地址运算符		
	sizeof	求字节数运算符		
3	*	乘法运算符	2	左结合
	/	除法运算符		
	%	求余数运算符		
4	+	加法运算符	2	左结合
	－	减法运算符		
5	<<	按位左移运算符	2	左结合
	>>	按位右移运算符		
6	>　>=	大于、大于或等于运算符	2	左结合
	<　<=	小于、小于或等于运算符		
7	==　!=	等于、不等于运算符	2	左结合
8	&	按位与运算符	2	左结合
9	^	按位异或运算符	2	左结合
10	|	按位或运算符	2	左结合
11	&&	逻辑与运算符	2	左结合
12	||	逻辑或运算符	2	左结合
13	?　:	条件运算符	3	右结合
14	=　+=　－=　*=　/=　%=>>=　<<=　&=　^=　|=	赋值运算符	2	右结合
15	,	逗号运算符		左结合

说明：

(1) 不同的运算符对运算对象的个数要求不同。如＋＋、－－和!等运算符的运算对象只有一个，称为"单目运算符"，只能在运算符的一侧出现一个运算对象，如 i++、!x 等；＋、－和＝等运算符的运算对象为两个，称为"双目运算符"，要求在运算符的两侧各有一个运算对象，如 a＋b、x＝3 等；条件运算符是唯一的"三目运算符"，需要三个运算对象，如 x＞y? x:y。

(2) 优先级数值越小，运算符的优先级越高。

(3) 同一优先级别的运算符，其运算次序由结合性决定。左结合的运算符，运算顺序是从左到右，如表达式 2*5%6 的求值顺序是先进行乘法运算，再进行求余运算，其值为 4；右结合的运算符，运算顺序是从右到左，如表达式 *p++，相当于 *(p++)，而不是(*p)++。

附录 B C 语言中的关键字

由 ANSI 标准定义的 C 语言一共有 32 个关键字(也称保留字)被赋予特定的含义,其不能在代码中用作标识符。

分　　类	关　键　字	说　　明
数据类型	char	声明字符类型
	const	声明只读变量
	double	声明双精度类型
	enum	声明枚举类型
	float	声明单精度类型
	int	声明整数类型
	long	声明长整型
	short	声明短整型
	signed	声明有符号类型
	struct	声明结构体类型
	union	声明共用体类型
	unsigned	声明无符号类型
	void	空类型
	volatile	说明变量在程序执行中可被隐含地改变
程序控制	if	条件语句
	else	条件语句的分支(与 if 连用)
	switch	多分支语句
	case	switch 语句的分支
	default	switch 语句的其他情况分支
	do	do…while 循环语句的起始标识
	while	循环语句的标识
	for	for 循环的标识
	break	跳出当前循环或 switch 语句
	continue	结束本次循环,继续下一次循环
	goto	无条件跳转
	return	函数返回语句
存储类别	auto	声明自动变量
	extern	声明外部变量
	register	声明寄存器变量
	static	声明静态变量或内部函数
求字节数	sizeof	求字节数运算符
声明类型别名	typedef	给某数据类型另取一个名字

附录C 常用字符的 ASCII 码

目前计算机中应用最广泛的字符集及其编码是由美国国家标准局（ANSI）制定的 ASCII 码（American Standard Code for Information Interchange，美国信息交换标准代码）。它已被国际标准化组织（ISO）认定为国际标准，称为 ISO646 标准。

ASCII 码使用指定的 7 位或 8 位二进制数组合来表示 128 或 256 种可能的字符。标准 ASCII 码也称基础 ASCII 码，使用 7 位二进制数来表示所有的大写字母、小写字母，数字 0～9、标点符号，以及一些特殊控制字符。

码值（十进制）	控制字符	按键	码值（十进制）	字符	码值（十进制）	字符	码值（十进制）	字符
0	NUL	Ctrl+@	32	(space)	64	@	96	`
1	SOH	Ctrl+A	33	!	65	A	97	a
2	STX	Ctrl+B	34	"	66	B	98	b
3	EXT	Ctrl+C	35	#	67	C	99	c
4	EOT	Ctrl+D	36	$	68	D	100	d
5	END	Ctrl+E	37	%	69	E	101	e
6	ACK	Ctrl+F	38	&	70	F	102	f
7	BEL	Ctrl+G	39	'	71	G	103	g
8	BS	Ctrl+H (Backspace)	40	(	72	H	104	h
9	HT	Ctrl+I	41	)	73	I	105	i
10	LF	Ctrl+J	42	*	74	J	106	j
11	VT	Ctrl+K	43	+	75	K	107	k
12	FF	Ctrl+L	44	,	76	L	108	l
13	CR	Ctrl+M	45	—	77	M	109	m
14	SO	Ctrl+N	46	.	78	N	110	n
15	SI	Ctrl+O	47	/	79	O	111	o
16	DLE	Ctrl+P	48	0	80	P	112	p
17	DC1	Ctrl+Q	49	1	81	Q	113	q
18	DC2	Ctrl+R	50	2	82	R	114	r
19	DC3	Ctrl+S	51	3	83	S	115	s
20	DC4	Ctrl+T	52	4	84	T	116	t
21	NAK	Ctrl+U	53	5	85	U	117	u
22	SYN	Ctrl+V	54	6	86	V	118	v
23	ETB	Ctrl+W	55	7	87	W	119	w

码值 （十进制）	控制字符	按键	码值 （十进制）	字符	码值 （十进制）	字符	码值 （十进制）	字符
24	CAN	Ctrl＋X	56	8	88	X	120	x
25	EM	Ctrl＋Y	57	9	89	Y	121	y
26	SUB	Ctrl＋Z	58	:	90	Z	122	z
27	ESC	Esc	59	;	91	[	123	{
28	FS	Ctrl＋A	60	<	92	\	124	|
29	GS	Ctrl＋]	61	=	93	]	125	}
30	RS	Ctrl＋=	62	>	94	^	126	~
31	US	Ctrl＋-	63	?	95	_	127	Del

说明：

（1）ASCII 码值为 0～32 及 127（共 34 个）是控制字符或通信专用字符（其他为可显示字符），控制字符如 LF（换行）、CR（回车）、FF（换页）、DEL（删除）、BS（退格）、BEL（振铃）等；通信专用字符如 SOH（Start of Heading，报头开始）、EOT（End of Transmission，传输结束）、ACK（Acknowledge 确认）等。

（2）ASCII 码值为 8、9、10 和 13，分别对应退格、制表、换行和回车字符。它们并没有特定的图形显示，主要用于控制文本显示。

（3）ASCII 码值为 33～126（共 94 个）是普通字符，其中 48～57 为 0～9 这 10 个阿拉伯数字；65～90 为 26 个大写英文字母，97～122 号为 26 个小写英文字母，其他为一些标点符号、运算符号等。

附录D   C语言常用库函数

库函数并不是C语言的一部分,它是由编译系统根据一般用户的需要编制并提供给用户使用的一组程序。每一种C编译系统都提供一批库函数。不同的编译系统所提供的库函数的数量、函数名以及函数功能是不完全相同的。ANSI C标准提出一批建议提供的标准库函数,包括目前多数C编译系统提供的库函数,但也有一些是某些C编译系统未曾实现的。由于C库函数的种类和数目很多,限于篇幅,本附录只列出ANSI C建议的部分常用库函数。读者在编制C程序时如果需要使用更多的函数,可根据需要查阅相关系统的函数使用手册。

1. 数学函数

使用数学函数时,需要在源文件中使用预编译命令:

```
#include <math.h>或#include "math.h"
```

函数名	函数原型	功能	返回值及说明
abs	int abs(int num);	求整数num的绝对值	返回|num|的值
acos	double acos(double x);	计算arccos x的值	x的取值范围−1<=x<=1
asin	double asin(double x);	计算arcsin x的值	x的取值范围−1<=x<=1
atan	double atan(double x);	计算arctan x的值	
atan2	double atan2(double x, double y);	计算arctan x/y的值	
cos	double cos(double x);	计算cos x的值	x的单位为弧度
cosh	double cosh(double x);	计算x的双曲余弦cosh x的值	
exp	double exp(double x);	求e^x的值	
fabs	double fabs(double x);	计算双精度实数x的绝对值	返回|x|的值
floor	double floor(double x);	求出不大于x的最大整数	返回最大整数的双精度值
fmod	double fmod(double x, double y);	求x/y的余数	返回余数的双精度值
frexp	double frexp(double val, int * eptr);	将val分解成小数部分(尾数)和以2为底的指数部分,即val= $x*2^n$,并把n的值存放在eptr指向的变量中	返回val的尾数x,且x的取值范围是0.5<=x<1或0
labs	long labs(long num);	求长整型数num的绝对值	返回|num|的值
log	double log(double x);	求lnx的值	
log10	double log10(double x);	求$\log_{10} x$的值	
modf	double modf(double val, int * iptr);	将val分解成整数部分和小数部分,将整数值存放在iptr指向的变量中	返回val的小数部分

函数名	函 数 原 型	功　能	返回值及说明
pow	double pow(double x, double y);	求 x^y 的值	
sin	double sin(double x);	求 sin x 的值	x 的单位为弧度
sinh	double sinh(double x);	计算 x 的双曲正弦函数 sinh x 的值	
sqrt	double sqrt(double x);	计算$\sqrt{x}$	$x \geqslant 0$
tan	double tan(double x);	计算 tan x 的值	x 的单位为弧度
tanh	double tanh(double x);	计算 x 的双曲正切函数 tanh x 的值	

2. 输入输出函数

使用输入输出函数时,需要在源文件中使用预编译命令:

include < stdio.h>或 # include "stdio.h"

函数名	函 数 原 型	功　能	返回值及说明
clearerr	void clearer(FILE * fp);	使文件错误标志和文件结束标志置为 0	无
close	int close(int fp);	关闭文件(非 ANSI 标准)	关闭成功则返回 0,不成功返回−1(一般用于操作设备文件)
fclose	int fclose(FILE * fp);	关闭 fp 所指的文件,释放文件缓冲区	关闭成功则返回 0,否则返回非 0
feof	int feof(FILE * fp);	检查文件是否结束	文件结束则返回非 0,否则返回 0
ferror	int ferror(FILE * fp);	测试文件是否有错误	无错则返回 0,否则返回非 0
fflush	int fflush(FILE * fp);	清除读写缓冲区,当文件以写方式打开时,将缓冲区内容写入文件	成功刷新则返回 0,否则返回非 0
fgetc	int fgetc(FILE * fp);	从 fp 所指的文件中读取下一个字符	返回所读的字符,若出错,则返回 EOF(−1)
fgets	char * fgets(char * buf, int n, FILE * fp);	从 fp 所指的文件读取长度为(n−1)的字符串,存入到起始地址为 buf 的存储空间	返回地址 buf,若遇文件结束或出错,则返回 NULL
fopen	FILE * fopen(char * filename, char * mode);	以 mode 指定的方式打开名为 filename 的文件	返回一个文件指针,失败则返回 0
fprintf	int fprintf(FILE * fp, char * format, args,…);	把 args 的值以 format 指定的格式输出到 fp 所指的文件中	返回实际输出的字符数,否则返回一个负数
fputc	int fputc(char ch, FILE * fp);	将字符 ch 输出到 fp 所指的文件中	成功则返回该字符,否则返回 EOF
fputs	int fputs(char * str, FILE * fp);	将 str 指向的字符串输出到 fp 所指的文件中	成功则返回 0,否则返回 EOF

续表

函数名	函 数 原 型	功　　　能	返回值及说明
fread	int fread (char * pt, unsigned size, unsigned n, FILE * fp)；	从 fp 所指的文件中读取长度为 size 的 n 个数据项,存到 pt 所指向的内存区	返回所读的数据项个数,若文件结束或出错,则返回 0
fscanf	int fscanf(FILE * fp, char * format,args,…)；	从 fp 所指的文件中按 format 指定的格式将读出的数据保存到 args 所指向的内存单元中(args 为指针)	返回已输入的数据个数,否则返回 EOF
fseek	int fseek(FILE * fp, long offset, int base)；	将 fp 指向的文件的位置指针移到以 base 所指的位置为基准、以 offset 为位移量的位置	返回当前位置,否则返回 −1
ftell	long ftell(FILE * fp)；	返回 fp 所指的文件中的读写位置	返回文件中的读写位置,否则返回 0
fwrite	int fwrite (char * ptr, unsigned size, unsigned n, FILE * fp)；	把 ptr 所指向的 n * size 字节输出到 fp 所指向的文件中	写到 fp 文件中的数据项的个数
getc	int getc(FILE * fp)；	从 fp 所指的文件中读出下一个字符	返回所读的字符,若文件结束或出错,则返回 EOF
getchar	int getchar()；	从标准输入设备中读取下一个字符	返回所读的字符,若出错,则返回 −1
gets	char * gets(char * str)；	从标准输入设备中读取字符串存入 str 指向的数组	返回 str,若失败,则返回 NULL
open	int open (char * filename, int mode)；	以 mode 指定的方式打开已存在的名为 filename 的文件(非 ANSI 标准)	返回文件号(正数),如打开失败则返回 −1(一般用于操作设备文件)
printf	int printf (char * format, args, …)；	按 format 指定的格式将输出列表 args 的值输出到标准输出设备	返回输出的字符个数,若出错,则返回负数
putc	int putc(int ch, FILE * fp)；	把一个字符 ch 输出到 fp 所指的文件中	返回字符 ch,若出错,则返回 EOF
putchar	int putchar(char ch)；	把字符 ch 输出到标准输出设备	返回输出的字符 ch,若出错,则返回 EOF
puts	int puts(char * str)；	把 str 指向的字符串输出到标准输出设备,将'\0'转换为回车换行	返回换行符,若失败,则返回 EOF
read	int read (int fd, char * buf, unsigned count)；	从文件号 fd 指定的文件中读 count 字节到 buf 指向的缓冲区中(非 ANSI 标准)	返回读出的字节数,若遇文件结束则返回 0,若出错,则返回 −1
remove	int remove(char * fname)；	删除以 fname 为文件名的文件	成功返回 0,失败返回 −1
rename	int remove (char * oldname, char * newname)；	把 oldname 所指的文件名改为由 newname 所指的文件名	成功返回 0,失败返回 −1
rewind	void rewind(FILE * fp)；	将 fp 指定的文件指针置于文件头,并清除文件结束标志和错误标志	无

函数名	函 数 原 型	功　　能	返回值及说明
scanf	int scanf (char ＊ format, args, …);	从标准输入设备按 format 指定的格式将输入数据保存到 args 所指向的内存单元中（args 为指针）	返回读入并赋给 args 的数据个数；如遇文件结束则返回 EOF，若出错，则返回 0
write	int write (int fd, char ＊ buf, unsigned count);	从 buf 指示的缓冲区中输出 count 个字符到 fd 指定的文件中（非 ANSI 标准）	返回实际输出的字节数，若失败,则返回 -1

3. 字符函数

使用字符函数时,需要在源文件中使用预编译命令：

include < ctype. h >或 # include "ctype. h"

函数名	函 数 原 型	功　　能	返回值及说明
isalnum	int isalnum(int ch);	检查 ch 是否为字母或数字字符	是字母或数字,则返回1,否则返回 0
isalpha	int isalpha(int ch);	检查 ch 是否为字母	是字母,则返回1,否则返回 0
iscntrl	int iscntrl(int ch);	检查 ch 是否为控制字符（其 ASCII 码值为 0～0x1f）	是控制字符,则返回 1,否则返回 0
isdigit	int isdigit(int ch);	检查 ch 是否为数字	是数字,则返回1,否则返回 0
isgraph	int isgraph(int ch);	检查 ch 是否为可打印字符（其 ASCII 码值为 0x21～0x7e）,不包括空格字符	是可打印字符（不包括空格字符）则返回1,否则返回 0
islower	int islower(int ch);	检查 ch 是否为小写字母(a~z)	是小写字母,则返回 1,否则返回 0
isprint	int isprint(int ch);	检查 ch 是否为可打印字符（其 ASCII 码值为 0x21～0x7e）,包括空格字符	是可打印字符（包括空格字符）,则返回1,否则返回 0
ispunct	int ispunct(int ch);	检查 ch 是否为标点字符（不包括空格）,即除字母、数字和空格以外的所有可打印字符	是标点字符,则返回 1,否则返回 0
isspace	int isspace(int ch);	检查 ch 是否为空格、跳格符（制表符）或换行符	是,返回1,否则返回 0
isupper	int isupper(int ch);	检查 ch 是否为大写字母(A~Z)	是大写字母,返回1,否则返回 0
isxdigit	int isxdigit(int ch);	检查 ch 是否为一个十六进制数字字符（即 0～9,或 A～F,a～f）	是十六进制数字字符,则返回1,否则返回 0
tolower	int tolower(int ch);	将字符 ch 转换为小写字母	返回 ch 对应的小写字母
toupper	int toupper(int ch);	将字符 ch 转换为大写字母	返回 ch 对应的大写字母

4. 字符串函数

使用字符串函数时,需要在源文件中使用预编译命令：

include < string. h >或 # include "string. h"

函数名	函 数 原 型	功　　能	返回值及说明
strcat	char ＊ strcat (char ＊ str1, char ＊ str2);	将字符串 str2 连接到 str1 后面,取消原来 str1 最后面的字符串结束标记'\0'	返回 str1
strchr	char ＊ strchr(char ＊ str, int ch);	找出 str 指向的字符串中第一次出现字符 ch 的位置	返回指向该位置的指针,若找不到,则返回 NULL
strcmp	intstrcmp (char ＊ str1, char ＊ str2);	比较字符串 str1 和 str2	若 str1＞str2,返回正数 若 str1＝str2,返回 0 若 str1＜str2,返回负数
strcpy	char ＊ strcpy (char ＊ str1, char ＊ str2);	将 str2 指向的字符串复制到 str1 中	返回 str1
strlen	unsigned int strlen(char ＊ str);	统计字符串 str 中字符的个数(不包括'\0')	返回字符个数
strncat	char ＊ strncat (char ＊ str1, char ＊ str2, unsigned n);	把字符串 str2 指向的字符串中前 n 个字符连到 str1 后面	返回 str1
strncmp	int strncmp(char ＊ str1,char ＊ str2, unsigned n);	比较字符串 str1 和 str2 中最多前 n 个字符	若 str1＞str2,返回正数 若 str1＝str2,返回 0 若 str1＜str2,返回负数
strncpy	char ＊ strncpy (char ＊ str1, char ＊ str2, unsigned n);	把 str2 指向的字符串中最多前 n 个字符复制到 str1 中	返回 str1
strstr	char ＊ strstr(char ＊ str1, ＊ str2);	寻找 str2 指向的字符串在 str1 指向的字符串中首次出现的位置	返回指向该位置的指针;若找不到,则返回 NULL

5. 动态存储分配函数

使用动态存储分配函数时,需要在源文件中使用预编译命令:

＃include＜stdlib.h＞或＃include "stdlib.h"

函数名	函 数 原 型	功　　能	返回值及说明
callloc	void ＊ calloc (unsigned n, unsigned size);	分配 n 个数据项的连续内存空间,每个数据项的大小为 size	返回所分配内存空间的起始地址;若失败,则返回 NULL
free	void free(void ＊ p);	释放 p 所指内存区域	无
malloc	void ＊ malloc(unsigned size);	分配 size 字节的内存空间	返回所分配内存空间的起始地址;若失败,则返回 NULL
realloc	void ＊ realloc(void ＊ p, unsigned size);	将 p 所指的已分配的内存空间的大小改为 size。size 可以比原来分配的空间大或小	返回指向该内存区的指针;若重新分配失败,则返回 NULL

6. 其他函数

还有一些常用函数,不能归入上述类别,所以单独列出。使用这些函数时,需要在源文件中使用预编译命令：

> ♯ include < stdlib. h>或♯ include "stdlib. h"

函数名	函 数 原 型	功　　能	返回值及说明
atof	double atof(char * str);	将 str 指向的字符串转换为一个 double 型的值	返回双精度值
atoi	int atoi(char * str);	将 str 指向的字符串转换为一个 int 型的值	返回整型值
atol	long atol(char * str);	将 str 指向的字符串转换为一个 long 型的值	返回长整型值
exit	void exit(int status);	关闭所有文件,终止程序运行	一般 status 为 0,表示正常退出；status 非 0,异常退出
itoa	char * itoa(int n, char * str, int radix);	将整数 n 的值按照 radix 进制转换为等价的字符串,并将结果存入 str 指向的字符串中	返回 str
ltoa	char * ltoa(long n, char * str, int radix);	将长整数 n 的值按照 radix 进制转换为等价的字符串,并将结果存入 str 指向的字符串	返回 str
rand	int rand();	产生 0 到 RAND_MAX 之间的伪随机数	返回一个伪随机(整)数 RAND_MAX 定义在 stdlib. h 中
srand	void srand(unsigned seed);	初始化随机数发生器	通常使用时包括头文件 time. h

C 语言常用库函数

参 考 文 献

[1] 张丽华,殷联甫,梁田.C 语言程序设计案例教程[M].2 版.北京:清华大学出版社,2018.
[2] 仇芒仙,朱蓉,魏远旺,等.C/C++程序设计案例教程[M].北京:清华大学出版社,2012.
[3] 谭浩强.C 程序设计[M].5 版.北京:清华大学出版社,2017.
[4] 陈宝明,潘云燕,刘小军.C 语言程序设计[M].3 版.北京:人民邮电出版社,2013.
[5] 恰汗·合孜尔.C 语言程序设计[M].4 版.北京:中国铁道出版社,2014.
[6] 许勇.C 语言程序设计应用教程[M].北京:科学出版社,2011.
[7] 梁宏涛,姚立新.C 语言程序设计与应用[M].北京:北京邮电大学出版社,2011.
[8] 凌云,吴海燕,谢满德.C 语言程序设计与实践[M].北京:机械工业出版社,2010.
[9] 秦维佳.C/C++程序设计教程[M].北京:机械工业出版社,2007.
[10] 邵雪航,徐善针.C 语言程序设计[M].北京:中国铁道出版社,2011.
[11] 周新,王习特.C 语言程序设计教程[M].成都:电子科技大学出版社,2018.
[12] 严蔚敏,吴伟民.数据结构(C 语言版)[M].北京:清华大学出版社,2000.
[13] 李明.C 语言程序设计教程[M].上海:上海交通大学出版社,2007.
[14] 姚琳.C 语言程序设计[M].北京:人民邮电出版社,2010.
[15] BALAGURUSAMY E.标准 C 程序设计[M].李周芳,译.7 版.北京:清华大学出版社,2017.
[16] KELLEY A,POHL I.C 语言教程[M].徐波,译.北京:机械工业出版社,2007.
[17] KANETKAR Y.C 程序设计基础教程[M].李丽娟,译.北京:电子工业出版社,2010.
[18] 明日学院.C 语言从入门到精通(项目案例版)[M].北京:中国水利水电出版社,2017.

图书资源支持

感谢您一直以来对清华版图书的支持和爱护。为了配合本书的使用，本书提供配套的资源，有需求的读者请扫描下方的"书圈"微信公众号二维码，在图书专区下载，也可以拨打电话或发送电子邮件咨询。

如果您在使用本书的过程中遇到了什么问题，或者有相关图书出版计划，也请您发邮件告诉我们，以便我们更好地为您服务。

我们的联系方式：

地　　址：北京市海淀区双清路学研大厦 A 座 714

邮　　编：100084

电　　话：010-83470236　　010-83470237

客服邮箱：2301891038@qq.com

QQ：2301891038（请写明您的单位和姓名）

资源下载：关注公众号"书圈"下载配套资源。

资源下载、样书申请

书圈

图书案例

清华计算机学堂

观看课程直播